W. Brune / D. Schwirten /
D. Ufer / H. Völcker

Energie, Umwelt und Wirtschaft:
Visionen statt Illusionen

**Schriftenreihe des Instituts für Energetik und Umwelt, Leipzig**

Herausgegeben von Dr. Wolfgang Brune, Leipzig

Mit dem vorliegenden Titel wird die Schriftenreihe des Instituts für Energetik und Umwelt Leipzig weitergeführt. Diese Sammlung hat sich zum Ziel gesetzt, wichtige aktuelle Arbeitsergebnisse aus dem Spannungsfeld von Energiewirtschaft, Volkswirtschaft und Ökologie der Öffentlichkeit zugänglich zu machen. Sie zeichnet sich durch wissenschaftlich anspruchsvolle, zugleich aber auch anschauliche und allgemeinverständliche Darstellung aus. Dieser Zielstellung ist die Arbeit des Instituts für Energetik und Umwelt schon seit vielen Jahren verpflichtet, und zwar sowohl als Fachinstitution als auch bei der Herausgabe der Schriftenreihe im Verlag B. G. Teubner.

In diesem Sinne berücksichtigen die Bände selbstverständlich den neuesten Stand des Fachwissens. Die Autoren bemühen sich, so verständlich zu schreiben, daß auch interessierte Laien, Nicht-Fachwissenschaftler, Politiker oder Journalisten den Inhalt mit Interesse und Gewinn aufnehmen können.

Die Bände wollen den aktuellen Meinungsstreit, der sich um die Bereiche Energie, Umwelt und Wirtschaft gruppiert, beleben. Daher sehen die Autoren der öffentlichen Diskussion erwartungsvoll entgegen.

# Energie, Umwelt und Wirtschaft: Visionen statt Illusionen

Von Dr. Wolfgang Brune
Dipl.-Ing. Dr.-Ing. E. h. Dieter Schwirten
Dr. rer. oec. Dietmar Ufer
Prof. Dr. rer. nat. Helmut Völcker

Springer Fachmedien Wiesbaden GmbH 1999

Dr. Wolfgang Brune, Leipzig
Dipl.-Ing. Dr.-Ing. E. h. Dieter Schwirten, Brühl
Dr. rer. oec. Dietmar Ufer, Leipzig
Prof. Dr. rer. nat. Helmut Völcker, Essen

Der Herausgeber der Reihe dankt dem Förderverein Leipziger Institut für Energetik e. V. für die finanzielle Unterstützung bei der Herausgabe dieses Buches. Der Herausgeber dankt weiterhin Frau Sigrid Herzog für die Umsicht und für die Geduld bei der schreibtechnischen Gestaltung des Manuskriptes.

Institut für Energetik und Umwelt
gemeinnützige GmbH
Leipzig
E-Mail: Energetik@t-online.de

Gedruckt auf chlorfrei gebleichtem Papier.

Die Deutsche Bibliothek – CIP-Einheitsaufnahme

**Energie, Umwelt und Wirtschaft :**
Visionen statt Illusionen /
von Wolfgang Brune ... -
Stuttgart ; Leipzig : Teubner 1999
(Schriftenreihe des Instituts für Energetik und Umwelt)

ISBN 978-3-519-00305-2 ISBN 978-3-322-92103-1 (eBook)
DOI 10.1007/978-3-322-92103-1


Ursprünglich erschienen bei B.G. Teubner Stuttgart, Leipzig 1999
Softcover reprint of the hardcover 6th edition 1999

# Vorwort

In diesem Buch werden einige Aufsätze zusammengestellt, die sich mit aktuellen Fragen der Energiewirtschaft in ihrem Verhältnis zur Volkswirtschaft und zur Umwelt beschäftigen. So unterschiedlich die Autoren sind, so unterschiedlich sind auch die Denkansätze in den Arbeiten. Einig sind sich die Autoren darin, daß Energie, Wirtschaft und Umwelt in ihrer engen Verflechtung und Wechselwirkung betrachtet werden müssen. Sie sind davon überzeugt, daß Energie- und Umweltziele nicht losgelöst von der Wirtschaft formuliert und durchgesetzt, sondern nur durch rationelles und nachhaltiges Wirtschaften tatsächlich nutzbringend verwirklicht werden können. Insofern sehen sich die Autoren – trotz der im einzelnen durchaus kritischen Äußerungen in der geistigen Linie, die 1992 durch die UN-Konferenz in Rio de Janeiro zur nachhaltigen Entwicklung weltweit markiert worden ist.

Ganz selbstverständlich ist daher auch die Option Kernenergie – in einem durchaus bescheidenen Umfang – in der Betrachtung enthalten: nicht als Heilsbringer, aber auch nicht als Kondensationspunkt allen Übels, eben als Option, auf wirtschaftlich und ökologisch vernünftige Weise Energie bereitzustellen, um die Wirtschaft voranzubringen, Armut und Unwissenheit zu bekämpfen, Gesundheit und Wohlstand für alle Völker unserer Erde zu gewährleisten.

Auch die Braunkohle zeigt ein neues Gesicht. War sie jahrzehntelang, insbesondere im Osten Deutschlands, Synonym für Schmutz und Raubbau an der Natur, so fügt sie sich nunmehr schrittweise in das Konzept nachhaltigen Wirtschaftens ein. Und dabei handelt es sich keineswegs nur um Visionen, sondern um überprüfbare Realitäten

Von großer Bedeutung ist – und das gerade in Deutschland, wo man dazu neigt, alle Dinge gern schwarz oder weiß zu sehen und mit einem moralisierenden Etikett zu behängen –, die Energie nicht nur als Übel zu betrachten, von dem man nur im unbedingt erforderlichen Umfang Gebrauch machen sollte, sondern auch als Segnung zu erkennen: als ein unschätzbares Gut, dessen vernünftiger Gebrauch Lebensqualität verheißt. Man wird wohl in Kürze sehen können, daß nicht der die Umwelt unserer Erde am meisten beeinträchtigt, der viel Energie einsetzt, sondern der, der davon zu wenig hat. Aus einer vergangenen „Wohlstandsverschmutzung“ droht eine „Armutsverschmutzung“ zu werden, die beispielsweise durch solche Schlagworte wie Brandrodung, Versteppung, Wasserverunreinigung, Krankheiten[1], zusätzlich noch Unterernährung,

[1] M. Setzer: Wirtschaftliche Entwicklung und Energieintensität. Zur Theorie und Empirie der Determinanten der Energieintensität. Marburg: Metropolis-Verlag, 1998.

Unwissenheit usw. gekennzeichnet werden kann. Nicht der alleinige, jedoch der wesentliche Schlüssel zur Lösung solcher Probleme ist die Entwicklung der Wirtschaft. Und dazu ist Energie vonnoten. Wie viel, hängt vom konkreten Entwicklungsstand ab. Und wir sollten es nicht als Schreckensvision empfinden, wenn die Energieintensität der Wirtschaft vielleicht auch einmal wieder ansteigen sollte, nach Jahrzehnten, in denen es in den entwickelten Ländern immer nur eine Verringerung gegeben hat. An einer Verknappung der Energieressourcen wird die weitere wirtschaftliche Entwicklung der Welt nicht scheitern, wenn **alle** zu Gebote stehenden Möglichkeiten einer nachhaltigen Energieversorgung genutzt oder wenigstens als Option erhalten werden.

Was schließlich unseren Kenntnisstand über die Atmosphäre der Erde angeht, so ist es angesichts der immensen Bedeutung für unsere Weiterentwicklung und unser Wohlbefinden beschämend aus wissenschaftlicher Sicht, was wir eigentlich alles nicht wissen, sondern teilweise nur vermuten, aber dennoch mit Vehemenz vertreten und dafür Aktionen einfordern. Wenn selbst gut ausgebildete Physiker teilweise absolut entgegengesetzte Aussagen machen und diese noch wissenschaftlich belegen, was soll dann der Laie tun, was der Politiker, was der Energiemanager, der heute und hier über Investitionen zu entscheiden hat, die Milliardenhöhe erreichen und über Jahrzehnte wirksam sind? Geschäftsmäßiges, kühles Herangehen ist in einer solchen Situation gefragt, in der Wirtschaft, in der Politik und natürlich auch in der Wissenschaft. Ich entnehme der aktuellen Lage, daß man in den letzten Jahren wohl dem Kohlendioxidmolekül etwas zu viele Übel zugeschrieben hat und daß vermutlich das Wassermolekül – als Wasserdampf und als Flüssigkeit – eine viel größere Rolle beim Klima der Erde spielt

Das Buch dient der Diskussion. Es soll nachdenklich machen, Überzeugungen festigen, Wissenslücken ausfüllen Es ist weder als umfassend noch als unumstößlich zu betrachten Es soll sich daher wohltuend von Schriften abheben, die sich nicht an wissenschaftlichen Erkenntnissen, sondern an festgefügten Heilslehren orientieren

Das Buch ist in einem guten Sinn subjektiv. Es gibt die Auffassungen der jeweils genannten Autoren zu ihrem Thema wieder. Keiner erhebt den Anspruch, auch für den anderen sprechen zu wollen oder ihm seine subjektive Sicht der Dinge aufzudrücken. Natürlich eint die Autoren, daß sie mit ihren Arbeiten das interdisziplinäre Gespräch fördern wollen, daß sie etwas zur Klärung beitragen können, um die großen Probleme unserer Welt und unserer Zeit einer nachhaltigen Lösung näher zu bringen

Leipzig, Mai 1999 Wolfgang Brune

# Inhalt

# 1 Die Erde, für die wir Verantwortung tragen

Wolfgang Brune

Die Erde - von der Sonne bestrahlt - im Dunkel des Alls.
Nur wenigen war es bisher vergönnt, diesen Anblick in Natur zu genießen. Aber dank moderner Technik haben wir alle die Möglichkeit, einen solchen externen Standpunkt einzunehmen. Gedanklich und als reales Bild.
Es tut gut, von Zeit zu Zeit eine solche Position einzunehmen. Damit uns wieder die wahren Proportionen bewußt werden. Damit wir wieder Wesentliches von Unwesentlichem unterscheiden können. Damit uns deutlich wird, wieviel Kleinkariertes und Kleinliches uns täglich beschäftigt. Damit wir erfahren, daß das, was unseren Alltag ausmacht, was unsere Welt darstellt, tatsächlich nicht die ganze Welt ist. Daß es noch etwas viel Größeres, viel Erhabeneres, viel Wichtigeres gibt. Das tut gut. Und das tut not.

Und dennoch: der Standpunkt da draußen ist keine Nische, in die wir uns verkriechen, in die wir uns zurückziehen können, wenn wir mit der täglichen Plackerei einfach nicht mehr fertig werden. Das da draußen ist keine Heimat. Es fehlt das Licht und die Wärme und die menschliche Nähe. Wir sind da draußen allein in der Unendlichkeit, schwach und verlassen.

Unsere Heimat ist die Erde. Sie ist unser Leben. Mit allem, was dazu gehört, dem Kleinlichen wie dem Erhabenen. Wir gehören dazu, sind ein Teil davon; wir sind mittendrin.

Doch etwas nehmen wir mit von da draußen: daß die Erde etwas *Einmaliges* darstellt, das uns in die Hand gegeben worden ist und für das wir Verantwortung tragen. Gemeinsam Verantwortung tragen müssen. Das ist eine ganz neue Erfahrung in der menschlichen Geschichte.

Daß wir diesen fruchtbaren Planeten vor Schaden bewahren müssen. Daß wir uns um ihn mühen müssen. Und zwar wiederum gemeinsam.

Beim Anblick der Erde ahnen wir, daß Egoismus nicht für alle Zeiten gelten kann. Das *Ganze* wird für uns sichtbar. Wir spüren, was wirklich *Gemeinnutz* bedeutet.

# 2 Hoffnung und Agonie

Wolfgang Brune

In den letzten Jahrzehnten des 20. Jahrhunderts ist die grüne Revolution über Europa gekommen wie einst *Jean-Jaques Rousseaus* Ruf „Zurück zur Natur". Sie hat Hoffnungen geweckt und Träume entfacht bei allen, denen der rücksichtslose Umgang mit den Gütern der Erde - mit dem einzigen Ziel, möglichst viel Profit zu machen -, denen also der platte Kapitalismus im Innersten zuwider war und die sich nach dem einfachen, anständigen natürlichen Leben sehnten.
Sie hat Menschen aus ihrer Lethargie gerissen, die am liebsten mit verschlossenen Augen durchs Leben gingen, sie hat Menschen vom Rausch der permanenten Konsumsteigerung befreit, sie hat viele wieder freier und bewußter atmen lassen, sie hat die Schönheiten unserer Welt neu entdeckt.
Das ist gut. Das war notwendig.
Die grüne Revolution hat dem Gedanken an den morgigen Tag Gewicht verschafft. Sie hat dem Wesen, das nur dem heutigen Tag verpflichtet war, wieder eine Dimension in die Vergangenheit und in die Zukunft eröffnet. Sie hat die Verantwortung der heute Lebenden für die Nachgeborenen wieder in das Bewußtsein gerückt. Und sie hat deutlich gemacht, daß man das Geschenk, das uns die Natur mit unserem Heimatplaneten gemacht hat, pfleglich behandeln und ehren sollte.
Es war höchste Zeit, daß die grüne Revolution stattfand.
Sie wurde anfangs belächelt Heute stellt sie eine Macht dar und wird gefürchtet. Sie hat eine Aura um sich errichtet, an der niemand mehr vorbeikommt.

Die grüne Revolution ist jedoch mittlerweile in die Jahre gekommen. Sie hat dabei ihre Unbekümmertheit verloren.
Es ergeht ihr, wie es allen Revolutionen ergeht: sie erschöpfen sich. Eine Revolution kann nun eben nicht permanent andauern, sie ist per se kurzlebig.
Und nun geht ihr eben der Atem aus
Das wäre an sich wiederum kein Problem Was sie bewirkt hat, ist unbestritten und bleibt Das Problem liegt aber nunmehr darin, daß die Akteure der grünen Revolution nicht sehen, daß ihr Ende naht Sie haben einen Festpunkt der Entwicklung erreicht, und den verteidigen sie mit Klauen und Zähnen.
Die Weitsicht, die die grünen Akteure einst auszeichnete, ist ihnen abhanden gekommen. Heute sind sie ein Interessenverein, wie es sie zu Tausenden gibt, mit dem Charme eines philosophierenden Kleingärtners, der sein Anwesen in Schuß hält und bestenfalls noch den Weg vor dem Zaun pflegt oder ein Schwätzchen mit dem Nachbarn beziehungsweise einem Besucher abhält.

Natürlich ist damit nicht eine politische Partei gemeint. Eine solche hat in diesem Buch nichts zu suchen Die ganze politische Farbenlehre – vom Farbspektrum links bis rechts bzw. schwarz bis rot -, die national gepflegt wird, sollte außen vor bleiben, wenn es um solche Grundfragen geht, die wir hier behandeln wollen. Da sind einfach Denkweisen, die sich an Mandatsdauern, Wahlkreisgrenzen, Parolen und Lobby orientieren, zu eng gegriffen. Nein, was mit „grün“ gemeint ist, ist eine geistige Bewegung, ist eine Geisteshaltung, ist eine Philosophie im besten Sinne des Wortes, vielleicht sogar eine Art Religion.

Nur-grünes Denken, grüner Professionalismus – das ist nicht mehr zeitgemäß. Das ist – wir werden es sehen – unproduktiv und rückwärtsgewandt. Und es ist zunehmend intolerant. Und ignorant. Es hat sich eben überlebt. Es hat sich überlebt, auch wenn die Straßen und Medien noch voll davon sind. Man muß schon ein bißchen durch die Schleierwolken hindurchsehen, um die Agonie und Todessehnsucht zu erkennen. Um die Friedhofsatmosphäre zu ahnen. Es wird ein blühendes Leben vorgetäuscht, und es ist doch nur noch ein langsames Sterben.

Der Reihe nach. Wir wollen im folgenden diese Schlußfolgerungen ein ganz klein wenig rational begreifbar machen, ihre Plausibilität zeigen und ihre Realität nachweisen. Wir wollen nüchtern einige kritische Thesen nennen, die zu nennen die grünen Protagonisten heute selbst nicht mehr fähig sind. Das wird nicht getan, um vielleicht nachträglich den Beweis anzutreten, daß das alles falsch war, sondern ganz positiv daß das wesentliche Gedankengut von anderen an- und aufgenommen worden ist, daß der reale Kern fruchtbar geworden ist und viele andere befruchtet und beflügelt hat. Grünes im besten Sinn wird heute nicht mehr von den professionellen Grünen, sondern von vielen real denkenden, der Zukunft zugewandten Menschen vertreten und weiterentwickelt.
Das stimmt optimistisch.

Um die augenblickliche Situation der zum Stillstand gekommenen grünen Revolution zu charakterisieren, sollten Äußerungen von Protagonisten, die uns täglich in den Medien vorgesetzt werden, nach ganz bestimmten **Kriterien** bewertet werden. Ich will das selbst nicht tun, sondern es dem Leser überlassen, um ihn nicht vor seinem eigenen Urteil unzulässig zu beeinflussen. Ich stelle nur die Kriterien zusammen, die meines Erachtens zur Charakterisierung der Lage dienen können. Aber selbst da erhebe ich natürlich keinen Anspruch auf Vollständigkeit. Jeder sollte sie nach eigenem Willen erweitern oder verändern.

## Das Geschäft mit der Angst

Permanent werden Horrorszenarien in die Print- und elektronischen Medien lanciert, die beweisen sollen, daß der Mensch die Erde ruiniert. Durch den anthropogenen Treibhauseffekt schmelzen die Polkappen ab, der Meeresspiegel steigt, und niedrig gelegene Landstriche werden überflutet. Wüsten breiten sich aus. Verheerende Stürme und Überschwemmungen sind Menschenwerk. Gentechnisch behandelte Lebensmittel vergiften die Menschheit. Eine nukleare Katastrophe ist unvermeidlich. Der Bau immer größerer Beschleunigeranlagen fur Elementarteilchen reißt gar ein Loch ins Universum und kippt dessen Stabilität. Die Fantasie des Horrors kennt heute keine Grenzen. Rationale Argumente richten gegen diese Weltuntergangsstimmung wenig aus. Es ist schon grotesk: noch nie in der Geschichte waren das Wissen und der Erkenntnisprozeß so hoch entwickelt wie heute, und dennoch erliegen viele Menschen dieser Propaganda. Manchmal bedarf es eigentlich nur des nüchternen Nachdenkens, eines bißchen gesunden Menschenverstands, um die Abwegigkeit der Szenarien zu erkennen oder mindestens zu erahnen. Manchmal natürlich bedarf es des professionellen Sachverstands, um sich richtig beraten zu lassen Wenn man krank ist, geht man in der Regel zum ausgebildeten Mediziner, um sich untersuchen und helfen zu lassen. Auch wenn man selbst wenig von den Vorgängen versteht, die sich im eigenen Körper vollziehen. Darin drückt sich ein Stück gesellschaftlichen Vertrauens aus. Ein Stück Demokratie. Individuen spezialisieren sich und bieten gegenseitig ihre Dienste an. Wenn allerdings die gesamte Gesellschaft krank ist, wenn das Vertrauen in den Nachbarn und in den Fachmann geschwunden ist, dann ist das offenbar die große Stunde der Quacksalber und Hellseher

Es wäre gewiß zu einfach zu behaupten, alles, was Katastrophenpropheten von sich geben, ist Unsinn. Natürlich tragen die Menschen durch die massenhafte Oxidation von Kohlenstoffatomen Kohlendioxid in die Atmosphäre ein und erreichen damit heute oder demnächst einen Anteil, der nicht mehr klein gegen den natürlichen Eintrag ist Natürlich lauern auch in der Gentechnik oder in der Kernenergie Gefahren Die Probleme müssen und können erkannt werden, durch Sachverstand und durch geeignete technische Mittel, durch Forschungsprogramme und durch politische Weitsicht, einfach durch rationales, geschäftsmäßiges Herangehen an das Problem. Das war auch in der Vergangenheit schon häufig so. Denken wir nur an die Zähmung des Feuers oder die Erfindung der Eisenbahn oder des Flugzeugs.

Das Geschäft mit der Angst ist ein mieses Geschäft, auch wenn es vielleicht der eine oder andere subjektiv in gutem Glauben betreibt. Denn es ist ein Geschäft mit der Unwissenheit und mit der Naivität, ein Geschäft, das an das Irrationale im Menschen anknüpft. Es kalkuliert bewußt oder unbewußt die irrationale Reaktion ein.

## Die Ausweitung zum Ökoterror

Schlimm wird es, wenn mit dem bloßen „Ängste schüren“ das ökologisch Mach-

bare und Wünschenswerte diskreditiert wird und es am Ende auf eine irrationale Alles-oder-Nichts-Alternative hinausläuft.
Und ganz schlimm wird es, wenn die Anti-Haltung in blanken Ökoterror einmündet. Leute, die Schienenwege aufreißen oder stählerne Krampen in die Oberleitung der Eisenbahn werfen, um Nukleartransporte zu behindern, gefährden das Leben und die Gesundheit Unbeteiligter. Sie verhalten sich wie Kriminelle, mit welchem ökologischen Glorienschein sie sich auch umgeben mögen. Da diese Dinge in Deutschland inzwischen Realität geworden sind, hat die grüne Bewegung ihre Unschuld verloren. Nicht etwa, daß ihre Repräsentanten nunmehr zu Kriminellen abgestempelt wären, aber es ist ihnen objektiv nicht gelungen, sich die Kriminellen vom Hals zu halten. Und sie schaffen deshalb nicht die erforderliche Distanz, weil sie selbst das Aufreißen von Straßen oder das Unterwühlen von Schienenwegen praktizieren oder billigend in Kauf nehmen, wenn auch – ach, wie vornehm und unschuldig – am hellichten Tage und unter den Augen der Medien.

## Der Blick zurück

Das ist eine Geisteshaltung. Es gibt Leute, die können nur noch rückwärts blicken. Nach vorn: das ist für sie Leere und Ungewißheit. Da verläßt sie der Glauben. Halt gibt es nur in dem, was war. Und je weiter weg, um so dauerhafter ist es.

Wie will jemand etwas aufbauen, wenn er nur nach hinten schaut? Aufbau heißt konstruktives Denken, heißt. auf die Zukunft zu setzen. Die „gute alte Zeit" – welche eigentlich? – ist bestenfalls Maßstab, um Fortschritte zu erfassen oder Ursachen für Entwicklungslinien zu ergründen, nicht aber geistiger Haltepunkt.
Natürlich ist die Zukunft verschwommen, noch nicht klar konturiert. Aber wir sind sehend, und wir haben uns Wissen angeeignet, mit dem wir heute mehr wahrnehmen können als mit dem Auge, mit dem uns die Natur ausgestattet hat. Also nutzen wir es.

## Die heilige Ignoranz

Was die frühe Kirchengeschichte angeht, mag die Ignoranz, der jedes kritische Nachfragen und Überprüfen abgeht und es durch den reinen Glauben ersetzt, eine Tugend gewesen sein. Hier und heute ist sie unzeitgemäß und reaktionär.

Wissen ist etwas, das uns heute auszeichnet. Es erweitert sich immer mehr. Mit Wissen kann man verantwortungsbewußt urteilen und handeln.
Was machen Sie aber nun mit Menschen, die nicht wissen wollen, die nach keinen Einsichten streben? Die ohne nachzudenken nur auswendig gelernte Formeln nachplappern?

Haben Sie schon einmal einen der Professionellen gehört, der sich sachlich mit der Kernenergie oder mit der Klimakatastrophe auseinandergesetzt hat? Der um Erkenntnis gerungen hat? Der bereit war, unterschiedliche, aber objektiv nachvollziehbare Erkenntnisse und Argumente gegeneinander abzuwägen?
Einen Menschen, der das nicht tut, muß man schlicht als inkompetent bezeichnen. Was offenbar nichts damit zu tun hat, daß Medien zu jeder Zeit und Unzeit solche Meinungen erfragen und um Stellungnahmen bitten. Die Antworten sind bekannt, bevor man sie gelesen oder gehört hat, ja eigentlich bereits, bevor sie ausgesprochen worden sind Sie sind also nichts wert
Dabei kann doch Deutschland für sich in Anspruch nehmen, daß es für alle Wissensgebiete ausreichend Bücher, Zeitschriften und aktive elektronische Medien gibt, die Wissen bereithalten Und auch ausgebildete Fachleute gibt es wohl noch reichlich in Deutschland

## Die Intoleranz

Nichtwissen heißt offenbar noch lange nicht, daß man Wissen bei anderen akzeptiert. Nichtwissen paart sich leider häufig mit geistiger Intoleranz. Nur die eigene Meinung gilt. Die Meinung des anderen wird gar nicht zur Kenntnis genommen. Man setzt sich mit ihr nicht auseinander, weil man der Auffassung ist, sowieso alles besser zu wissen. Mit Verweis auf die gefährdete Umwelt gewinnt dann diese Meinung einen unübersehbaren Glorienschein, dem der Gesprächspartner gar nichts mehr entgegenzusetzen hat

## Wer aufbauen will, muß kräftig sein

Kraft ist nicht allein eine Frage körperlicher Vitalität. Kräftig kann auch der Schwache sein, wenn er über Willenskraft und Träume verfügt. Kraft ist viel eher ein Merkmal des Geistes als des Körpers. Wirklich Kranken und Alten gebührt unser Respekt, aber sie können die Welt nicht mehr tragen. Sie haben ihren Lebensabend redlich verdient. Schaffen müssen die Jungen, die Frischen. Wobei das natürlich eben nicht allein eine Frage des biologischen Alters ist. Es gibt in die Jahre Gekommene, die sind geistig bei voller Frische. Und es gibt junge Leute, die so lahm und unentschlossen sind, als seien sie schon völlig leer gebrannt mit ihren zwanzig Jahren.

Also, das Erproben der eigenen Fähigkeiten ist gefragt. Die Kühnheit des Geistes. Aber natürlich auch der nüchterne Verstand. Wir wollen keine Glücksspieler sein, sondern wir wollen das Aufbauwerk, das uns unsere Vorfahren hinterlassen haben – geistig wie materiell – konstruktiv fortführen. Wir wollen den nachfolgenden

Generationen etwas hinterlassen, das Bestand hat, ein solides Fundament, auf dem weiter aufgebaut werden kann, keine Einöde.

Prüfen Sie bitte, ob in den täglichen Äußerungen und Handlungen, die in den Medien ausgebreitet werden, Ansatzpunkte für Neues enthalten sind. Ob es Visionen gibt, wie die Zukunft gestaltet werden kann. Wie das Wissen vermehrt werden kann. Wie die materiellen Mittel dafür eingesetzt werden, allen Menschen auf dieser Erde, heute und morgen, ein lebenswertes Leben zu ermöglichen.
Oder ob nur Kapitalvernichtung betrieben wird.
Ob zu allem, was zukunftsträchtig ist, nur Nein gesagt wird.

# 3 Fünf Thesen zu einer modernen, nachhaltigen Energie- und Umweltstrategie

Wolfgang Brune

1. **Energie ist das bewegende Element der Wirtschaft**
2. **Energie ist ausreichend vorhanden**
3. **Energie steht einem nachhaltigen Wirtschaften nicht entgegen**
4. **Energie bedeutet Lebensqualität**
5. **Die Natur ist kein unveränderliches, unantastbares Gut, sondern sie dient dem Menschen und wird von ihm bewirtschaftet**

Diese fünf Thesen seien an den Anfang des Beitrages gestellt. Sie geben zusammengefaßt die Auffassung des Autors zur aktuellen Energie- und Umweltproblematik wieder, die er sich in Jahrzehnten praktischer Arbeit im Dienst der Energiewirtschaft erarbeitet hat. Dabei ist sich der Autor bewußt, daß diese Thesen nicht alle die gleiche Qualität haben und daher auch ihre rationale Beweiskraft unterschiedlich ist.
Die ersten drei Thesen sind im Sinne von Naturwissenschaft, Technik und Wirtschaft der Analyse frei zugänglich und daher nach anerkannten wissenschaftlichen Kriterien überprüfbar.
Die vierte These berührt soziale Gegebenheiten und individuelle Empfindungen. Lebensqualität ist stark subjektiv geprägt und unterliegt wechselnden gesellschaftlichen und volksspezifischen Anschauungen.
Die fünfte These ist von moralischer und weltanschaulicher Qualität. Die Erde sei dem Menschen untertan: das ist eine Ansicht. Man kann natürlich auch sagen, daß der Mensch in seiner Maßlosigkeit und Überheblichkeit die Erde kaputt macht. Dann wäre es wohl besser, daß es den Menschen auf der Erde gar nicht - oder nicht mehr - gäbe. Zumindest wäre es dann gesichert, daß niemand mehr für die Verhältnisse auf unserem Planeten verantwortlich gemacht werden könnte. Und natürlich gäbe es auch niemand mehr, der Verantwortung einfordern könnte. Paradiesische Zustände, allerdings ohne den Menschen im Paradies und damit ohne den Sündenfall, aber dann ist es wohl auch kein richtiges Paradies?

## Energie ist das bewegende Element der Wirtschaft

Energie stellt sich zunehmend als eigenständiger und durch nichts anderes zu ersetzender **Produktionsfaktor in der Wirtschaft** dar. Ohne Energie bewegt sich in der Wirtschaft nichts. Kein elementarer Wirtschaftsprozeß kann ohne Energiezufuhr in Gang gesetzt oder in Gang gehalten werden. Energie ist die bewegende Kraft, die aus dem „Werkstück" mittels „Werkzeug" und der menschlichen Arbeit (körperliche wie geistige und letztere mit zunehmendem Gewicht) das Produkt schafft. Dabei verbraucht sich die angewandte Energie im wirtschaftlichen Sinn vollständig und geht materiell nicht in das Produkt ein. Physikalisch wird hierbei Energie natürlich nicht „verbraucht", sondern sie wird entwertet, verliert sukzessiv ihre Qualitätseigenschaft, bis sie schließlich als Teilchenbewegung unter Umgebungsbedingungen nicht mehr nutzbar ist.

An dieser Stelle muß gefragt werden, von welcher Energie eigentlich die Rede ist. Nicht von der Primärenergie (Holz, Kohle, Kernenergie usw.). Nicht von der Endenergie (den „veredelten", das heißt aufgearbeiteten Brennstoffen oder dem elektrischen Strom). Sondern von der **Nutzenergie**, wie sie letztlich wirtschaftlich verbraucht, konsumiert wird und damit schließlich – thermodynamisch vollständig entwertet – aus dem Wirtschaftsprozeß ausscheidet. Nutzenergie, das ist die Energieform, wie sie die Wirtschaftsprozesse brauchen bzw. wie sie der Konsument braucht: Kraft (das heißt mechanische Energie), Wärme (einer bestimmten Temperatur, das heißt beispielsweise auch Kälte), Licht (oder andere Arten elektromagnetischer Strahlung), Direktelektrizität (für Galvanik, Steuerung, Kommunikations- und Datenverarbeitungsprozesse).
Wie zu sehen ist, gibt es nur ganz wenige Arten von Nutzenergie. Und wenn man die modernen Anwendungen von Direktelektrizität einmal außer Acht läßt, gibt es diese wenigen Arten von Nutzenergie schon, seit Menschen überhaupt wirtschaften. Im Alten Ägypten wurden prinzipiell die gleichen Arten von Nutzenergie in der Wirtschaft gebraucht und haben sie in Gang gehalten, wie in der modernen industriellen Massenproduktion Allerdings in der Regel durch andere Primärenergien gewonnen, beispielsweise Nahrungsmittel für Muskelkraft von Mensch und Tier, als heute

Und nun natürlich die entscheidende Schlußfolgerung: wenn Wirtschaftsprozesse nur durch die Zufuhr von Energie in Gang gesetzt oder in Gang gehalten werden können, muß man zwangsläufig dafür sorgen, daß immer und an jedem Ort, wo gewirtschaftet werden soll, ausreichend und die richtige Energie bereit steht, es sei denn, man verzichtet aufs Wirtschaften.
Damit ist natürlich noch nichts darüber ausgesagt, wieviel Energie beim Wirtschaften eingesetzt werden muß Selbstverständlich brauchen die einzelnen Wirtschaftsprozesse unterschiedlich viel Energie, und es gibt auch eine eindeutige Zeitabhängigkeit des Energieverbrauchs. Der Mensch wirtschaftet schließlich rationell. Aber immer gilt: welche Produkte, Verfahren, Technologien gewünscht werden, entscheidet letztlich das Verbraucherverhalten zu jeder Zeit. Welche Energiemenge und –art zur Gewährleistung der Lebensqualität erforderlich ist, entscheidet auch der Konsument. Das heißt schlichtweg: nicht bei der Energie, die für das Wirtschaften notwendig und unersetzlich ist, muß der „zusätzliche" Hebel

– die Kosten als wirksamer Hebel wirken ohnedies bereits – angesetzt werden, sondern bei den gewünschten Produkten, das heißt letztlich bei der Lebenshaltung und beim Lebensanspruch. Energieeinsparung als einzige energetische Forderung greift also viel zu kurz. Energieeinsparung kann immer nur parallel zur erforderlichen Energiebereitstellung gesehen werden. Eine verabsolutierte Energieeinsparung beraubt den Menschen des wichtigsten Mittels, erfolgreich zu wirtschaften.

Unter dem gleichen Gesichtspunkt sind dann auch solche sogenannten Lenkungsinstrumente wie **Energiesteuern** zu sehen. Den Energieverbrauch künstlich zu verteuern, vielleicht mit dem fatalen Ergebnis, die Wirtschaftskraft und Wettbewerbsfähigkeit zu verringern, die Mobilität einzuschränken und die Lebensqualität einzuengen, halte ich für grundsätzlich falsch, ist eine wirtschaftliche Todsünde. Wenn Energiesteuern nicht nur ein primitives fiskalisches Mittel sein sollen, dann ist es aber allemal besser, gute Leistung zu belobigen anstatt zu strafen. Wenn der Staat der Auffassung ist, Energie sei heute zu billig, demnach bestünde über die Kosten zu wenig Anreiz, ausreichend Energie entsprechend dem Entwicklungsstand von Technik und Wirtschaft zu sparen, dann sollte zusätzliche Energieeinsparung mit Prämien belohnt werden. Wenn andererseits geltend gemacht wird, Arbeit sei zu teuer im Vergleich mit Energie, weil sie zu stark mit Steuern belastet würde, dann soll aber nun doch nicht umgekehrt Energie höher und Arbeit weniger besteuert werden, um damit letztlich rückwirkend Energie durch menschliche Arbeit, und das wohl großenteils nicht Intelligenz, sondern Muskelarbeit, zu ersetzen

Daß natürlich Steuern in einem Gemeinwesen notwendig sind, um Gemeinaufgaben erfüllen zu können, das ist wohl unbestritten. Und ebenso unbestritten ist, daß sie die Wirtschaft und damit ganz allgemein die produktive menschliche Arbeit, und in zunehmendem Maße die intelligente, aufbringen muß.

Damit kann eine vernünftige Steuerreform aber nur am Arbeitsergebnis, das heißt am volkswirtschaftlichen Produkt und damit am Preis der verkauften Waren und Dienstleistungen, und nicht an den einzelnen eingesetzten Produktionsfaktoren ansetzen. Hier tut sich ein breites Betätigungsfeld, vor allem international, auf, und hier kann heute auch nicht einmal ansatzweise von Steuergerechtigkeit gesprochen werden

## Energie ist ausreichend vorhanden

Häufig wird heute argumentiert, daß sich die Energieressourcen spürbar verknappen Allerdings ist diese Argumentation keine Erfindung unserer Zeit. Auch in geschichtlicher Vergangenheit ist schon Holz knapp geworden, so wie es heute für Öl und Gas postuliert wird. Die Antwort in der Vergangenheit war, weder auf Gedeih und Verderb mehr Brennholz zu organisieren noch den Energieverbrauch gewaltsam einzuschränken, sondern Kohle. Aus dem „Arme-Leute-Brennstoff“

Kohle wurde über den Dampf **das** energiewirtschaftliche Treibmittel für die Industrialisierung der Welt. Verallgemeinert lautet die Antwort auf sichtbar werdende Ressourcengrenzen: der technologische Fortschritt, die wirtschaftliche Innovation ermöglicht, neue qualitative Entwicklungslinien zu verfolgen und sich damit der sichtbar gewordenen Grenzen zu entledigen.
Der menschlichen Kreativität erwachsen aus prinzipiellen Überlegungen keine Grenzen. Allerdings setzt diese Erkenntnis natürlich eine ganz prinzipielle, positive und zukunftsgewandte Lebenshaltung voraus.

Kenntnis der Vergangenheit und eine positive Denkhaltung reichen allein natürlich nicht aus, um die in der Überschrift genannte These für unsere heutige Zeit plausibel zu machen. Ich erspare mir hier allerdings, näher auf die häufig ermittelten und ebenso häufig verworfenen – **aber nie nach unten korrigierten** – statischen und dynamischen Reichweiten von Energiereserven und Energieressourcen einzugehen, sondern ich konzentriere mich hier ausschließlich auf energetische Denkansätze, die prinzipiell keiner Entwertung in einer für die Entwicklung der Menschheit bedeutsamen Zeit unterliegen. Da ist zunächst natürlich die **Sonne** zu nennen. Sie ist für menschliche Begriffe als unerschöpflich zu bezeichnen. Aber es muß klar sein, daß die heute bekannten und die auf dieser Grundlage für die Zukunft vorgeschauten Technologien der Photovoltaik, der Solarthermie, von Wind und Wasser sowie von Biomasse in keiner Weise geeignet sind, den Anforderungen der wachsenden Menschheit an Wirtschaftswachstum und Lebensqualität zu entsprechen, und das vor allem unter dem Blickwinkel, daß heute deutlich mehr als die Hälfte der Menschheit vom wirtschaftlichen und kulturellen Fortschritt ausgeschlossen ist. Wichtige technische Ursache für dieses Unvermögen ist die außerordentlich niedrige Energiedichte, die die Sonneneinstrahlung auf der Erdoberfläche erreicht. Um sie in einem Umfang zu nutzen, der der Größenordnung des heutigen und künftigen Energiebedarfs wenigstens nahekommt, bedarf es schon sehr großer Flächen und der zusätzlichen Umwandlung in einen Energieträger, der konzentrierbar und dem Bedarf der Wirtschaft angemessen ist (möglicherweise Wasserstoff) – oder der Sonnenenergiesammlung im erdnahen Weltraum, was allerdings eine hochentwickelte Wirtschaft und Technik mit entsprechend hoher energetischer Vorleistung erfordert. Diese Aufgabe ist also ganz prinzipiell nicht mit der Installation von Solartechnik auf Hausdächern lösbar.

Es sollte also vermutlich neben der Sonne noch eine weitere Energiequelle geben, die für menschliche Begriffe als nahezu unerschöpflich eingestuft werden kann. Und es gibt sie: das ist der auf der Erde nachempfundene Sonnenprozeß der Energiedarstellung, nämlich die **Kernfusion**. Die dafür benötigten Rohstoffe, das Deuterium und das Lithium, sind ausreichend auf der Erde vorhanden und werden für andere Prozesse nicht benötigt. Und die bis zu einer möglichen praktischen Realisierung noch erforderliche Kreativität und Wirtschaftskraft, dessen bin ich mir sicher, wird aufgebracht werden, wenn nur der überragende Nutzen deutlich sichtbar wird. Natürlich darf hier jemand aufstehen und sagen: Kernfusion, das will ich nicht. Aber er darf nicht sagen, Energie für die unbegrenzte Entwicklung der Menschheit stehe nicht zur Verfügung. Lassen wir doch jede Generation selbst entscheiden, wie sie über die Nutzung der von der Natur bereitgestellten Ressourcen – mit Ausnahme natürlich der objektiv nur sehr begrenzt vorhandenen – denken will. Wir sollten uns jedenfalls heute nicht anmaßen, aus unserer begrenzten Sicht zukünftigen Generationen Vorschriften machen zu wollen – ganz abgesehen davon, daß das später keinen interessiert und er nur lächelt, wenn er vielleicht in einem antiken Archiv unsere heutige Diskussion zu sehen bekommt.

Im übrigen trifft das heute gern vorgebrachte „moralisierende" Argument, die Menschheit verbrauche in diesen wenigen Jahren unwiderbringlich alle Energie, die die Sonne auf der Erde in Hunderten von Millionen Jahren hervorgebracht hat, einfach nicht den Kern der Sache. Sicher ist natürlich, daß die fossilen Energievorräte – obwohl offenbar größer als immer wieder angenommen wird – zeitlich nicht ewig währen, also begrenzt sind und nicht mehr – auf jeden Fall nicht mehr in dem erforderlichen Tempo – nachgebildet werden können. Sicher ist aber auch, daß die Sonne direkt und die Kernfusion deutlich am Wegesrand stehen, bereit, aufgenommen zu werden, wenn sie gebraucht werden. Es ist also keineswegs so, daß nachfolgenden Generationen alles weggenommen wird, was sie zum Leben brauchen. Wenn wir uns neuen technischen und wirtschaftlichen Herausforderungen stellen, wie sie die Nutzung neuartiger Sonnentechnologien und der Kernfusion darstellen können, dann tun wir heute wirklich etwas Nachhaltiges, was sowohl uns wie den nach uns folgenden Generationen zum Vorteil gereicht. Verweigern wir uns diesen technologischen Herausforderungen, wird Zeit verloren, unter Umständen sogar Kapital vergeudet – siehe die weder ökonomisch noch ökologisch zu rechtfertigenden Ausstiegsbemühungen aus der Kernenergie –, und es wird von den insgesamt begrenzt vorhandenen Gas- und Ölvorräten dieser Welt unwiderbringlich mehr verbraucht als tatsächlich objektiv notwendig wäre. Und das ist dann schlichtweg die **Pervertierung der Nachhaltigkeit**.

An dieser Stelle möchte ich noch ein weiteres „moralisierendes" Argument beleuchten, das unmittelbar an das soeben behandelte anknüpft. Alle Energie auf Erden verdanken wir der Sonne Nachdem wir den in langen Jahren aufgehäuften fossilen Vorrat aufgezehrt haben werden, bliebe uns gar nichts weiter übrig, als uns auf die laufende Zufuhr von Sonnenenergie zu konzentrieren, und je eher wir das also tun würden, desto schneller hätten wir Erfolg. Im Gegenteil dazu stünden wir binnen kurzem ohne Energie da Und weiter, es gibt im Grunde nur eine einzige wirkliche Energiewirtschaft, die solare. Was die Nutzung fossiler Energie angeht, handelt es sich nur um eine kleine Episode in der Geschichte (ein „Wimpernschlag", wie poetische Zeitgenossen sagen) – oder vielleicht ist es auch nur ein Ausrutscher der Geschichte?

Nur auf die fossile Energie bezogen, ist diese Aussage nicht falsch. Was die Nutzung von Biomasse aus „nachhaltiger“ Land- und Forstwirtschaft angeht, kann es sich trotz des von manchen Zeitgenossen offenbar gewünschten gigantischen Feuerwerks nur um eine additive, keineswegs aber alternative Energieversorgung handeln. Sie ist demnach per se nicht zukunftsorientiert, weil sie das vorhandene System nicht wirklich ablösen kann. Und was schließlich die Kernenergie, sowohl in ihrer Erscheinung als Spaltung schwerer Atomkerne als auch als Fusion leichter Atomkerne, anbelangt, ist die Aussage schlicht falsch.

Die Quelle der Kernenergie geht nicht auf die Sonne zurück, sondern sie ist wesentlich elementarer. Sie stellt eine Quelle dar, die direkt auf die Evolution des Universums zurückführt Sonne und Erde haben – natürlich unterschiedlich – ein Stück davon abbekommen. Eigentlich sollten wir Menschen froh sein, daß wir auf unserem Planeten eben auch ein kleines Stück davon erhalten haben. Gewiß kann dieses Stück auch nicht mehr nachgebildet werden, aber es handelt sich eben im menschlichen Sinne um ein unerschöpfliches Stück.

Nunmehr könnte man dem in diesem Zusammenhang gern vorgestellten historischen Energieversorgungsschema der Menschheit

- **erste solare Energienutzung** (Hunderttausende von Jahren) – **fossile Energienutzung** (ungefähr 200 bis 250 Jahre) – **zweite solare Energienutzung** (bis in die Unendlichkeit) –

ein alternatives Schema entgegenstellen, das wie folgt aussehen könnte:

- **direkte solare Energienutzung – fossile Energienutzung – Nutzung der Kernfusion** (der solaren wie der irdischen unter Zwischenschaltung eines neuen synthetischen Endenergieträgers, wie zum Beispiel Wasserstoff) –

Zusammengefaßt läßt sich zur These, daß Energie ausreichend vorhanden sei, die folgende Aussage machen:

- die Nutzung der Kernfusion in ihrer stellaren und irdischen Form kann das Energieproblem der Menschheit auf Dauer lösen, erfordert jedoch noch einen gewaltigen geistigen und materiellen Aufwand,

- bis dahin stehen in erheblichem Maße noch fossile, direkte solare (regenerative) und Kernspaltungsenergiequellen zur Verfügung, so daß die erforderliche Zeit bis zur Dauerlösung überbrückt werden kann und die weitere wirtschaftliche Entwicklung der Menschheit nicht am Energiemangel scheitert.

## Energie steht einem nachhaltigen Wirtschaften nicht entgegen

An dieser Stelle soll nicht mehr das Ressourcenproblem behandelt werden, das als Bestandteil des Konzepts vom nachhaltigen Wirtschaften in der vorherigen These dargestellt wurde, sondern die andere Seite der Nachhaltigkeit, die Belastung der natürlichen Umwelt. An die Stelle der sogenannten „Verfügbarkeitsknappheit", deren Gewicht in der öffentlichen Diskussion offenbar abnimmt, tritt nunmehr häufiger die „Aufnahmeknappheit" der Umwelt für Schadstoffe und Abfälle [1]. Die Umwelt wird in diesem Zusammenhang als Abfall-Deponie Umwelt charakterisiert, deren Selbstreinigungskraft immer weiter eingeschränkt werde, womit die Lebensgrundlagen der Lebewesen zerstört werden.

Unzweifelhaft ist, daß die menschliche Wirtschaftstätigkeit neben den gewünschten Produkten auch Abfälle produziert, darunter auch solche, die als Schadstoffe bzw. Giftstoffe klassifiziert werden müssen, ja, daß mitunter auch die gewünschten Produkte – je nach Erkenntnisstand – den Charakter von Schad- und Giftstoffen haben können. Und unzweifelhaft ist, daß solche Stoffe die Aufnahmefähigkeit der natürlichen Umwelt in Frage stellen können.

In der Arbeit [2] sind alle im Zusammenhang mit der Energiewirtschaft relevanten Emissionen und Abfälle, die zu potentiellen Umweltbelastungen führen können, im einzelnen betrachtet worden Das Fazit ist, daß keiner der in Frage kommenden Energieträger eine solche Belastung verursachen könnte, die einem nachhaltigen Wirtschaften entgegenstehen.
Der erste Schritt ist immer, schädigende Wirkungen zu identifizieren. Der zweite Schritt ist, technische Lösungen zu entwickeln, die das Problem beheben. Der dritte Schritt ist, diese Lösungen – kombiniert mit entsprechenden Verhaltensweisen – in die wirtschaftliche Praxis umzusetzen.
In der Energiewirtschaft sind in den vergangenen Jahren und Jahrzehnten immer wieder innovative Lösungen in die wirtschaftliche Praxis eingeführt worden, die heute ein klareres Wasser, eine reinere Luft, weniger Lärm, einen fruchtbareren Boden und damit auch eine bessere Gesundheit und eine deutlich gestiegene Lebenserwartung hervorgebracht haben – und das trotz höheren absoluten und relativen Energieverbrauchs. Es gibt also technische und technologische Lösungen, die die angemahnte Aufnahmekapazität der natürlichen Umwelt spürbar entlasten. Das gilt im Bereich der Energiewirtschaft beispielhaft für solche Belastungen wie Asche, Staub, Schwefeldioxid und Stickstoffoxide. Das gilt im übrigen durchaus auch für solche Belastungen wie die Radioaktivität.
Als vernünftiger allgemeiner Grundsatz gilt, **daß anthropogene Belastungen durch Emittenten immer klein gehalten werden müssen gegenüber den gleichzeitigen und gleichartigen natürlichen Belastungen**. Wo es keine natürlichen Partner gibt, sollten Emissionen gänzlich vermieden oder auf einem solchen Niveau gehalten werden, daß keine schädigende Wirkung eintritt.

Beim Kohlendioxid ist offenbar die hinnehmbare Grenze „klein gegen natürlich" gerade erreicht, so daß für **künftige** energiewirtschaftliche Unternehmungen kompensierender Handlungsbedarf erwächst. Das präferiert aus dieser Betrachtung heraus alle physikalischen Energieumwandlungsprozesse, die Kernenergie eingeschlossen, gegenüber solchen, die auf Kohlenstoffverbrennung beruhen.

Sollte von einem auch in der Natur vorkommenden Schadstoff durch die Wirtschaftstätigkeit neben einer **Dauerbelastung** für Umwelt (indirekte Wirkung) oder Gesundheit (direkte Wirkung) auch eine plötzliche **Havariebelastung** ausgehen können, muß gefordert werden, daß das dabei entstehende Risiko klein gehalten wird gegen andere natürliche und zivilisatorische Risiken, die die Menschen zu einer bestimmten Zeit bereit sind hinzunehmen.

Als vernünftige technische und wirtschaftliche Mittel, den genannten Grundsatz für die Bewertung und Behandlung der Belastungen zu verwirklichen, können technische Maßnahmen zum **sicheren Einschluß** bis hin zur Deponie an zivilisationsfernen Standorten sowie die schrittweise Durchsetzung einer **Kreislaufwirtschaft** genannt werden. Bei letzterem liegt die Betonung auf **schrittweise,** weil eine absolute Kreislaufwirtschaft sofort – in zahlreichen Fällen – das Attribut „Wirtschaft" nicht verdient, weil sie heute noch unwirtschaftlich sind. Neben den beiden genannten Mitteln gilt selbstverständlich, daß es häufig am besten gelingt, Belastungen zu vermeiden, wenn **moderne Technologien** angewendet werden, die keine oder wesentlich geringere Abfälle erzeugen als bisherige.
Solche Technologien erlauben häufig, bei Prozeßparametern (Temperatur, Druck,...) abzulaufen, die den natürlichen Umgebungsbedingungen nahekommen (Biotechnologie usw.). Ein weiteres Mittel, Belastungen abzubauen, ist die nachfolgende bzw. in den Prozeß zu integrierende **chemische Umwandlung** von Schadstoffen in umwelt- und gesundheitsverträgliche Stoffe. Wenn schon Giftstoffe im Produktionsprozeß entstehen, sind prinzipiell auch solche Re-Umwandlungen möglich.

An dieser Stelle erlaube ich mir, die Erkenntnis eines Wissenschaftlers wörtlich wiederzugeben, die er im vorliegenden Zusammenhang als Mitglied der Enquête-Kommission „Schutz der Erdatmosphäre" des Deutschen Bundestags gezogen hat [3, S. 184]:
„Vieles spricht dafür, daß die von den Neo-Malthusianern ins Feld geführte Begrenztheit der natürlichen Ressourcen und der Belastbarkeit der Umwelt nicht die limitierenden Faktoren für eine weitere Entwicklung des Weltsystems sind. Wir verfügen bereits heute über technische Möglichkeiten, auch bei steigender weltweiter Bereitstellung von Nahrung, Gütern und Dienstleistungen die Inanspruchnahme von Rohstoffen, Natur und Umwelt auf ein vertretbares Maß im Sinne einer nachhaltigen Entwicklung zurückzuführen. Dies gilt auch für die Klima- und Umweltbelastungen, die mit den gegenwärtig genutzten Energieträgern verbunden

sind." Und drei Seiten weiter weist er im Zusammenhang mit den Hauptsätzen der Thermodynamik darauf hin, daß „die Möglichkeit einer Entkopplung von Energieeinsatz (Verbrauch an Arbeitsfähigkeit) und Umweltbelastung" besteht. „Wachsender Verbrauch an Arbeitsfähigkeit (Energieeinsatz) und sinkende Umwelt- und Klimabelastungen müssen kein Widerspruch sein."

Aus den genannten Überlegungen ziehe ich den prinzipiellen Schluß, daß es mit Hilfe von moderner Technologie und der laufenden wirtschaftlichen Innovation gelingt, die Energiewirtschaft heute und künftig nach dem Konzept der Nachhaltigkeit zu organisieren. Auf keinen Fall steht sie ihm entgegen.

Im übrigen sei mir folgender Hinweis gestattet: es gilt unverändert als erstes Gebot nachhaltigen Wirtschaftens, insbesondere für die öffentlichen Haushalte, daß wir nachfolgenden Generationen keinen Schuldenberg hinterlassen, den sie abtragen müssen. Energie- und andere Probleme kommen erst weit danach.

## Energie bedeutet Lebensqualität

Haben wir bisher davon gesprochen, daß Energie keine untragbaren Belastungen für Umwelt und Gesundheit verursacht, so wenden wir uns nun mit dieser These den positiven Wirkungen der Energie auf Umwelt und Gesundheit, auf ausreichende Nahrung, Bekleidung und Behausung, auf Erholung, auf Bildung und Kultur, letztlich also auf die Lebensqualität zu.

Bei Betrachtung der geschichtlichen Entwicklung der letzten 200 Jahre ergibt sich ein eindeutiger Zusammenhang zwischen wirtschaftlichem Aufschwung und Verbesserung der Lebensqualität in den fortgeschrittenen Industrieländern. Eine hohe Lebensqualität ist nicht gegen die oder trotz der Industrialisierung und Zivilisation entstanden, sondern durch sie. Und es gehört keine Phantasie dazu festzustellen, daß überall dort, wo das Wirtschaftswachstum noch nicht oder noch nicht im erforderlichen Maß eingesetzt hat, die Lebensqualität und die Lebenserwartung niedriger ist, Armut und Hunger herrschen, Bildung und Kultur nur privilegierten Schichten offenstehen.

Wenn die Lebensqualität direktes Ergebnis des Wirtschaftswachstums ist, dann besteht auch ein direkter Zusammenhang mit dem Energieeinsatz für die Wirtschaft. Die Überwindung der Beschränkungen, die mit der vorrangigen und häufig ausschließlichen Nutzung der Muskelkraft von Mensch und Tier sowie des Brennholzes und von ein wenig Wind und Laufwasser Jahrhunderte und Jahrtausende verbunden waren, durch den massiven Einsatz fossiler Energieträger war wesentliche Voraussetzung und Begleitung für den industriellen Aufschwung und damit für die wirtschaftliche Befreiung des Menschen. Die Industrialisierung hat einen vollständigen Umbruch im Wirtschafts- und Gesellschaftssystem hervorgebracht. Wirtschaft und Gesellschaft haben eine neue Qualität erreicht. Die Menschheit hat sich also als fähig erwiesen, mit einer neuen Qualität ihrer Verhältnisse auf die damaligen Herausforderungen zu reagieren. Und die Menschen

von heute und morgen? Die wesentlich bessere Voraussetzungen als ihre Voreltern haben? Die sollten nicht innovativ auf neue Herausforderungen reagieren können?
Bezüglich der Lebensqualität stehen meines Erachtens heute zwei wesentliche Problemfelder zur Lösung an

- die Überwindung der ungleichmäßigen Güter- und Ressourcenverteilung in der Welt, die einen großen Teil der Menschheit bisher von den Errungenschaften der Zivilisation ausschließt,

- und die Weiterentwicklung der Lebensqualität in den bisher fortgeschrittenen Ländern, die den heutigen und künftigen technischen und wirtschaftlichen Möglichkeiten entspricht

Bezüglich der Lebensqualität gibt es keinen Stillstand. Sie ist Bestandteil der Evolution der Menschheit, auch wenn ihre Merkmale aus Sicht der Zeiten und Völker unterschiedlich ausgeprägt sein mögen. Und sie wird schließlich auch einmal die Grenzen solcher fundamentalen Naturgesetze wie der Gravitation oder der Zellalterung hinausschieben

## Die Natur ist kein unveränderliches, unantastbares Gut, sondern sie dient dem Menschen und wird von ihm bewirtschaftet

Der Mensch ist aus der Natur hervorgegangen – ganz allgemein gesprochen. Er hat eine außerordentliche Fülle von Verbindungen zur Natur Insofern ist er Teil von ihr. Seine biologische Existenz gründet sich auf die Natur.
Und dennoch ist diese Feststellung nicht vollständig. Kraft seiner Intelligenz und seiner gesellschaftlichen Entwicklung ist er auch aus der Natur herausgetreten und steht ihr gegenüber Er überblickt die Natur. Er erkennt sie. Damit wird er stückweise Herr über sie Er trägt damit auch Verantwortung für die Natur – Verantwortung kann nur ein Wissender tragen Aber auch nur einer, der Macht hat. Wenn keine Macht da ist, kann auch Verantwortung nicht wirklich ausgeübt werden
Insofern stellt sich die Rolle des Menschen in bezug auf die Natur als dual dar: einerseits Teil von ihr, ihr unterworfen, andererseits Herr über sie.
Seit der Mensch aus dem Tierreich heraustrat und ein soziales Wesen wurde, begann er die Erde zu bewirtschaften. Lange Zeit und teilweise bis in unsere Tage hinein war dieses Bewirtschaften ein Kampf gegen die Natur, ein Kampf ums Überleben. Die Nahrungs- und Existenzgrundlage mußte der Natur abgerungen werden Die Bedrohung von Gesundheit und Leben auch. Das Wissen und die Herrschaft über die Natur ist in einem langen, erbittert geführten und opferreichen Kampf errungen worden

Dieses Tun des Menschen ist aus seiner sozialen Gegebenheit hinreichend legitimiert. Es war notwendig, um das Überleben als soziales Wesen sicherzustellen. Heute ist ein Entwicklungsstand erreicht worden, bei dem der Kampf gegen die Natur nicht mehr an vorderer Stelle steht, sondern in immer stärkerem Maße die aus der Verantwortung entstandene Aufgabe der Pflege und Erhaltung des Natürlichen. Der Mensch hat zunehmend das Wissen und die Mittel dazu. Aus dieser Betrachtung wird eines deutlich: dem Verhältnis des Menschen zur Natur (zur Erde) kann man nicht mit irgendwelchen moralisierenden, aus dem Zusammenhang herausgerissenen ehernen Grundsätzen beikommen, sondern nur aus historischer Sicht, aus Sicht der Entwicklung in der Vergangenheit, die sich auch in die Zukunft – bei immer besserem Kenntnisstand – fortsetzt.
Die Entwicklung hört also nicht auf. Damit auch nicht unsere Einflußnahme auf die Natur. Die Natur ihrerseits hat natürlich auch eine Komponente der Selbstentwicklung, ungestört vom Menschen. Beide Komponenten, die anthropogene und die ungestörte, fügen sich zur zukünftigen Entwicklung der Natur zusammen. Die Erde, die auf diese Weise bewirtschaftet wird, wird dann schrittweise aus einer Wildnis ein bestellter Garten Der Garten Eden. Was soll schrecklich daran sein? Gleich bleibt die Natur ohnehin nicht. Nicht mit dem Menschen, aber auch nicht ohne den Menschen. Welche Art Natur sollte denn dann unbeeinflußt konserviert werden? Just die von heute? Oder die vor 100 Jahren? Oder die des Mittelalters, in der die Pest wütete und der Mensch hilflos danebenstand? Oder die der letzten Eiszeit? Oder die der Dinosaurier, als es noch gar keine Menschen gab? Ich denke, wir müssen immer und überall den Gedanken der Entwicklung akzeptieren. Und den Umstand heute, daß wir Einfluß auf die Entwicklung nehmen und nehmen können.

Natur und Umwelt sind kein heiliger Selbstzweck. Sie sind dem Menschen durch sein Wirken dienstbar gemacht worden, und er sollte sich ihrer in Verantwortung bedienen

## Literatur

[1] Jarass, L.. Besteuerung der Produktionsfaktoren Arbeit, Kapital, Energie und Umwelt im internationalen Vergleich. Energiewirtschaftliche Tagesfragen 43(1993)4, S. 231-237.

[2] Brune, W.: Energie als Indikator und Promotor wirtschaftlicher Evolution. Stuttgart/Leipzig: B. G. Teubner, 1998.

[3] Voß, A.: Neue Ziele – Neue Wege: Vision und Leitbild für die Gestaltung der Energieversorgung von übermorgen. In: Mehr Zukunft für die Erde. Nachhaltige Energiepolitik für dauerhaften Klimaschutz. Schlußbericht der Enquete-Kommission „Schutz der Erdatmosphäre“ des 12. Deutschen Bundestages. Bonn: Economica-Verlag, 1995, S. 183-192.

# 4 Energiewirtschaft und Klimakatastrophe

Dietmar Ufer

## 4.1 Vom energiewirtschaftlichen Wertewandel

Jede moderne Volkswirtschaft, ja die heutige Weltwirtschaft insgesamt, ist nur dank der Existenz einer leistungsfähigen Energiewirtschaft funktionsfähig. Bereitstellung und Nutzung der verschiedenen Energiearten sind zu einem immanenten Bestandteil jeder Wirtschaftstätigkeit geworden, sind Voraussetzung für das gesellschaftliche Leben überhaupt. Energie ist seit langem ein bedeutender Kostenfaktor in allen Branchen der Wirtschaft Immer deutlicher wurde jedoch in den letzten Jahrzehnten, daß eine rein betriebswirtschaftliche Bewertung von Energieströmen nicht ausreichend für die Beurteilung der Rolle der Energie in der Gesellschaft ist. Bei einer gesamtheitlichen Beurteilung von energetischen Prozessen, ganz gleich ob im Bergbau, in Erdölraffinerien, in Kraftwerken oder in Unternehmen des Verarbeitenden Gewerbes und des Verkehrswesens, muß auch mit in Betracht gezogen werden, daß die Gewinnung und Nutzung von Energie oft unerwünschte Auswirkungen auf die Umwelt hat, daß Vorkehrungen für eine jederzeit ausreichende Energiebereitstellung getroffen werden müssen, daß von energietechnischen Anlagen keine Gefahren für die Gesundheit von Mensch und Tier ausgehen dürfen und daß die Energiebereitstellung mit der Bereitstellung von Arbeitsplätzen verknüpft ist. Gerade letzteres war ausschlaggebend bei politischen Entscheidungen zum Umbau der ostdeutschen Energiewirtschaft nach 1990: Der Erhalt eines Teils des Braunkohlenbergbaus durch Ertüchtigung vorhandener und Neubau moderner Braunkohlenkraftwerke führte zum Erhalt Tausender Arbeitsplätze im südlichen Teil Ostdeutschlands

Insgesamt werden energiewirtschaftliche Anlagen bei Entscheidungen zur Errichtung oder zum Weiterbetrieb im wesentlichen an Hand von drei Kriterien geprüft:

- Versorgungszuverlässigkeit,
- Wettbewerbsfähigkeit und
- Umweltverträglichkeit.

Alle drei Anforderungen sind mehr oder weniger variable Größen und zudem noch voneinander abhängig. So können höhere Anforderungen an die Zuverlässigkeit oder an den Umweltschutz zu steigenden Kosten führen und damit unter Umständen zu einer Beeinträchtigung der Wettbewerbsfähigkeit. Zugleich existieren aber – national differenziert – bestimmte Mindestanforderungen an Zuverlässigkeit und Umweltverträglichkeit der Energiewirtschaft. So gibt es gesetzlich fixierte Höchstwerte für die Emission von Luftschadstoffen aus Feuerungsanlagen und vertragsrechtliche Vereinbarungen zur unterbrechungsfreien Versorgung mit bestimmten Energieträgern.

Prinzipiell unterliegen energiewirtschaftliche Entscheidungen einer mehrkriteriellen Entscheidung. Das Gewicht der einzelnen Kriterien hat sich in der Vergangenheit zwar verschoben – beispielsweise ist die Umweltverträglichkeit immer bedeutsamer geworden – aber erstrangig war immer das Kriterium der Wirtschaftlichkeit, die Erreichung von so niedrigen Kosten, daß die Wettbewerbsfähigkeit einer Anlage gewährleistet werden kann.

Seit wenigen Jahren vollzieht sich – vorwiegend in Deutschland und in nur wenigen weiteren Industrieländern – ein Wertewandel bei den energiewirtschaftlichen Entscheidungskriterien. Die Umweltverträglichkeit erhält ein immer größeres Gewicht. In Teilbereichen der Energiewirtschaft hat sie das Kriterium Wettbewerbsfähigkeit schon verdrängt und ist dabei, zum alleinigen Entscheidungskriterium zu werden. Damit hat sich eine völlig neue Qualität im energiewirtschaftlichen Bewertungssystem herausgebildet. Beispiele hierfür liefern die Planungen zur Nutzung regenerativer Energiequellen, wo heute weder Versorgungszuverlässigkeit noch Wirtschaftlichkeit relevant sind.

Möglich wurde diese Entwicklung durch die Überzeugung, daß das bei allen Verbrennungsprozessen in der Energiewirtschaft freiwerdende Kohlendioxid ($CO_2$) zu einer unerwünschten Erwärmung der Erdatmosphäre und damit zu einer Einschränkung der menschlichen Lebensbedingungen führt. Die bei der Verbrennung entstehenden klassischen Luftschadstoffe, wie beispielsweise Schwefeldioxid, Stickoxide und Staub, wurden in ihrer Bedeutung in den Hintergrund gerückt und das durch die Verbrennung fossiler Brennstoffe entstehende $CO_2$ wurde als sogenanntes Klimagas zu einer der größten Gefahren für die gesamte Menschheit erklärt [24, S. 137]. Konsequenz einer solchen Feststellung ist, alles zu tun, um den $CO_2$-Ausstoß energiewirtschaftlicher Prozesse zu minimieren. Es sollen also beispielsweise nicht nur hohe Wirkungsgrade bei Kohlenkraftwerken angestrebt werden, sondern es soll auf Kohlenkraftwerke ganz verzichtet, statt dessen sollen Erdgaskraftwerke betrieben werden, weil die Erdgasverbrennung infolge des höheren Wasserstoffgehaltes von Methan gegenüber der Kohle spezifisch weniger $CO_2$ verursacht. Noch mehr favorisiert werden erneuerbare Energiequellen, die als $CO_2$-frei erklärt werden. Nicht unbeträchtliche Mittel werden vom Staat aufgewendet, um die Emission von Klimagasen, zu denen außer $CO_2$ noch einige andere gehören, zu reduzieren und dadurch das Klima zu schützen.

Genaugenommen ist an die erste Stelle unter den energiewirtschaftlichen Entscheidungskriterien nicht die Umweltverträglichkeit schlechthin, die den Schutz von Mensch, Fauna und Flora der näheren und weiteren Umgebung der Energieanlagen sichern soll, gerückt, sondern der Klimaschutz. Aus der Sicht der Vertreter dieser Auffassungen hat sich die Energiewirtschaft Klimaschutzstrategien zu unterwerfen, und Energiepolitik ist durch Klimapolitik zu ersetzen. Ausdruck dieser Tatsache ist, daß es deutsche Bundesländer gibt, in denen das Energieressort im Umweltministerium etabliert wurde oder daß im Bundesumweltministerium entscheidende Weichenstellungen für die Energiepolitik erfolgen.

Die von der Politik erhobene Forderung nach Schutz des Klimas ist inzwischen zu einem ideologischen Dogma geworden, dessen rationeller Hintergrund nur noch am Rande von Interesse ist. Für den Klimaschutz werden heute Milliardenbeträge in Form von staatlichen Subventionen (beispielsweise für Windenergie- und Photovoltaikanlagen) aufgewendet und es wird von der Wirtschaft und von jedem Bürger gefordert, ebenfalls beträchtliche materielle Beiträge zur Verhinderung einer globalen Erwärmung zu erbringen. Besonders ausgeprägt ist das in Deutschland zu erkennen. Parallelen zu dieser Verhaltensweise gibt es – bemerkenswerterweise wiederum in Deutschland am ausgeprägtesten – bei der Einstellung zur Kernenergie Sie wird von einer Reihe von Politikern abgelehnt, ohne Pro-Kernenergie-Argumente überhaupt zur Kenntnis zu nehmen – und das, obwohl die Kernenergie in Deutschland und in den meisten anderen Industrieländern der bedeutendste $CO_2$-freie Energieträger ist

Der nunmehr eingetretene Wertewandel in der Energiewirtschaft – vom Primat der Ökonomie zum Primat des Klimaschutzes – hat einschneidende Konsequenzen nicht nur für die Energieversorgung, sondern für die gesamte Volkswirtschaft bis hin zu jedem einzelnen Bürger, der mit dem Argument des Klimaschutzes zur Kasse gebeten wird.

Die vorliegende Studie untersucht, ob die Milliardenausgaben für den Schutz des Klimas, die schon geflossen sind und denen noch weitaus größere folgen sollen, gerechtfertigt sind. Immerhin handelt es sich hierbei um Beträge, die selbst in reichen Industrieländern nur mit großen Schwierigkeiten aufgebracht werden können. Die Entwicklungsländer sind völlig außerstande, einen vergleichbaren Aufwand zu treiben, obwohl der technische Zustand ihrer Energieanlagen wesentlich größere und billiger zu erschließende Potentiale zur $CO_2$-Reduzierung bietet.

Die Notwendigkeit zu fragen, ob weiterhin sehr viel Geld für den Schutz des Klimas ausgegeben werden muß, ob Klimaschutz notwendig oder sogar technisch möglich ist, ob der von Teilen der Politik geforderte sogenannte ökologische Umbau der Energiewirtschaft und der gesamten Volkswirtschaft sinnvoll ist, ergibt sich aus einer großen Anzahl von Fakten und Überlegungen, die Zweifel am kausalen Zusammenhang zwischen $CO_2$-Emission und Klimaerwärmung aufkommen lassen. Zunehmend wird von Wissenschaftlern die Besorgnis geäußert, daß die

Theorie von der menschengemachten Klimaveränderung, öffentlichkeitswirksam als „Klimakatastrophe" hochstilisiert, zu Schlußfolgerungen verleitet, die von der Gesellschaft nicht akzeptiert werden können.

Nachfolgend wird der sogenannte anthropogene Treibhauseffekt, der als Ursache für heute erkennbare und künftig erwartete Klimaerwärmungen gilt, dargestellt. Es werden die Folgen der Temperaturerhöhung für das Leben auf der Erde, so wie sie gegenwärtig von Klimatologen und Vertretern anderer Wissenschaftsdisziplinen gesehen werden, beschrieben und es wird geschildert, welche Schlußfolgerungen daraus gezogen werden, um den schädlichen Folgen einer allgemeinen Erwärmung zu begegnen

Im Anschluß daran wird eine – durchaus nicht vollständige - Übersicht über die Einwände gegeben, die gegen die herrschende Meinung über den vom Menschen verursachten Treibhauseffekt vorliegen.

In abschließenden Teilen der Studie werden Schlußfolgerungen für die Energiewirtschaft aus dem gegenwärtigen wissenschaftlichen Erkenntnisstand über den Treibhauseffekt gezogen und Empfehlungen für die Energiepolitik abgeleitet.

Es sei an dieser Stelle ausdrucklich darauf hingewiesen, daß es sich der Autor nicht zur Aufgabe gemacht hat, einen Beitrag zur Klimaforschung zu leisten. Er nutzt vielmehr die vorliegenden aktuellen Ergebnisse der Klimaforschung, soweit sie den Zusammenhang zwischen Klimaerwärmung und menschlichen, insbesondere energiewirtschaftlichen, Aktivitäten untersucht, und versucht, daraus Schlußfolgerungen abzuleiten. Die umfangreichen Forschungen, die zu durchaus widersprüchlichen Resultaten führten und daher gegensätzliche Konsequenzen für die künftige Entwicklung von Energiewirtschaft und gesamter Gesellschaft provozierten, sollen diskutiert und bewertet werden.

Primär ist die vorliegende Studie dem Bereich der Energiewirtschaft zuzuordnen, nicht der Klimatologie

## 4.2 Der Treibhauseffekt

Durch die Sonneneinstrahlung wird der Erde ständig Energie zugeführt, wodurch sich die Atmosphäre, der Erdboden und die Oberflächengewässer erwärmen. Dieselbe Energie wird wieder in den Weltraum abgestrahlt. Es stellt sich eine mehr oder weniger konstante mittlere Temperatur auf der Erdoberfläche von +15 °C ein – selbstverständlich unterschiedlich in den einzelnen geografischen Breiten, zu den verschiedenen Tages- und Jahreszeiten und bei unterschiedlichem Wettergeschehen. Die Höhe dieser mittleren Temperatur ist einerseits durch die Intensität der Solarstrahlung und andererseits durch die Existenz bestimmter Spurengase in der Atmosphäre bedingt. Wären diese Spurengase nicht vorhanden, so wäre es auf der Erde wesentlich kälter. Die durch diese Gase bewirkte Temperaturerhöhung wird als Treibhauseffekt bezeichnet.

### 4.2.1 Zur Physik des Treibhauseffektes

Treibhauseffekt als klimatologische Kategorie wird erst seit kaum mehr als zehn Jahren in Lehrbüchern der Physik erwähnt und bis heute nur in sehr wenigen allseitig dargestellt. Wenn auch die meisten Autoren über die grundsätzlichen Zusammenhänge derselben Meinung sind, so gibt es doch im Detail noch erhebliche Differenzen.

Die Sonne bestrahlt die Atmosphärenobergrenze der Erde ständig mit einer Leistung von 1368 W $m^{-2}$ (**Solarkonstante**). Die Erde als (nahezu) Kugel stellt der Solarstrahlung jedoch nicht ihre gesamte Kugeloberfläche $4\ \pi\ R_{Erde}^2$ entgegen, sondern ihren kreisförmigen Querschnitt mit der Fläche $\pi\ R_{Erde}^2$ Die Dichte der mittleren solaren Einstrahlung beträgt infolgedessen nur ein Viertel der Solarkonstanten, nämlich $S_0 = 342$ W $m^{-2}$

Von dieser Einstrahlung werden 30 % nach Streuung an Luftmolekülen, Dunst und Wolken sowie nach Reflexion an der Erdoberfläche wieder in den Weltraum zurückgestrahlt (Albedo der Erde). Ein weiterer Teil dieser Strahlung wird in der Atmosphäre absorbiert und trägt zu deren Erwärmung bei. Von besonderer Bedeutung ist dabei die Absorption von UV-Strahlung durch stratosphärisches Ozon. Es verbleiben 174 W $m^{-2}$, die von der Erdoberfläche absorbiert werden.

Die Erde selbst strahlt im Infrarotbereich Ihre Gesamtemission ist der vierten Potenz der absoluten Temperatur proportional (Gesetz von *Stefan-Boltzmann*). Wird für die Erdoberfläche eine mittlere Temperatur von 15 °C ≈ 288 K, die sogenannte Globaltemperatur, und ein Emissionsfaktor von $\varepsilon = 0{,}95$ (wäre die Erde ein „schwarzer Körper", gälte $\varepsilon = 1{,}0$) angesetzt, so erhält man eine Strahlungsleistung der Erde von $S = 371$ W $m^{-2}$. Sie ist mehr als doppelt so hoch wie die von der Sonne auf dem Erdboden ankommende Solarstrahlung von 174 W $m^{-2}$.

Dieser Widerspruch löst sich dadurch auf, daß von der Atmosphäre eine der terrestrischen Strahlung entgegengerichtete Strahlung von 301 W $m^{-2}$ ausgeht. Die Nettoabstrahlung der Erdoberfläche beträgt damit nur 70 W $m^{-2}$. Das Wärmereservoir der Atmosphäre wird von der Infrarotstrahlung, die von der Erdoberfläche ausgeht, gespeist. Der größte Teil dieser Strahlung wird nicht direkt in den Weltraum transportiert, sondern von bestimmten Spurengasen in der Lufthülle absorbiert und anschließend wieder emittiert. Die Re-Emission erfolgt in alle Richtungen, also auch zur Erdoberfläche hin. Nach *Roedel* [76] wird die Atmosphäre außerdem erwärmt durch die direkt absorbierte Sonnenstrahlung sowie durch den von der Erdoberfläche ausgehenden Transport fühlbarer (Konvektion) und latenter (Verdunstung und Kondensation) Wärme. Die sich in der Atmosphäre vollziehenden Wärmetransportprozesse und ihre quantitativen Beziehungen sind in Bild 4.2.1 dargestellt.

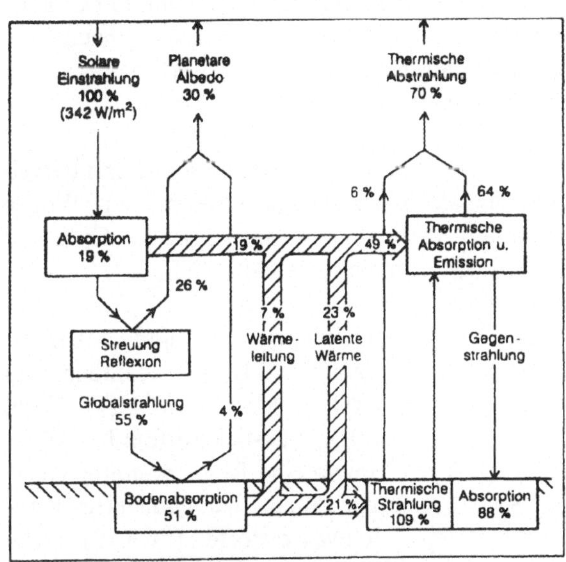


Bild 4.2.1: Zusammenfassende Darstellung der Energieflüsse im System Atmosphäre – Erdoberfläche [76]

Die hier dargestellten Zusammenhänge dürfen lediglich als Prinzipdarstellung gesehen werden, da in der Realität viele weitere Einflüsse wirken. Dasselbe gilt für die angegebenen Zahlenwerte für den Energietransport. Hier müssen Unsicherheiten von 10 bis 20 % [73] angenommen werden. Das kommt auch darin zum Ausdruck, daß von anderen Autoren andere Annahmen zur Darstellung des Treibhauseffektes gemacht werden. So gehen beispielsweise *Raith* [73] und *Tipler* [91] davon aus, daß die bei der solaren Einstrahlung in der Luft absorbierte Energie direkt wieder in den Weltraum abgestrahlt wird und damit nicht zur atmosphärischen Gegenstrahlung beiträgt. Wird von den Zahlen, die *Raith* angibt, ausgegangen, so ergibt sich eine Globaltemperatur der Erdoberfläche von +12 °C (Abstrahlung der Erde: 356 W $m^{-2}$, $\varepsilon = 0{,}95$). Aus den von *Tipler* angegebenen Daten errechnet sich eine Oberflächentemperatur der Erde von +15,8 °C, obwohl er auf der vorhergehenden Seite seines Werkes „rund 13 °C" nennt. Tipler rechnet außerdem mit einer Solarkonstanten, die etwas niedriger als die hier genannte ist: 1353 anstelle 1368 W $m^{-2}$. Die Enquete-Kommission des 11. Deutschen Bundestages „Vorsorge zum Schutz der Erdatmosphäre" operiert in ihrem dritten Bericht [24, S. 209] weitgehend mit denselben Zahlen wie *Roedel.* Ohne die im infraroten Strahlungsbereich absorbierenden Spurengase und damit ohne Gegenstrahlung wäre nach dieser Theorie die Temperatur auf der Erdoberfläche deutlich niedriger als die gegenwärtige. Mit Hilfe des Gesetzes von *Stefan-Boltzmann* läßt sie sich berechnen. *Roedel* nimmt hierzu einmal einen Emissionsfaktor von $\varepsilon = 0{,}95$ und zum anderen von $\varepsilon = 1{,}0$ an. Damit ergeben sich Temperaturen von $T = 258$ K ≈ -15 °C bzw. von $T = 255$ K ≈ -18 °C Die Differenz zwischen diesen Temperaturen und der gegenwärtigen Globaltemperatur von +15 °C wird als **Treibhauseffekt** bezeichnet. Diese Bezeichnung resultiert aus einem in Gewächshäusern beobachteten Effekt. Dort erwärmt die durch die Glasdächer eindringende Lichtstrahlung den Boden, und die vom Boden ausgehende langwellige Wärmestrahlung wird zu einem Teil an den Glasinnenflächen reflektiert und kann so nicht (völlig) entweichen. Das Innere des Gewächshauses wird aufgeheizt und ein für das Gedeihen der Pflanzen optimales Mikroklima erzeugt. Die Parallele zur Lufthülle der Erde ist allerdings insofern nicht zutreffend, als es sich beim globalen Treibhaus Erde nicht um Reflexion von Infrarotstrahlung an den Molekülen der Klimagase, sondern um Absorption und anschließende Emission handelt.

Die Spurengase in der Lufthülle, die Infrarotstrahlung absorbieren und mit derselben Wellenlänge re-emittieren, werden als **Treibhausgase** bezeichnet. Wegen ihres großen Einflusses auf die Temperatur und damit auf das Klima der Erde sind auch die Begriffe klimarelevante Gase oder Klimagase gebräuchlich.

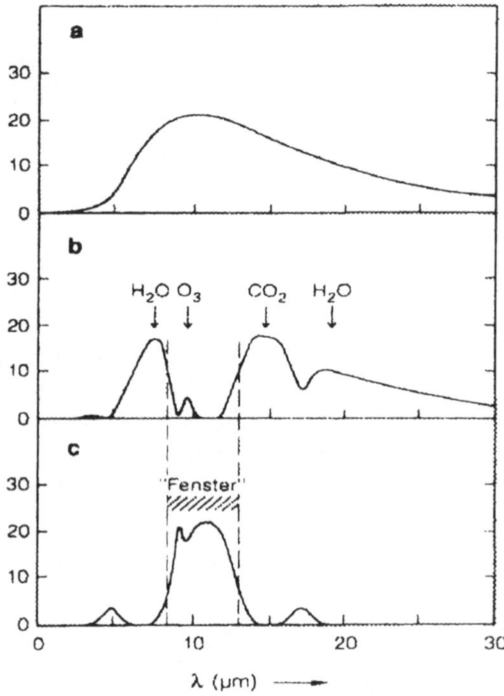


Bild 4.2.2. Bruttobodenabstrahlung (a), Gegenstrahlung (b) und Nettoabstrahlung (c) [76]

Treibhausgase sind Wasserdampf ($H_2O$), Kohlendioxid ($CO_2$), Methan ($CH_4$), Ozon ($O_3$), Distickstoffoxid ($N_2O$) sowie eine Reihe weiterer Gase, vor allem halogenisierte Kohlenwasserstoffe (FCKW). Alle diese Gase sind nur in geringer Konzentration in der Lufthülle vertreten. So liegt der durchschnittliche Wasserdampfgehalt der Luft, allerdings in den verschiedenen Klimazonen sehr unterschiedlich, bei 1 %. Der $CO_2$-Gehalt beträgt rund 0,03 % (354 ppm), der Gehalt an $CH_4$ 0,0002 % (1,72 ppm) und an $N_2O$ 0,00003 % (0,31 ppm), jeweils auf das Volumen bezogen. Noch kleiner sind die Anteile des $O_3$ und der FCKW an der Lufthülle der Erde [24, S. 145].

Die feste bzw. flüssige Erdoberfläche emittiert als nahezu schwarzer Körper kontinuierlich in einem großen Wellenlängenbereich. Das

Strahlungsmaximum liegt bei einer Wellenlänge von $\lambda_{max}$ = 10,06 μm. Diese Wellenlänge ist der absoluten Temperatur des Strahlers umgekehrt proportional (*Wien*sches Verschiebungsgesetz). Im Gegensatz hierzu absorbieren und emittieren die Treibhausgase nur in bestimmten, für das betreffende Molekül charakteristischen Wellenlängenbereichen, den sogenannten Banden. Die Re-Emission erfolgt in alle Richtungen, darunter auch zur Erdoberfläche (atmosphärische Gegenstrahlung). Die wichtigsten Banden sind die von $H_2O$ und $CO_2$. Starke Banden des $H_2O$ liegen zwischen 5 und 8 μm mit Schwerpunkt bei 6,3 μm und ab 16 μm. In dem Bereich zwischen diesen wichtigsten Bandengruppen des Wasserdampfes liegen starke Absorptionsbanden des $CO_2$ zwischen 13 und 17 μm mit dem Schwerpunkt bei etwa 15 μm Eine schmale Bande des $O_3$ tritt bei einer Wellenlänge von etwa 15 μm auf. Im Wellenlängenbereich zwischen 7,5 und 13 μm wirken zwar schwache Absorptionen durch andere Treibhausgase, doch wird dort insgesamt nur ein geringer Teil der terrestrischen Strahlung absorbiert. Man spricht hier von einem „Strahlungsfenster", durch das ein großer Teil der von der Erdoberfläche ausgehenden Wärmestrahlung ins Weltall emittiert wird. In Bild 4.2.2 ist im oberen Teil die Bruttoabstrahlung der Erdoberfläche, die annähernd einem schwarzen Körper gleichkommt, eingezeichnet. Im mittleren Teil ist die Absorption durch $H_2O$, $CO_2$ und $O_3$ und schließlich im unteren Teil die Nettoabstrahlung der Erdoberfläche als Differenz zwischen Bruttoabstrahlung und Gegenstrahlung dargestellt (gilt bei wolkenlosem Himmel).

Je nachdem, in welchen Konzentrationen die einzelnen Treibhausgase vorhanden sind und in welchem Strahlungsbereich sie absorbieren und re-emittieren, ist ihr Beitrag zum Treibhauseffekt sehr unterschiedlich. Ausgehend vom gegenwärtigen Treibhauseffekt, der als **natürlicher Treibhauseffekt** bezeichnet und zumeist mit 33 K (Differenz zwischen –18 °C und +15 °C) angegeben wird, tragen die einzelnen Gase folgendermaßen bei Wasserdampf mit 20,6 K (62,4 %), Kohlendioxid mit 7,2 K (21,8 %), Ozon mit 2,4 K (7,2 %), Distickstoffoxid mit 1,4 K (4,2 %) und Methan mit 0,8 K (2,4 %) Der Rest verteilt sich auf eine Reihe anderer Spurengase. [24, S. 141]. Man erkennt, daß Wasserdampf das bedeutendste Klimagas ist. Als klimawirksam gelten auch die Wolken (kondensierter Wasserdampf) und Aerosolpartikel (beispielsweise Schwefeldioxid), die jedoch vorwiegend eine abkühlende Wirkung auf das Klima haben.

### 4.2.2 Der anthropogene Treibhauseffekt

Die Theorie vom Treibhauseffekt geht davon aus, daß bei einer mehr oder weniger konstanten Zusammensetzung der Atmosphäre, d. h. bei etwa gleichbleibenden Gehalten an klimawirksamen Gasen, die mittlere Oberflächentemperatur unseres Planeten konstant bei etwa 15 °C liegt. Tatsächlich hat sich der Spurengasgehalt im Laufe der Zeit verändert. Von Interesse hier sind die Veränderungen, die unter dem Einfluß menschlichen Wirkens in den letzten ein bis zwei Jahrhunderten eingetreten sind und den soganannten **anthropogenen Treibhauseffekt** hervorrufen, der dem natürlichen Treibhauseffekt überlagert ist. So wird davon ausgegangen, daß sich insbesondere durch die Verbrennung von fossilen Energieträgern (Kohle, Erdöl und Erdgas) zur Deckung des ständig wachsenden Energiebedarfs der Menschheit der $CO_2$-Gehalt der Atmosphäre deutlich erhöht hat. Es wird festgestellt, daß er von 279 ppm im Jahre 1765 auf 354 ppm 1990 gestiegen ist, d. h. um 27 % in 225 Jahren. Nach Auffassung der Enquete-Kommission des Deutschen Bundestages ist er heute höher als zu irgendeinem Zeitpunkt in den vergangenen 160.000 [25, S. 2] bzw. sogar 250.000 Jahren [26, S. 23]. In derselben Zeit ist der $CH_4$-Gehalt von 0,790 auf 1,717 ppm angewachsen [26, S. 24]. Dieser Zuwachs resultiert aus der weltweiten Zunahme der Rinderhaltung (Methanbildung im Verdauungstrakt von Wiederkäuern), aus dem verstärkten Naßfeldreisanbau, aus der Biomasseverbrennung, der Ausgasung von Mülldeponien und aus den Emissionen bei der Gewinnung von Brennstoffen (Grubengas aus Steinkohlenzechen, Erdölbegleitgas, Leckverluste bei Gewinnung und Transport von Erdgas). FCKW kommen in der Natur nicht vor und sind erst seit den 50er Jahren des 20. Jahrhunderts in der Atmosphäre nachweisbar.

In Übereinstimmung mit der dargestellten Theorie des Treibhauseffektes wird der seit Beginn des Industriezeitalters eingetretene Temperaturanstieg dem gestiegenen Anteil der Treibhausgase zur Last gelegt. Die globale Temperatur der bodennahen Luftschicht ist in den vergangenen 130 Jahren im Mittel um rund 0,5 K pro 100 Jahre angestiegen [26, S. 19]; die globale Mitteltemperatur liegt heute um etwa 0,7 K über dem Wert von 1860 [25, S. 1].
Der Beitrag des $CO_2$ allein zum anthropogenen Treibhauseffekt liegt bei 50 %, des $CH_4$ bei 13 %, des troposphärischen $O_3$ bei 7 %, aller FCKW zusammen bei 22 % und des stratosphärischen Wasserdampfes bei 3 % [25, S. 2]. Nach anderen Abschätzungen [76] haben die Spurengase folgende Anteile am anthropogenen Treibhauseffekt: $CO_2$ 50-55 %, $CH_4$ etwa 20 %, $N_2O$ etwa 5 %, FCKW rund 15 %. Von der Enquete-Kommission wird eingeschätzt, daß 50 % des anthropogenen Treibhauseffektes durch die Energiewirtschaft, und hier in erster Linie durch die Emission von $CO_2$, verursacht werden. Für 20 % des zusätzlichen Treibhauseffektes wird die chemische Industrie, vor allem als Produzent der FCKW, verantwortlich gemacht, für je 15 % zeichnen Landwirtschaft und die Abholzung des Tropenwaldes verantwortlich [24, S. 46].

In den letzten Jahren wurden international verbindliche Vereinbarungen über die Einstellung der Produktion von FCKW erzielt, wodurch der Beitrag der Chemie zum Treibhauseffekt sinken dürfte. (Das internationale FCKW-Verbot soll primär den Abbau der Ozonschicht in der Stratosphäre aufhalten.) Angesichts der weiterhin wachsenden Weltbevölkerung (nach jüngsten Berechnungen der UN wird sie sich von heute rund 6 Milliarden auf 8,9 Milliarden im Jahre 2050 vergrößern [57,

13./14. Februar 1999]) ist auch mit einem steigenden Reisanbau und wachsenden Rinderbeständen zu rechnen, wodurch ein Anstieg der $CH_4$-Emission aus diesen Quellen kaum verhindert werden kann, ja sogar für die Existenz der Menschheit unumgänglich ist. Ähnliches gilt für die $N_2O$-Emission, die vor allem aus dem steigenden Einsatz von mineralischem Stickstoffdünger resultiert [82, S. 114]. Die innerhalb der Energiewirtschaft bestehenden Möglichkeiten zur Reduzierung der $CH_4$-Emissionen (Senkung des Erdgasverluste, Nutzung von Gruben- und Deponiegas für energetische Zwecke) werden Schritt für Schritt umgesetzt. Dieses $CH_4$ wird damit in Zukunft das Klima nur unwesentlich beeinflussen. Der Gehalt des prinzipiell bedeutendsten Klimagases, des Wasserdampfes in der Luft, kann durch den Menschen nur im marginalen Umfang verändert werden, denn die sich infolge des natürlichen Wasserdampfkreislaufes in der Atmosphäre befindenden $H_2O$-Mengen übersteigen die durch den Menschen ausgelösten Wasserverdunstungen bei weitem.

Wegen seines mit 50 % überragenden Anteils am anthropogenen Treibhauseffekt und infolge der nur begrenzten Möglichkeiten, die zukünftigen Emission der anderen Treibhausgase zu reduzieren, avancierte das **$CO_2$ zum entscheidenden Klimagas**. Die **Energiewirtschaft** wurde zum **Hauptverursacher der Klimaerwärmung** der letzten 130 Jahre erklärt. Schwerpunkt für die Bekämpfung des anthropogenen Treibhauseffektes ist folglich die Einschränkung bzw. Vermeidung der Kohle-, Öl- und Gasverbrennung. Nahezu alle politischen und sonstigen öffentlichkeitswirksamen Aktivitäten, die auf die Verhinderung einer zusätzlichen Klimaverschlechterung durch Erwärmung gerichtet sind, konzentrieren sich auf dieses Spurengas und auf die Energiewirtschaft. So konstatiert beispielsweise die Europäische Union [1]: „... ist die Energieerzeugung die wichtigste Quelle von Kohlendioxidemissionen, einem der wichtigsten Gase, die zur globalen Klimaveränderung beitragen." Die Treibhauswirkungen der anderen Spurengase werden zumeist rechnerisch mit dem des Kohlendioxids zu einem $CO_2$-Äquivalent zusammengefaßt.

### 4.2.3. Der Treibhauseffekt in der Zukunft

Auch im kommenden Jahrhundert ist ein deutlicher Anstieg des Weltenergiebedarfs zu erwarten, selbst dann, wenn in einzelnen Industrieländern zeitweilig mit geringen Wachstumsraten oder einem sogar rückläufigen Bedarf gerechnet wird. Die steigenden Einwohnerzahlen in den Schwellen- und Entwicklungsländern und deren fortschreitende wirtschaftliche Entwicklung lassen für die nächsten Jahre einen zunehmenden Verbrauch an fossilen Brennstoffen erwarten. Die Nutzung von regenerativen und nuklearen Energiequellen wird zwar ebenfalls steigen, es muß aber als unwahrscheinlich angesehen werden, daß sie bis zur Mitte des nächsten Jahrhunderts in der Lage sein werden, den gegenwärtigen Verbrauch von Kohle, Öl und Gas zu ersetzen. So nimmt die Internationale Energieagentur

(IEA), Paris, in einer Prognose an, daß bis zum Jahr 2020 95 % des zusätzlichen Weltenergiebedarfs durch fossile Brennstoffe gedeckt werden müssen [80].

Weltweit werden demnach in den nächsten Jahrzehnten steigende $CO_2$-Emissionen erwartet. Die Enquete-Kommission des Deutschen Bundestages „Vorsorge zum Schutz der Erdatmosphäre" ging in ihrem Bericht von 1990 davon aus, daß „die äquivalente $CO_2$-Konzentration ... sich bei anhaltendem Trend etwa bis zum Jahr 2050 verdoppeln und bis zum Zeitabschnitt von 2080 bis 2100 vervierfachen" wird [24, S. 42]. Im Jahre 1995 konstatierte diese Kommission: „Setzt sich der Anstieg der atmosphärischen Treibhauskonzentration aufgrund der vielfältigen Aktivitäten des Menschen ungebremst fort, ist bereits vor der Mitte des nächsten Jahrhunderts mit einer Verdopplung des äquivalenten $CO_2$-Gehalts gegenüber dem vorindustriellen Wert zu rechnen" [26, S. 57]. Das Internationale Institut für Angewandte Systemanalyse und der Weltenergierat gehen in ihrer 1998 vorgelegten Energieprognose [68] von einem deutlich moderaterem Anstieg der $CO_2$-Äquivalente in der Atmosphäre aus. Je nach untersuchtem Prognose-Szenarium - es wurden insgesamt sechs durchgerechnet - werden bis 2100 Konzentrationen zwischen etwas weniger als 450 ppm und 750 ppm erwartet. Diesen Werten stehen 280 ppm um 1800 und 368 ppm heute gegenüber. In die Berechnungen wurden auch die $CO_2$-Emissionen aus nichtenergetischen Quellen, wie Abholzung von Tropenwäldern, und der Ausstoß der übrigen Klimagase einbezogen. Die große Bandbreite der prognostizierten $CO_2$-Gehalte der Atmosphäre resultiert aus den extrem unterschiedlichen Annahmen, die für die Entwicklung von Höhe und Struktur des Primärenergiebedarfs bis 2100 getroffen wurden. Im Szenarium mit der niedrigsten $CO_2$-Konzentration (450 ppm um 2080 und anschließender leichter Rückgang bis 2100) unterstellten die Autoren relativ niedrige Wachstumraten des Weltenergiebedarfs und zugleich extrem hohe Beiträge der erneuerbaren Energien und der Kernenergie (um 80 % im Jahre 2100) zur Energiebedarfsdeckung. Bemerkenswert ist, daß auch diese ehrgeizigen Prämissen zu einer weiteren Erhöhung der Klimagasanteile der Lufthülle im kommenden Jahrhundert im Vergleich zu heute führen dürften.

Wegen des postulierten Zusammenhanges zwischen der Menge des in der Lufthülle der Erde vorhandenen $CO_2$ (sowie anderer Spurengase) und der globalen Mitteltemperatur wird aus dem auch künftig zu erwartenden $CO_2$-Anstieg auf höhere Globaltemperaturen in den nächsten Jahrzehnten geschlossen. Um diesen Zusammenhang für die Zukunft quantitativ ausweisen zu können, d.h. die Temperaturerhöhungen im kommenden Jahrhundert vorauszusagen, wurden umfangreiche Rechenmodelle entwickelt und auf speziellen Großrechnern installiert. In Deutschland wurden eigens dazu u.a. das Max-Planck-Institut für Meteorologie, Hamburg, und das Deutsche Klimarechenzentrum gegründet.

Alle prognostischen Klimaberechnungen gehen prinzipiell von den Überlegungen aus, die der schwedische Chemiker und Nobelpreisträger *Arrhenius* 1896 angestellt hat, um eine Erklärung für den Wechsel von Eiszeiten und Zwischeneiszeiten zu finden. Er ging dabei von der Annahme aus, daß hierfür ausschließlich der wechselnde $CO_2$-Gehalt der Lufthülle verantwortlich ist. (Erst später wurde gezeigt, daß dem Wasserdampfgehalt der Luft eine wesentlich größere Bedeutung zukommt [63]). Seinen Berechnungen legte er Modellvorstellungen zugrunde, wie sie prinzipiell auch heute noch zur Erklärung des Treibhauseffektes benutzt werden (siehe Abschn. 4.2.1). Aus seinen Rechnungen schloß *Arrhenius*, daß bei einer Verdopplung der $CO_2$-Konzentration in der Atmosphäre eine globale Erhöhung der mittleren Bodentemperatur um 5 – 6 K zu erwarten und auf diese Weise mit einer Warmzeit zu rechnen sei. Umgekehrt würde eine Verminderung der $CO_2$-Konzentration zur Abkühlung und damit zu einer Eiszeit führen. Diese Aussagen wurden von der zeitgenössischen Fachwelt nicht akzeptiert und gerieten in den nächsten Jahrzehnten in Vergessenheit. Heute werden sie von der Mehrheit der Klimatologen anerkannt.

Seit etwa vier Jahrzehnten werden Modelle entwickelt, mit denen eine Klimavorhersage ermöglicht werden soll. Die Modellentwicklung ging von relativ einfachen Energiebilanzmodellen (EBM) aus, mit denen prinzipiell nur globale Aussagen gemacht werden können. Die nächste Entwicklungsstufe führte zu sogenannten radiativ-konvektiven Modellen (Radiative Convective Model RCM), mit denen die Berechnung des vertikalen Temperaturprofils der Atmosphäre einschließlich der bodennahen Temperaturen ermöglicht werden sollte. Die dynamischen dreidimensionalen Modelle (General Circulation Model GCM) stellen die höchste Stufe in der Modellhierarchie dar [76] [39]. Sie werden heute als gekoppelte Ozean-Atmosphären-Modelle betrieben. An insgesamt vier Instituten in den USA, in Großbritannien und in Deutschland werden mit ihnen prognostische Berechnungen angestellt [25, S. 104]. Diese Modelle wurden immer umfangreicher und komplexer, in erster Linie dank erweiterter physikalischer Erkenntnisse, nicht zuletzt aber dank der Möglichkeiten, die die weiterentwickelte Rechentechnik bietet. So werden heute für Teile der Erdoberfläche mit einer Größe von 100 km mal 100 km Aussagen über die Temperatur- und die gesamte Klimaentwicklung getroffen. Es wird festgestellt, daß diese Modelle „Vorausberechnungen aller relevanten Klimaparameter bis zu einigen 100 Jahren in die Zukunft“ erlauben [60, S. 155].

Aus Rechnungen mit den Klimamodellen ergibt sich – unter der Annahme einer Verdopplung der $CO_2$-Emission bis zum Jahr 2100 – eine **Erhöhung der globalen Durchschnittstemperatur** um 1,5 bis 4,5 K gegenüber dem heutigen Wert [45, S. 423].

Als Folge dieser erhöhten Temperatur wird mit einer Vielzahl von zumeist für die menschliche Gesellschaft negativen Folgen gerechnet. So wird ein Abschmelzen von Teilen der Gebirgsgletscher und der Eisschilde Grönlands und möglicherweise der Antarktis und als Konsequenz dessen ein Anstieg des Meeresspiegels um 5 mm/Jahr erwartet. Es wird danach weiter zu einer Verstärkung der Wüstenbildung, zu drastischen Änderungen der Vegetationsverteilung, zur Ausbreitung von Pflanzenschädlingen und –krankheiten, zu Dürren und Wassermangel, zur Verschlechterung der atmosphärischen Umweltqualität der Städte und damit zu dramatischen Steigerungen der Todesfälle infolge Hitzebelastung in Städten, zum verstärkten Auftreten von Infektionskrankheiten (beispielsweise 10 bis 15 % mehr Malariafälle) kommen. Abgeleitete Folgen wären riesige Flüchtlingsströme, ausgelöst durch Hungersnot und Landverlust.

### 4.2.4 Der Treibhauseffekt wird zum Politikum

In den fünfziger Jahren registrierte die Meteorologie Durchschnittstemperaturen, die während eines längeren Zeitraumes deutlich über den zu Beginn des Jahrhunderts und früher gemessenen lagen. Gleichzeitig wurden Ursachen hierfür gesucht und in dem von *Arrhenius* angenommenen Zusammenhang zwischen $CO_2$-Gehalt der Atmosphäre und Globaltemperatur gefunden. Die Treibhaustheorie wurde neu entdeckt. Tatsächlich hatte sich der Gehalt an $CO_2$ und anderen als Treibhausgas charakterisierten Spurengasen gegenüber dem vergangenen Jahrhundert deutlich erhöht, wofür die industrielle Entwicklung und speziell der rapid gestiegene Energieverbrauch als Verursacher gesehen wurden. Eine positive Korrelation zwischen Temperatur und Klimagasgehalt war nachweisbar. Auf Initiative amerikanischer Wissenschaftler wurde 1958 im Rahmen des Geophysikalischen Jahres 1957/58 mit der kontinuierlichen Messung des $CO_2$-Gehaltes der Luft begonnen. Zu diesem Zweck wurde auf den Vulkan Mauna Loa in Hawai ein Observatorium aufgebaut.

Der Arbeitskreis Energie der Deutschen Physikalischen Gesellschaft wandte sich 1986 mit einem Memorandum, dem er den medienträchtigen Titel „Warnung vor der drohenden **Klimakatastrophe**“ gab, an die Öffentlichkeit. Er stellte fest, daß der am Mauna Loa gemessene $CO_2$-Gehalt der Luft und die Globaltemperatur der Erde ständig steigen. Es wurde ein kausaler Zusammenhang zwischen beiden festgestellt und damit – bei weiter steigender $CO_2$-Emission – eine Klimakatastrophe, verbunden mit einem Meeresspiegelanstieg um 5 bis 10 Meter, prophezeit.

Am 3. Dezember 1987 wurde vom Präsidenten des Deutschen Bundestages die Enquete-Kommission „Vorsorge zum Schutz der Erdatmosphäre“ eingesetzt, die sich u. a. dem „Treibhauseffekt, Klimaänderungen und Maßnahmen zur Eindämmung des anthropogenen, zusätzlichen Treibhauseffektes, insbesondere durch die

Reduktion energiebedingter klimarelevanter Spurengasemissionen“ widmen sollte [24, S. 62]. Auf Empfehlung dieser Kommission verpflichtete sich die deutsche Regierung, die $CO_2$-Emission bis 2005 um 25 % gegenüber 1987 zu senken.

Während eines extrem heißen Sommers im Jahre 1988 eskalierte die Treibhaustheorie zum Politikum. So erklärte der Direktor des Goddard Space Flight Center der NASA, *Hansen,* vor dem Ausschuß für Wissenschafts-, Technologie- und Weltraumfragen des USA-Senats: „1988 ist es auf der Erde wärmer gewesen als in irgend einem früheren Jahr, seitdem man mit Instrumenten mißt. Die Erwärmung des globalen Klimas hat inzwischen einen Grad erreicht, der uns erlaubt, Aussagen mit großer Wahrscheinlichkeit über ihre Ursachen und Auswirkungen zu machen.“ *Al Gore*, seinerzeit Vorsitzender dieses Senatsausschusses, dramatisierte weiter, indem er meinte, der heiße Sommer von 1988 sei „die Kristallnacht des Erwärmungsholocausts“.

Im gleichen Jahr nahmen sich die Vereinten Nationen dieses Problems an und gründeten das „Intergovernmental Panel on Climate Change (IPCC)“, ein Gremium von Wissenschaftlern verschiedener Fachgebiete, das die Ursachen und Auswirkungen des Klimawandels untersuchen und Maßnahmen zur Verhinderung der die Menschheit bedrohenden Gefahren vorschlagen soll. Auf Initiative des Gremiums und getragen durch die UNO kam es zu einer Reihe internationaler Konferenzen, deren Hauptinhalt darin bestand, Forderungen an die Regierungen zur Verhinderung einer dramatischen Klimaerwärmung zu entwickeln und vertragliche Vereinbarungen hierüber vorzubereiten.

Die Weltklimakonferenz von *Toronto* 1988 forderte eine 20 %ige $CO_2$-Reduzierung bis 2005 und eine Verminderung um 50 % bis 2050. 1990 rief die UN-Vollversammlung das „Intergovernmental Negotiation Committee“ ins Leben, einen zwischenstaatlichen Ausschuß zur Vorbereitung einer Klimarahmenkonvention, die 1992 auf der Konferenz von *Rio de Janeiro* von 155 Staaten unterzeichnet wurde. Im Rahmen dieser Konvention verpflichteten sich die Industrieländer, die Emission von $CO_2$ und anderer Treibhausgase auf das Niveau von 1990 zurückzuführen, wobei ein konkreter Termin allerdings nicht vereinbart wurde [10]. Die weitere Ausgestaltung der Vereinbarungen von Rio de Janeiro sollte weiteren Konferenzen vorbehalten bleiben. Im April 1993 und im Februar 1995 fanden in *Berlin* bzw. *New York* Konferenzen statt, die der Vorbereitung der dritten Vertragsstaatenkonferenz dienten, die dann im Dezember 1997 in *Kioto* abgehalten wurde. Nach langen und kontroversen Diskussionen wurden Zielstellungen für die Senkung der Treibhausgasemissionen ausgehandelt, die für alle Industrieländer bis 2008/2012 im Durchschnitt eine Senkung um 5,2 % gegenüber 1990 vorsehen. Die Verpflichtungen der Länder und Ländergruppen waren äußerst heterogen. So wurde für die Europäische Union, die Schweiz und einige mittel- und osteuropäische Länder eine Senkung um 8 % vorgesehen. Deutschland hielt an seiner Verpflichtung zur Senkung um 25 % fest, verschärfte sie sogar noch, indem es das Basisjahr von 1987 auf 1990 veränderte. Die Verpflichtung der USA liegt bei 7 %, die Kanadas und Japans bei 6 %. Für Rußland, die Ukraine und Neuseeland wurden keine Senkungen vereinbart und für Norwegen, Australien und Island sogar Erhöhungen der Treibhausgasemissionen um 1,8 bzw. 10 % zugelassen. Den Entwicklungsländern wurden keine Verpflichtungen auferlegt. Die Ergebnisse von Kioto bedürfen noch der Ratifizierung durch mindestens 55 Länder, die für insgesamt 55 % der anthropogenen Weltemission von $CO_2$ verantwortlich zeichnen. Die jüngste große internationale Aktivität zugunsten des Klimaschutzes war die Konferenz von *Buenos Aires* im November 1998, die allerdings trotz zweiwochiger Dauer konkrete Entscheidungen über die Umsetzung der Kioto-Beschlüsse auf das Jahr 2000 verschoben hat.

Bemerkenswert an all diesen Konferenzen, erkennbar bereits in Rio de Janeiro, ist der zunehmende Widerstand, insbesondere einiger großer Industriestaaten, gegen bindende Vereinbarungen. Begründet wurden die Vorbehalte im wesentlichen mit wirtschaftlichen Nachteilen, die durch eine Drosselung des Energieverbrauchs entstehen könnten.

### 4.2.5 Der Treibhauseffekt, die Medien und die Folgen

Der Treibhauseffekt wurde in den letzten Jahren immer stärker zu einem der Spitzenthemen der Medien hochstilisiert. Zeitungen, Zeitschriften und elektronische Medien beziehen sich bevorzugt auf möglichst spektakuläre Äußerungen von Wissenschaftlern, die sie entsprechend auflagenwirksam bzw. quotenträchtig umsetzen. So kommt es zu Meldungen, die dazu angetan sind, Ängste unter der Bevölkerung zu schüren, und die sie aufgeschlossen machen für bevorstehende, angeblich dringend notwendige einschneidende Beschränkungen ihres Lebensstandards, weil nur dadurch das Klima der Erde zu retten ist. Nachfolgend eine kleine Auswahl solcher Meldungen

- ***Treibhauseffekt kann Hungersnöte auslösen.*** „Durch die Folgen des Treibhauseffektes werden nach einer britischen Studie im Jahr 2050 voraussichtlich rund 60 bis 350 Millionen Menschen zusätzlich Hunger leiden." [57, 9.12.94]

- ***Die Erde läuft heiß – 1995 war das wärmste Jahr des Jahrhunderts.*** „Die Klimaänderungen sollen durch die in Rio verabschiedete Klimakonvention nur gedämpft werden – verhindern können wir sie nicht mehr." (Interview mit dem Direktor des Weltklimaforschungsprogramms in Genf, H. Graßl) [19, 3/96]

- ***Experten: Noch 1,3 Grad bis zur Katastrophe.*** „Einschneidende Veränderungen der heutigen Ökosysteme ... , wenn die Durchschnittstemperatur auf der Erde auf 16,6 Grad Celsius angestiegen sein wird." [57, 18./19.3.95]

- ***Treibhauseffekt läßt Meeresoberfläche um einen Meter steigen – Neue Studie warnt vor Klima-Kollaps.*** „Die Erwärmung der Atmosphäre durch Treibhausgase wird in den nächsten

100 Jahren in jedem Land der Erde verheerende Folgen haben, falls die Menschheit ihre Lebensweise nicht von Grund auf ändert. ... Aufgrund der Ergebnisse von Wissenschaftlern aus 30 Ländern wird eine durchschnittliche Erwärmung der Erdtemperatur bis zum Jahr 2100 um 0,5 bis 1,5 Grad vorhergesagt. Dies würde bedeuten, daß mindestens ein Drittel aller Gletscher schmilzt und daß die Meeresspiegel um 15 cm bis zu einem Meter ansteigen. Die Vegetation in den tropischen Zonen und in den gemäßigten Breiten der nördlichen Erdhalbkugel wird sich grundlegend ändern. Dadurch entwickeln sich Regenwälder zu Steppen, im Norden werden auf Tundraböden Wälder entstehen. In den Tropenländern wird die landwirtschaftlich nutzbare Fläche verkleinert – in Ländern mit bereits bestehender Nahrungsmittelknappheit werden Hungersnöte zunehmen. Außerdem werden steigende Meeresspiegel weite Küstengebiete überfluten. In China und Bangladesch werden etwa 70 Millionen Menschen von den Überschwemmungen betroffen sein. Die Zahl der von Moskitos übertragenen Malaria-Erkrankungen wird von derzeit 30 Millionen jährlich auf 80 Millionen steigen." [57, 26.10.95]

- ***Klima in 25 Jahren an der Katastrophengrenze.*** „Wenn die Menschheit so weiterwirtschaftet wie bisher, werde das Klima in 25 bis 30 Jahren bis an die Grenze des Erträglichen aufgeheizt sein." [8, 2.11.95]

- ***Klimaforscher prophezeien Katastrophen.*** „Klimaforscher aus aller Welt haben ... zunehmende Umweltkatastrophen wie Hochwasser, Dürren und Hitzewellen vorausgesagt, sollte der Treibhauseffekt nicht eingedämmt werden." [57,18.1295]

- ***Experten: Zeitalter der Katastrophen beginnt.*** „Die Stürme, Erdbeben, Überschwemmungen, Dürreperioden und Waldbrände dieses Jahres sind laut Experten der Anfang eines Zeitalters der Katastrophen. . . Als eine der Ursachen wurde der als Folge des Treibhauseffektes eintretende Klimawandel genannt, der extreme Wetterkapriolen mit sich bringe. ... Als größte Probleme des globalen Wandels gelten unter anderem der Verlust fruchtbarer Böden, die Abnahme der biologischen Vielfalt, die Verknappung des Süßwassers sowie Bevölkerungsexplosion, Wanderungsbewegungen und die Gefährdung der Welternährung." [57, 8.10.96]

- ***Von Afrika bis Asien schmelzen Gletscher und Meere steigen – US-Experte: Treibhauseffekt ist Hauptursache.*** „Für *Meier* ist der zunehmende Treibhauseffekt die Hauptursache der Gletscherschmelze. Der durch das schmelzende Eis verursachte Anstieg des Meeresspiegels hätte nicht nur eine Erosion der Küsten und Strände zur Folge, sondern sei auch für heftigere Stürme im Binnenland verantwortlich. Außerdem würden Flüsse öfter als früher über die Ufer treten." 57, 28.5.98]

- ***Alpendrama droht – Gletscherschnee schmilzt weiter ab. Greenpeace: Skifahren bald nur noch begrenzt möglich.*** „... die anhaltend großen Treibgasemissionen könnten die Alpengletscher innerhalb weniger Jahrzehnte sogar völlig dahinschmelzen lassen. ... Eine Erwärmung um ein Grad Celsius sei sehr wahrscheinlich. ... Den Wintertourismus wird es in der jetzigen Form nicht mehr geben, falls das schlimmste Szenario eintritt." [57 8.10.98]

- ***Malaria & Co. sind auf dem Vormarsch. Erwärmung wird für Ausbreitung von Seuchen sorgen.*** „Treibhausgase heizen weiter ungebremst die Atmosphäre auf" [77, 6. 11.98]

- ***Studie: Autoverkehr heizt Klima an.*** „Deutschland wird nach Auskunft von Greenpeace sein Ziel nicht erreichen, die klimaschädlichen Kohlendioxid-Emissionen bis zum 2005 um ein Viertel zu senken. Grund sei der zunehmende Kohlendioxid-Ausstoß durch den Auto-Verkehr ..." [57, 10.11.98]

- ***Erkenntnisse von US-Forschern:*** *Seit 1200 Jahren wärmstes Jahrhundert.* „Es sei sicher, daß sich die Befürchtungen von Umweltschützern bewahrheiteten und der Kohlenmonoxid-Ausstoß (! D. Verf.) der großen Industrienationen den Treibhauseffekt ausgelöst hat." [57, 10.12.98]

- ***1998 wärmstes Jahr seit Temperaturaufzeichnung – Globale Erwärmung dramatisch angestiegen/Ursachen sind wachsende Mengen von Treibhausgasen und auch „El Niño".*** „Nach Computerberechnungen könnte durch die globale Erwärmung der Meeresspiegel in den nächsten 100 Jahren um 50 cm steigen. Zahlreiche tiefliegende Inseln und Küstengebiete würden dann überschwemmt. [57, 19./20.12.98]

Diese Beispielsammlung ließe sich nahezu unbegrenzt fortsetzen, wobei die Schreckensmeldungen von Jahr zu Jahr drastischer werden. Nur wenige Presseorgane entziehen sich diesem Trend und versuchen, sachlich und ohne Panikmacherei zu informieren, distanzieren sich sogar bisweilen eindeutig von den weitverbreiteten Schreckensszenarien, negieren sogar den Treibhauseffekt. Zur „Ehrenrettung" der Presse muß allerdings darauf hingewiesen werden, daß die veröffentlichten Schreckensmeldungen von Wissenschaftlern oder wissenschaftlichen Institutionen initiiert und von Journalisten lediglich öffentlichkeitswirksam aufbereitet werden. Natürlich gilt auch für die Klimafachleute die alte Weisheit, daß nur eine schlechte Nachricht eine gute Nachricht ist, denn nur sie erringt die Aufmerksamkeit der Politiker und stimuliert den weiteren Fluß von Fördermitteln.

Eine Mehrheit der Klimatologen, insbesondere in Deutschland, hat es mit Hilfe der Medien verstanden, den Bürgern ein Schreckensbild von den bevorstehenden Klimaveränderungen, die ausschließlich durch die Menschheit verursacht werden und auch von ihr verhindert werden könnten, an die Wand zu malen. Als Beleg dafür, wie auch von angesehenen wissenschaftlichen Gesellschaften mit Hilfe der Klimakatastrophen-These Emotionen geschürt werden, sei aus dem begleitenden Papier zu einer Ausstellung der Hermann-von-Helmholtz-Gemeinschaft Deutscher Forschungszentren zitiert, die gemeinsam mit der Universität Leipzig und dem UFZ-Umweltforschungszentrum Leipzig-Halle im November 1997 zum Thema „Global Change – Welt im Wandel" veranstaltet wurde. In diesem Text heißt es u.a.: „Besondere Brisanz ergibt sich aus der Tatsache, daß der Mensch in bisher nicht erreichtem Maße in das Erdsystem eingreift. Deshalb wird der Ruf nach politischen Entscheidungen immer lauter. Die Not vieler Völker, die unter den Folgen globaler Klimaveränderungen leiden, erfordert dringende Hilfe."
In dieselbe Richtung zielt die weltfremde Forderung der Deutschen Physikalischen Gesellschaft in ihrem Energiememorandum von 1995, Deutschland solle bis 2050 seine $CO_2$-Emissionen **auf** 20 % reduzieren [16].

Inzwischen ist – nicht nur in den Medien, sondern auch in politischen Meinungsäußerungen – der als wissenschaftlicher Begriff entstandene „Treibhauseffekt" zum „Klimakollaps", zur „Klimakatastrophe" und sogar zum „Globalen Klima-GAU" (GAU – größter anzunehmender Unfall) mutiert. Das für das Leben auf der

Erde unentbehrliche $CO_2$ wurde nicht nur in das mit einem eindeutig negativen Image versehene „Treibhausgas", sondern in einen Schadstoff und sogar einen „Klimakiller" verwandelt. Begriffe wie „Nationales Klimaschutzziel" (gemeint ist die deutsche Verpflichtung zur $CO_2$-Minderung) sind inzwischen zu einer stereotypen Redewendung der Politiker geworden. Von den Medien wird kein abnormes meteorologisches Ereignis ausgelassen, um auf die bevorstehende Klimakatastrophe hinzuweisen. Bevorzugt werden dabei Hochwässer (Oderhochwasser 1997), Wirbelstürme (Hurrikan Mitch 1998 in Honduras), heiße Sommer in der einen oder anderen Erdregion, das periodisch wiederkehrende El-Niño-Phänomen oder das Abbrechen großer Eisschollen in der Antarktis. Kälterekorde werden gern außer Betracht gelassen, weil sie nicht ins Bild der kommenden „Klimaaufheizung" passen. Immer wieder wird zwar von Experten gewarnt, leichtfertig Zusammenhänge zum Treibhauseffekt zu konstruieren, aber beim Gros der unbefangenen Leser oder Hörer bleiben doch einmal eingeimpfte Assoziationen im Gedächtnis hängen.

Zuweilen treibt fehlender Sachverstand der Autoren amüsante journalistische Blüten. Zwei Beispiele hierfür: „So haben kanadische und amerikanische Wissenschaftler nach zahlreichen Experimenten herausgefunden, daß der Treibhauseffekt bis Mitte des kommenden Jahrhunderts zu einer Verdopplung des Kohlendioxid-Gehaltes in der Erdatmosphäre führen wird. Diese Entwicklung könnte zu einem epidemischen Anstieg allergischer Erkrankungen der Atemwege führen, da sich dadurch zum Beispiel die Sporenproduktion bei allergieauslösenden Bodenpilzen vervierfachen würde." [92] Und: „... eine feuerfeste Scheibe ... verwandelt den Kamin in eine geschlossene Feuerstelle. Diese ist umweltneutral und schont die Ozonschicht, da der ständig nachwachsende Brennstoff Holz kein zusätzliches Kohlendioxid an die Atmosphäre abgibt" [57, 10./11.10.98]. Ob sachlich richtig oder nicht – Panikstimmung in der Gesellschaft wird auf jeden Fall provoziert!

Unter dem Eindruck der massiven Pressekampagnen stellte *Lindzen*, Professor für Meteorologie am Massachusetts Institute of Technology in Cambrigde, USA, sarkastisch fest: „Die meisten aufgeklärten Menschen glauben, daß die 'globale Erwärmung' eine reale Bedrohung darstellt." Tatsächlich hat die anthropogene Klimaerwärmung - zumindest in Deutschland - Eingang in alle einschlägigen Schulbücher und auch in viele Hochschullehrbücher gefunden, sie steht auch im Mittelpunkt der programmatischen Ausführungen zum Umweltschutz nicht nur der Partei der Grünen, sondern nahezu aller deutschen Parteien.

Nahezu jedes deutsche Bundesland hat inzwischen ein Klimaschutzkonzept verabschiedet, in dem selbstverständlich von der bevorstehenden Erwärmung ausgegangen wird und Maßnahmen zur Einschränkung der Klimagase, an erster Stelle des $CO_2$, aufgelistet werden. In einem dieser Konzepte wird eine Häufung und Verstärkung von Flutkatastrophen sowie eine permanente Überflutung von Niederungsgebieten prognostiziert. „Hiervon wären u. a. Teile von Usedom, der Peenemündung und Anklams (17.500 Einwohner), von Greifswald (62.300 Einwohner), Warnemünde, der Rostocker Heide, Fischland und Darß betroffen" [66, S. 7].

Ähnliche Grundhaltungen zur Notwendigkeit, eine menschengemachte Klimaerwärmung mit allen Mitteln zu verhindern, gibt es auch in anderen westeuropäischen Ländern und bei der Europäischen Kommission. Während diese Länder meinen, durch strikte Einschränkung der Klimagasemissionen einer drohenden Katastrophe begegnen zu können, sehen kleine Inselstaaten zwar die Gefahr einer drohenden Überschwemmung als Folge der Treibhausgasanreicherung, fühlen sich allerdings außerstande, etwas dagegen zu tun. Sie appellieren an die Industriestaaten, ihre Energiepolitik zu ändern und fordern zugleich materielle Hilfe zum Schutz ihrer Territorien vor dem erwarteten Meeresspiegelanstieg. In anderen Ländern, vorwiegend in den meisten Entwicklungs- und Schwellenländern, aber auch in Industriestaaten wie Kanada oder Japan, spielen Klimaängste keine Rolle und berühren kaum die nationale Wirtschafts- und Umweltpolitik.

Die Vielzahl der nationalen und internationalen Aktivitäten zum Schutz des Klimas, die gemeinsam von Wissenschaft und Politik getragen werden, und die nahezu ununterbrochene Einflußnahme der Massenmedien haben den Weg für Forderungen materieller und ideeller Art an die Gesellschaft, an jeden einzelnen geebnet. Ganz hervorragend ist das in Deutschland gelungen, aber auch in Österreich, in der Schweiz und in einigen skandinavischen Ländern. Inzwischen fühlen sich die Bürger, jedenfalls ein großer Teil von ihnen, moralisch verpflichtet, etwas zu tun, um die drohende Klimakatastrophe zu verhindern. Kaum fragt noch jemand danach, wie es möglich ist, daß durch die Verbrennung von Öl oder Kohle die mittlere Temperatur der Erde angehoben wird. Nicht nur vom Durchschnittsbürger ohne naturwissenschaftliches Spezialwissen, sondern auch von hochqualifizierten Fachleuten außerhalb der Klimaforschung und nicht zuletzt von praktisch allen Politikern wird die menschlich verursachte Klimaerwärmung gewissermaßen als Axiom betrachtet, das keines Beweises bedarf und an dem nicht gerüttelt werden kann. So kommt es, daß Menschen bereit sind, nicht nur ihren Energieverbrauch drastisch einzuschränken, sondern sie akzeptieren auch schmerzhafte Steuerbelastungen auf den Energieverbrauch. Sie wollen sich so finanziell drängen lassen, den Verbrauch fossiler Brennstoffe einzuschränken. Folgerichtig werden konventionelle Energietechnologien verteufelt, modernste Braunkohlenkraftwerke verunglimpft, indem „der Ausstieg aus der Dinosaurier-Technologie der Kohleverstromung" [57, 8.8.97] gefordert wird. Eine wachsende Anzahl von – zumeist wohlhabenderen – Menschen ist bereit, für die Nutzung von Sonnen- und Windenergie stark überhöhte Preise zu zahlen, weil sie meint, damit eine drohende Erwärmung der Biosphäre verhindern zu können.

Auf diesem ideologischen Nährboden wurden Pläne zur Einführung von Steuern verschiedener Art entwickelt, die zur Energieverbrauchsreduzierung anregen sollen. Bei diesen Steuermodellen handelt es sich im wesentlichen um drei verschiedene Grundmodelle:

- Besteuerung des allgemeinen Energieverbrauchs oder ausgewählter Energieträger,
- Besteuerung des $CO_2$-Ausstoßes und
- kombinierte Besteuerung von Energie und $CO_2$.

Während die Kommission der Europäischen Gemeinschaften ursprünglich eine kombinierte $CO_2$/Energie-Steuer favorisierte, bevorzugt sie seit 1997 differenzierte Steuersätze auf einzelne Energieträger, wobei sie eine Harmonisierung innerhalb der Europäischen Union anstrebt [51]. Die deutsche Bundesregierung hat unter dem programmatischen Titel „Einstieg in die ökologische Steuerreform" die Besteuerung von Treibstoffen, Heizöl, Erdgas und elektrischer Energie in drei Stufen, beginnend 1999, vorgenommen.

## 4.3 Der anthropogene Treibhauseffekt auf dem Prüfstand

### 4.3.1 Konsequenzen der heutigen Klimapolitik

Die Anreicherung von $CO_2$ und anderen Spurengasen in der Atmosphäre als Folge menschlicher Aktivitäten, insbesondere durch die Nutzung fossiler Brennstoffe zur Deckung des weltweit wachsenden Energiebedarfs, führt nach gegenwärtig vorherrschender Auffassung in Wissenschaft und Politik zu tiefgreifenden schädlichen Auswirkungen auf die gesamte belebte und unbelebte Umwelt und damit auch auf die menschliche Gesellschaft. Ein solches Schreckensszenarium als Folge des anthropogenen Treibhauseffektes muß in der Tat als Klimakatastrophe bezeichnet werden. Kein Mensch möchte so etwas erleben, noch viel weniger möchte sich jemand für eine solche Katastrophe verantwortlich fühlen, indem er sie durch sein Handeln mit auslost

Es ist verständlich, daß Wissenschaft und Politik an alle Menschen der Erde und an ihre Regierungen appellieren alles zu tun, um eine solche, die weitere Existenz der Menschheit bedrohende Katastrophe mit jedem zur Verfügung stehenden Mittel zu verhindern. Als Ursache der bevorstehenden bzw. sogar schon beginnenden Erwärmung wurde in erster Linie der steigende $CO_2$-Gehalt der Atmosphäre ausgemacht. Daher muß der weitere Ausstoß dieses Gases (und einiger anderer) eingeschränkt und schließlich ganz verhindert werden. Praktisch möglich wäre das nur durch grundlegende Umstrukturierungen in der gesamten Energiewirtschaft der Erde, die erhebliche Eingriffe auch in die gesellschaftlichen Strukturen nach sich ziehen würden. Im Prinzip gibt es hierfür drei Wege, die sicher mehr oder weniger gleichzeitig beschritten werden müßten:

1. Ersatz von fossilen Brennstoffen durch solche, deren Nutzung mit keinen oder nur minimalen $CO_2$-Emissionen verbunden ist. Es handelt sich bei ihnen ausnahmslos um nukleare und um regenerative Energien.
2. Rationeller Umgang mit Energie durch Senkung des spezifischen Verbrauchs in allen Stufen der Produktion und Konsumtion sowie durch erhöhte Wirkungsgrade bei der Energieumwandlung, z. B. in Kraftwerken.
3. Verzicht auf die Herstellung energieintensiver Erzeugnisse und Einschränkung der industriellen Aktivitäten sowie drastische Einschränkung des Energieverbrauchs in Haushalten und gesellschaftlichen Einrichtungen.

Der erste der möglichen Wege ist technisch durchaus beherrschbar, wenn man eine bestimmte Übergangsfrist von mehreren Jahrzehnten einräumt. Die erforderlichen nichtfossilen Energieträger sind verfügbar. Äußerst problematisch sind jedoch die immensen Kosten, die bei der Nutzung erneuerbarer Energiequellen entstehen (sie betragen ein Mehrfaches der gegenwärtig anfallenden Kosten), und die gegenwärtig in einigen Ländern (ganz besonders ausgeprägt in Deutschland) gepflegten Aversionen gegen Kernkraftwerke.

In der Übergangszeit ist ein partieller Wechsel von fossilen Energieträgern, die relativ viel $CO_2$ verursachen (Kohle), zu solchen, die relativ wenig $CO_2$ freisetzen (Erdgas), denkbar. Ein derartiger Wandel in der Energieträgerstruktur ist jedoch bereits seit Jahrzehnten im Gange und an wachsenden Erdgasförderzahlen und an steigenden Erdgasanteilen in den Energiebilanzen sichtbar. Der Grund für diese Entwicklung ist eindeutig ökonomischer, nicht klimapolitischer Natur.

Der zweite Weg kann vom Grundsatz her durchaus als konventionell bezeichnet werden, da er seit Jahrzehnten energiewirtschaftliche Praxis darstellt. Die Energiestatistiken der letzten hundert Jahre belegen sinkende Energieintensitäten der Volkswirtschaften und steigende Wirkungsgrade von Elektroenergie- und Wärmeerzeugungsanlagen. Auch hier ist es in gewissem Umfang möglich, diesen progressiven Trend zu beschleunigen, wobei mit utopischen Sprüngen in der Technologieentwicklung allerdings nicht gerechnet werden darf. Das muß jedoch mit Kosten erkauft werden, die betriebswirtschaftlich heute noch nicht zu rechtfertigen sind. Im übrigen können die sich entwickelnden gesellschaftlichen Bedürfnisse durchaus auch zu einer Umkehrung dieser Entwicklung der Energieintensität führen (siehe Kapitel 7 in diesem Band).

Wenn der Verzicht auf die Produktion energieintensiver Erzeugnisse, wie als dritter Weg angedeutet, nur dazu führt, wegen hoher Energiebesteuerungen die Produktion in andere Länder mit niedrigeren Energiekosten zu verlagern, wird global nichts gewonnen. Aber weltweit auf die Herstellung solcher energieintensiven Erzeugnisse wie Stahl, Aluminium, Zement oder Zeitungspapier zu verzichten, um die $CO_2$-Bilanz der Erde zu verbessern, ist gegenwärtig nicht vorstellbar. Nicht nur unvorstellbar, sondern gesellschaftlich unzumutbar und moralisch höchst verwerflich ist es, heute unterentwickelte Länder aus klimapolitischen Gründen daran hindern zu wollen, eine moderne Wirtschaft mit einer guten industriellen Basis aufzubauen. Das aber ist der einzige Weg, den Menschen dieser Länder einen höheren Wohlstand zu verschaffen.

Damit steht fest: Jeder Weg zur spürbaren und global wirksamen Reduzierung der $CO_2$-Emissionen ist mit großen finanziellen Belastungen verbunden. Sie sind so hoch, daß sie das Wirtschaftswachstum, vor allem der Entwicklungs- und Schwellenländer, behindern und die Bekämpfung anderer globaler Probleme, wie Hunger, Krankheiten, Dämpfung des Bevölkerungswachstums u.v.m. ernsthaft gefährden. Für Deutschland wird mit einem Aufwand von 750 Milliarden DM gerechnet, um die $CO_2$-Emissionen bis 2005 um 25 % zu senken [65]. Nach anderen Untersuchungen wird allein schon für die Wärmedämmung des Altbaubestandes an Wohn- und Nichtwohngebäuden in Deutschland bis 2005 ein Investitionsaufwand von 765 Milliarden DM anfallen [50]. Es gibt Schätzungen, wonach 2 bis 8 Billionen US$ bis 2010 aufgewendet werden müßten, um weltweit den $CO_2$-Ausstoß um 20 % zu verringern [23]. Die große Schwankungsbreite der genannten Zahlen deutet auf die enormen Probleme solcher Wertungen hin, bei denen es jedoch ohnehin unmöglich ist, diejenigen Auswirkungen eines Klimaschutzprogrammes zu quantifizieren, die sich – infolge dann fehlender Mittel – aus dem Verzicht ergeben, andere, eventuell nicht weniger bedeutende globale Probleme zu lösen.

Weil es nicht möglich ist, die Bildung von $CO_2$ bei der Verbrennung kohlenstoffhaltiger Energieträger zu verhindern, wurde in der Vergangenheit darüber nachgedacht, $CO_2$ nicht in die Atmospäre gelangen zu lassen, sondern zu deponieren, z. B. in ehemaligen Erdgaslagerstätten oder in der Tiefsee. Beides wäre nicht nur mit unabschätzbaren Kosten für Transport, Einpressung ins Endlager usw. verbunden, sondern könnte auch unübersehbare ökologische Folgen, etwa für das Biosystem der Ozeane, zur Folge haben. Diese Pläne sind daher zu Recht fallengelassen worden

Eine mögliche Alternative zu einem globalen Klimaschutzprogramm, wie es gegenwärtig von den Vereinten Nationen konzipiert wird, könnte aber darin bestehen, eine Klimaerwärmung durch den anthropogenen Treibhauseffekt abzuwarten und die dann eintretenden Folgen zu bekämpfen. Eine niederländische Studie schätzt die weltweit notwendigen Kosten für den Küstenschutz auf knapp 500 Milliarden US$. Nach Ansicht derselben Forscher wären die Folgen eines unterlassenen Küstenschutzes noch teurer. Allein den OECD-Ländern drohen Schäden in der Größenordnung von 800 Milliarden US$, wenn der Meeresspiegel bis 2100 um einen Meter steigen würde [69]. Nicht einbezogen sind hier die Kosten, die aus weiteren Folgen der allgemeinen Erwärmung resultieren: Verschiebung der Klimazonen, Hungersnöte usw. Bisweilen werden grotesk anmutende Rechnungen vorgelegt, um die immensen Kosten eines unterlassenen Klimaschutzes zu beweisen. So wird von *Müller* und *Müller* [67] von 150 Millionen zusätzlichen Flüchtlingen ausgegangen und ein monetärer Schaden eines Umweltflüchtlinges dadurch berechnet, daß das dreifache des jährlichen Pro-Kopf-Einkommens in der Region, aus der er vertrieben worden ist, zugrunde gelegt wird. Neben anderen Berechnungsverfahren wird auf die Kosten etwaiger Kriege oder gewaltsamer Konflikte als Folge der globalen Erwärmung hingewiesen.

Ganz gleich, ob eine „Vorsorge"- oder eine „Nachsorge"-Politik betrieben wird – in jedem Falle entstehen der Staatengemeinschaft finanzielle Aufwendungen, deren Umfang auch nicht annähernd abzuschätzen ist, die aber zu riesigen, kaum verkraftbaren Belastungen für die Menschheit führen.

In den letzten Jahren häufen sich nun Stimmen, die sich kritisch mit der gesamten Treibhausproblematik auseinandersetzen. Es werden Zweifel an den Ausgangsdaten und den Resultaten der Klimamodelle, an den prognostizierten Schäden für das Leben auf der Erde infolge einer Erwärmung und schließlich an der Treibhaustheorie insgesamt geäußert. Die daraus abgeleiteten Schlußfolgerungen stellen eine Alternative sowohl zur aktiven („vorsorgenden") als auch zur passiven („nachsorgenden") Klimapolitik dar. Die Argumente sind sehr unterschiedlich und bilden durchaus keine einheitliche Front gegen die heute vorherrschende, scheinbar festgefügte Auffassung über den Zusammenhang zwischen wachsendem Ausstoß sogenannter Klimagase und globaler Erwärmung. Sie münden aber ausnahmslos in die Auffassung, daß der Schutz des Erdklimas gegen menschliche Aktivitäten kein vordringliches globales Problem ist, für das riesige Mittel in allen Ländern ausgegeben werden müssen. Die Kritiker kommen aus den verschiedensten naturwissenschaftlichen Disziplinen, dementsprechend unterschiedlich sind ihre Argumentationen. Selbstverständlich sind die Meinungsäußerungen vor allem für bestimmte Branchen der Wirtschaft interessant, nämlich diejenigen, die den Löwenanteil der Kosten eines Klimaschutzprogrammes zu tragen hätten. Ganz besonders sind das der Kohlenbergbau und die Erdölindustrie, die gegenwärtig wegen ihrer klimaschädigenden Produkte am Pranger stehen.

Es ist allerdings unredlich, wissenschaftlich begründete Zweifel nur deshalb zu negieren oder als Dummheiten oder gar böswillige Verleumdungen abzutun, weil sie den Interessen bestimmter Wirtschaftszweige entgegenkommen – so wie das heute leider von einigen Protagonisten der Treibhaustheorie getan wird. Schließlich sollte nicht übersehen werden, daß auch die Treibhaus-Anhänger Interessenvertreter bedeutender Wirtschaftsbranchen, beispielsweise der Solarindustrie, und nicht zuletzt bestimmter politisch-ideologischer Richtungen sind. Hingewiesen sei in diesem Zusammenhang auf die Mehrheit der Umweltverbände und die grünen Parteien.

Nachfolgend werden kritischen Meinungsäußerungen zur Treibhausproblematik vorgestellt. Dabei wird es weder möglich sein, alle Argumente anzuführen noch die jeweiligen Beweisführungen im Detail darzustellen. Es ist auch nicht Aufgabe dieser Studie, diese Darstellungen im einzelnen zu bewerten.

### 4.3.2 Mensch und Klima – die Quantitäten

Aus der nachfolgenden rein quantitativen Betrachtung der Einflußmöglichkeiten des Menschen auf die Natur und damit auch auf das Klima sollen keinerlei Indizien für oder gegen einen menschlichen Einfluß auf das Klima abgeleitet werden. Sie sollen vielmehr die Dimensionen natürlicher Prozesse im Verhältnis zum Umfang technischer, d.h. anthropogener, Prozesse veranschaulichen.

Als erstes soll die Relation zwischen dem vom Menschen ausgelösten und dem natürlichen Energieumsatz beleuchtet werden. Der gesamte Primärenergieverbrauch der Menschheit betrug 1990 9 Gt Öläquivalent [68], das entspricht einer Leistung von rund 12 TW. Zehn Jahre später könnte dieser Wert bei 14 TW liegen. Der natürliche Energieumsatz wird in erster Linie durch die Sonneneinstrahlung bestimmt. Die Sonne strahlt mit einer Leistung von $3{,}8 \cdot 10^{14}$ TW ins Weltall [53]. Die Erdoberfläche erhält davon einen winzigen Anteil, nämlich 122.000 TW (Erdradius = 6370 km, Solarkonstante = 1368 W/m², Albedo der Erde = 0,3). Mit dieser Leistung greift die Sonne in den Energiehaushalt unseres Planeten ein. Unterschiedliche Sonnenfleckenzahlen bewirken Schwankungen um ±0,6 % (± 730 TW). Setzt man die Leistung der anthropogenen Energiewirtschaft ins Verhältnis zu der uns zur Verfügung stehenden Solarleistung, so ergibt sich ein Anteil von nur 0,01 %. Bezieht man sie lediglich auf die Schwankungen der Sonnenaktivität, so beträgt ihr Anteil 2 %. Auch wenn sich bis 2100 der Primärenergieverbrauch der Erde auf das 2- bis 4-fache erhöht (Schätzungen von IIASA/WEC [68]), werden sich die Proportionen zwischen technischer und natürlicher Leistung nicht grundsätzlich verändern.

Als zweites sollen einige Proportionen im Kohlenstoffhaushalt der Erde betrachtet werden. Der Anteil des in den fossilen Brennstoffen gebundenen Kohlenstoffs beträgt nach *Metzner* [63] 8,5 % der gesamten Kohlenstoffinventars der Erde. Nach *Roedel* [76] beträgt er 10-19 %. Dabei unberücksichtigt sind die Karbonatsedimente in den Meeren, die um etwa drei Größenordnungen mehr $CO_2$ enthalten als im Ozean gespeichert ist. Da die Brennstoffe weder innerhalb weniger Jahre noch überhaupt vollständig verbrannt werden, wird nur ein wesentlich geringerer

Anteil als 8,5 % bzw. 10-19 % des Kohlenstoffinventars als antropogenes Treibhausgas wirksam gemacht werden können.

1990 wurden durch die Energiewirtschaft auf der Erde 21,7 Gt $CO_2$ freigesetzt [28]. Das sind rund 3 % des $CO_2$-Gehaltes der Lufthülle der Erde (750 Gt [42]).

Die jetzt auf der Erde lebenden 6 Milliarden Menschen atmen jährlich rund 4,3 Gt $CO_2$ aus (nach *Grimm* [35]). Diese Zahl wird mit weiter wachsender Erdbevölkerung steigen und 2050 etwa 6,3 Gt erreichen [57, 13./14.2.1999]. Noch größere Mengen $CO_2$ stammen aus dem Stoffwechsel der Land- und Wassertiere. Hinzu kommen weitere Quellen: Vulkanismus, Waldbrände und Brandrodungen, Fäulnis- und Zersetzungsprozesse u.a. Hierüber liegen keine belastbaren Daten vor. *Metzner* schätzt den Anteil der anthropogenen Komponente am gesamten Kohlenstoffkreislauf auf maximal 4-5 % ein [63]. Das ist ein nicht unbedeutender Anteil, der nach Untersuchungen von IIASA/WEC [68] bis 2100 je nach angesetztem Szenarium gegenüber heute fallen, aber im Extremfall auch auf etwa das 4fache steigen könnte. Anders bewertet *Courtney* [14] die Wirkung dieses Anteils: „Tatsächlich ist die anthropogene Produktion von $CO_2$ zu klein, um das Klimasystem merklich zu stören. Es gibt viele ergiebige natürliche Quellen für das $CO_2$. Waldbrände produzieren so viel $CO_2$ wie alle menschlichen Aktivitäten zusammengenommen, und die Ozeane lassen in jedem Sommer 10mal mehr $CO_2$ frei als alle menschlichen Tätigkeiten; sie nehmen dieses Gas aber im Winter wieder auf."

Schließlich sei auf die Höhe des Einflusses des anthropogenen $CO_2$ auf den gesamten Treibhauseffekt aufmerksam gemacht. Geht man von den bereits zitierten Daten der Enquete-Kommission (Kapitel 4.2) aus, so beträgt der gegenwärtige Anteil des durch den Menschen ausgelösten am gesamten Treibhauseffekt etwa 2,1 % (0,7 K von 33 K). Da das $CO_2$ nach denselben Quellen zu 50 % für die anthropogene Komponente des Treibhauseffektes verantwortlich zeichnet, sind die durch die wirtschaftlichen Aktivitäten der Menschheit ausgelösten $CO_2$-Emissionen für reichlich 1 % des gesamten gegenwärtigen Treibhauseffektes verantwortlich. *Stahl* von der Bundesanstalt für Geowissenschaften und Rohstoffe kommt durch andere Überlegungen zu einer ähnlichen Größe, nämlich 1,2 %. Er stellt dazu fest: „Dieser Wert ist kleiner als die Unsicherheiten bei der Bestimmung des Gesamt-Treibhauseffektes [84]", für den ja nach *Roedel* [76] u.a. auch 30 K angegeben werden.

### 4.3.3 Wie gefährlich ist die $CO_2$-Anreicherung?

Wenn man davon ausgeht, daß ein Anstieg des $CO_2$-Gehaltes der Atmosphäre seit Beginn des Industriezeitalters eine Temperaturerhöhung um bis zu 0,7 K verursacht hat, so ist die Frage berechtigt, ob das der menschlichen Gesellschaft irgendwelchen erkennbaren Nachteil gebracht hat. Diese Temperaturerhöhung seit Mitte des 19. Jahrhunderts dürfte den meisten Menschen, mindestens in den gemäßigten Breiten, eher angenehm als unangenehm gewesen sein. Es ist nicht nachweisbar, daß der Anstieg des Meeresspiegels um 10 bis 20 cm, der als Folge der Erwärmung der letzten hundert Jahre eingetreten sein soll, der Menschheit als ganzes spürbare, nicht reparable Schäden zugefügt hat.

Sind die von den Klimatologen angekündigten weiteren, deutlich stärkeren Temperaturerhöhungen infolge steigender Treibhausgas-Emissionen in den kommende Jahrzehnten ebenfalls ohne spürbare Schäden für das menschliche Leben zu verkraften? Wenn man den offiziellen Prognosen, z.B der Enquete-Kommission, folgt, dann wohl eher nicht: „Dieser dramatische Temperaturanstieg ist sowohl hinsichtlich seines Ausmaßes als auch seiner Geschwindigkeit ohne Beispiel in der Vergangenheit und wird extreme sozioökonomische und ökologische Auswirkungen haben, deren Ausmaß noch nicht abzusehen ist ...“ [25, S. 12].

Es kann hier nicht bewertet werden, inwieweit die als Folgen des anthropogenen Treibhauseffektes gesehenen Veränderungen in der Biosphäre, die in ihrer Gesamtheit den Charakter eines Horrorszenariums tragen, realistisch sind. Als gedankliches Gegengewicht soll an dieser Stelle aber auf einige Argumente und Fakten hingewiesen werden, die den $CO_2$-Anstieg entweder positiv bewerten oder die negative Rückkopplungseffekte erwarten lassen. Diese – sicher lückenhaften – Ausführungen werden im Interesse einer objektiven Darstellung als notwendig angesehen, weil sie in der öffentlichen Meinungsbildung oft negiert oder als unwesentlich abgetan werden.
Offiziell wird von einem **Anstieg des Meeresspiegels** um bis zu einem Meter innerhalb der nächsten 100 Jahre ausgegangen. „Durch diesen Anstieg werden viele küstennahe Gebiete und Inseln unter den Wassermassen verschwinden, Millionen von Menschen aus ihrer Heimat vertrieben, Küstenstädte und fruchtbares Land überflutet und küstennahe Grundwasserspeicher versalzen.“ [25, S. 13]

Es gibt aber auch ganz andere Einschätzungen. *Huybrechts* von der Universität Brüssel meint: „Das gegenwärtige Verständnis der möglichen Änderung der Massenbilanz der polaren Eisschilde aufgrund einer Klimaerwärmung weist auf ein verstärktes Schmelzen des grönländischen Eisschildes und einen erhöhten Niederschlag (Schneefall) über dem antarktischen Eisschild hin. Diese Effekte würden über alle anderen Änderungen dominieren. Die durch die beiden Eisschilde resultierenden Veränderungen des Meeresspiegels in den nächsten 100 Jahren werden als relativ klein (± 10 cm) vorhergesagt.“ [48] Noch weiter geht *Courtney* mit seiner Aussage: „Die Wissenschaft sagt, daß die prophezeiten wärmeren Temperaturen viel eher den **Meeresspiegel fallen** als ansteigen lassen. Die Furcht davor, daß der Meeresspiegel ansteigen könnte, beruht darauf, daß das Meerwasser sich bei Erwärmung ausdehnt. Warmes Wasser beansprucht ein größeres Volumen als kaltes Wasser, aber diese Befürchtung ignoriert andere Effekte: Erhöhte Temperaturen würden mehr Wasser aus den Ozeanen verdampfen lassen (daher die höhere Luftfeuchtigkeit). Kalte Luft kann nicht so viel Feuchtigkeit halten, und da die polaren Regionen Temperaturen unterhalb des Gefrierpunktes haben, würde die Kombination von höherer Luftfeuchtigkeit und niedrigen Temperaturen in den Polarregionen den Schneefall gerade dort steigern. Dieser zusätzliche Schneefall würde die Eisdecken auf dem Land verdicken. Eine gesteigerte Verdunstung und zugleich ein Anwachsen der Eismassen in den polaren Regionen würde die Menge des Wassers in den Ozeanen reduzieren. Diese Effekte sollten die thermische Ausdehnung des Ozeans in einer 'Treibhauswelt' mehr als kompensieren“ [14].

Ganz besonders in Europa gibt es Befürchtungen, daß durch eine Erwärmung in der Arktis die Meeresströmungen im Nordatlantik verändert werden könnten und damit die Wärmezufuhr durch den **Golfstrom** unterbrochen würde. Eine allgemeine **Abkühlung in Europa** wäre die Folge. Es gibt unterschiedliche Auffassungen zur Stabilität der nordatlantischen Tiefenzirkulation, worauf beispielsweise *Latif* und *Meincke* [56] aufmerksam machen. Hinweise auf eine Instabilität leiten sie aus einem Ereignis vor knapp 12 000 Jahren ab: „Der in die nacheiszeitliche Erwärmungsphase eingelagerte Kälterückfall von einigen hundert Jahren Dauer ging mit einer großskaligen Umstellung der nordatlantischen Zirkulation einher.“ - Nach wie vor unklar ist jedoch, „ob der Mensch durch den Ausstoß von Treibhausgasen das Klima in die Nähe einer Instabilität bringe.“ Das wird im Zusammenhang mit jüngst bekannt gewordenen Forschungsergebnissen zur Instabilität des Golfstromes (*Rahmstorf*) mitgeteilt [57, 29.1.1999].

Die gegenwärtig erkennbare **Ausdehnung der Wüsten** wird als Folge der bereits erfolgten Erwärmung interpretiert und ein weiteres Fortschreiten der Desertifikation vorhergesagt, wenn es nicht gelingt, den Ausstoß der Treibhausgase radikal einzuschränken. Dieser eindimensionalen Betrachtungsweise wird von *Pilardeaux* und *Schulz-Baldes* [71] entgegengehalten: „Der Desertifikationsprozeß kann nicht allein als ein Warnsignal aus der Klimaentwicklung interpretiert werden, sondern ist das Ergebnis eines strukurellen Wandels im Gesamtsystem des Planeten Erde, bei dem sich unerwünschte bzw. ungünstige Entwicklungen gegenseitig bedingen oder verstärken. Beispiele hierfür sind z.B. das Zusammenwirken von Klima- und Landnutzungsänderungen, politischer Instabilität und Armut. Die Komplexität dieses Prozesses und das Verständnis der genauen Wechselwirkungen erfordert eine integrierte Zusammenschau *aller* oftmals schon einzeln betrachteter Einflußfaktoren.“

Die **Aufnahmefähigkeit der Ozeane für $CO_2$** wird unterschiedlich bewertet, wurde aber bisher in den Klimamodellen nicht oder nur ungenügend berücksichtigt. Immerhin sind im Ozeanwasser nach *Roedel [76]* 94,17 g $m^{-3}$ $CO_2$ (als $HCO_3^-$, $CO_3^-$ und $CO_2$) gespeichert, in der Atmosphäre (bei 0 °C) dagegen

0,68 g $m^{-3}$. *Riebesell* vom Alfred-Wegener-Institut für Polar- und Meeresforschung [74] untersuchte die Auswirkungen einer steigenden $CO_2$-Konzentration auf das marine Phytoplankton und kommt zu dem Schluß: „Auch wenn eine ozeanweite Quantifizierung der zu erwartenden Reaktionen des marinen Phytoplanktons auf Veränderungen der atmosphärischen $CO_2$-Konzentration gegenwärtig nicht möglich ist, ist dennoch zu erwarten, daß sie überwiegend negative, d.h. der $CO_2$-Veränderung entgegenwirkende Rückkopplungen zur Folge haben. Die marine Biosphäre könnte dementsprechend eine gewisse Pufferfunktion für anthropogenes $CO_2$ haben und den erwarteten zusätzlichen Treibhauseffekt abmildern." Ein großer Teil der Sedimente in den Ozeanen ist Kalkstein. Sie werden überwiegend aus Schalen und Skelettelementen der Foraminiferen und anderer Organismen gebildet, die dem Meerwasser Calciumkarbonat entziehen und abscheiden. Die Korallenriffe bilden starre, bis zum Meeresspiegel reichende Strukturen, ebenfalls vorwiegend aus Calciumkarbonat, das letztlich aus der Verbindung des im Meerwasser gelösten $CO_2$ mit Calciumionen entsteht. Untersuchungen haben gezeigt, daß – entgegen früheren Auffassungen – Calciumkarbonat nicht nur auf organischem Wege gebunden wird, sondern, daß ein bedeutender Anteil des Karbonatschlammes im Meer auf anorganischem Wege direkt aus dem Meerwasser gefällt wird [72]. Die ständig anhaltende Bindung von $CO_2$ in den Ozeanen, die auf organischem und auf anorganischem Wege vor sich geht, ist der Grund, weshalb die Weltmeere das größte Reservoir an Kohlenstoff darstellen: Rund 79 % des gesamten Kohlenstoffs der Erde sind im Meerwasser und 6 % in den marinen Sedimenten gespeichert [63]. Nach *Roedel* [76] dürfte dieser Anteil noch bedeutend höher liegen. Er gibt darüber hinaus an, daß etwa 45 % des emittierten $CO_2$ von den Weltmeeren aufgenommen werden, verweist aber zugleich auf Untersuchungen, die auf einen wesentlich höheren Prozentsatz schließen lassen. *Roedel* stellt schließlich fest: „Diese Diskrepanzen lassen sich zur Zeit nicht überzeugend aufklären; es ist fraglich, ob sie sich jemals ganz aufklären lassen, da eine wirklich vollständige Bilanz des Beitrags der Biosphäre selbst bei sorgfältigstem Vorgehen extrem schwierig aufzustellen ist."

Den Befürchtungen, durch Klimaveränderungen würde es zu einem umfangreichen **Artensterben** und zum **Zusammenbruch der meisten Ökosysteme** [25 S. 13] kommen, stehen wissenschaftlich begründete entgegengesetzte Auffassungen aus der Biologie gegenüber. Als Beispiel die Feststellung von *Kinzelbach* [49]: „Tendenziell zeigt sich in Europa, aber auch in anderen Teilen der Welt, eine Verschiebung wärmeliebender einzelner Organismen oder von Vegetationsgürteln (incl. Agrozönosen und Zoozönosen) polwärts. Im Einzelfall geht der Prozeß mosaikartig vor; die Ergebnisse sind von Störgrößen überlagert, so daß eine verbindliche Prognose unmöglich ist. Eine einfache Hochrechnung erkannter Abläufe ist unzulässig. Ausgehend vom gegenwärtigen Kenntnisstand werden einige Charakteristika der Tierwelt der Zukunft ... weniger direkt durch die Klima-Erwärmung determiniert, sondern durch nur indirekt verknüpfte oder unabhängige

Entwicklungen wie Neophyten-/Neozoen-Akkulturation, gentechnische Veränderungen von Kulturpflanzen, Anpassung von Fauna und Flora an Ballungsräume. Insofern verbietet sich eine ausschließliche Fixierung auf die globale Erwärmung als das wichtigste ökologische Problem unserer Zeit." In dieselbe Richtung weisen die Feststellungen von *Frenzel* [30]: „Für die letzten 150-160 Jahre läßt sich dendro-klimatologisch in Europa und Zentralasien kein Einfluß einer anthropogenen Erwärmung nachweisen."

Ausgehend von detaillierten Untersuchungen des sogenannten $CO_2$-Düngungseffektes und der durch die erwartete Erwärmung ausgelösten Veränderungen des Wasserhaushaltes kommen Agrarexperten (*Hörmann* und *Chmielewski* [43]) zu der Auffassung: „Legt man die aktuellen Simulationsrechnungen zugrunde, so entsteht ein regional stark differenziertes Bild der Auswirkungen von Klimaänderungen auf Land- und Forstwirtschaft, das vor allem von der Temperaturänderung und von dem während der Vegetationsperiode zur Verfügung stehenden Wasser abhängt. Liegen die aktuellen Temperaturen unter dem Optimum von 20 °C, so steigen die Erträge, liegen sie darüber, so ist eher mit einem Sinken zu rechnen. Der direkte Effekt des $CO_2$-Anstiegs führt zu einer effizienteren Wasserverwertung, d.h. entweder zu höherem Ertrag bei gleichem Wasserverbrauch oder zu geringerem Wasserverbrauch bei gleichbleibendem Ertrag. Im globalen Mittel werden die Erträge wahrscheinlich auf dem gegenwärtigen Niveau bleiben, wobei in den meist ariden oder semi-ariden Entwicklungsländern eher mit sinkenden und in den höheren, humiden Breitengraden mit einer Steigerung zu rechnen ist. ... Biomasse und Böden der Wälder stellen große potentielle Senken für $CO_2$ dar und könnten deshalb helfen, dem anthropogenen Treibhauseffekt durch Aufforstung gegenzusteuern."

In den USA wurde kürzlich eine Gesellschaft gegründet, die sich das Ziel stellt, die Öffentlichkeit über die Nützlichkeit und Unentbehrlichkeit des $CO_2$ für das gesamte Leben auf der Erde aufzuklären. Die „Greening Earth Society" erklärt, die Forschung habe bewiesen, „daß bei einem Andauern des bisherigen $CO_2$-Anstiegsniveaus in nur 50 Jahren

- die Sojabohnen-Ernteerträge in den USA um 25 % zunehmen,
- sich die Ernten an Winterweizen in Europa um 30 % erhöhen und
- Bäume um 27 % besser wachsen werden, mit stärkeren Stämmen, mehr Laub und Zweigen und mit einem dichteren Wurzelwerk, das Nährstoffe effektiver nutzt." [20]

### 4.3.4 Wie warm war es früher?

Das Klima auf der Erde hat sich ständig verändert. Klimaschwankungen lassen sich nicht nur für lange Zeiträume, wie Jahrtausende oder Jahrmillionen nachweisen, sie vollzogen sich auch innerhalb wesentlich kürzerer Zeiträume, etwa innerhalb von hundert Jahren.

Besonders hervorstechend ist der Wechsel von Warm- und Kaltzeiten in der Vergangenheit. Die älteste nachgewiesene Eiszeit herrschte vor 2.000 bis 2.500 Millionen Jahren. Die bisher letzte Eiszeit, die Weichsel-Kaltzeit vor ca 115.000 bis 12.000 Jahren, folgte der sogenannten Eem-Warmzeit, die von etwa 125.000 bis 115.000 vor heute dauerte. Während der Weichsel-Kaltzeit herrschten in Nordwestdeutschland Temperaturen, die um 7 bis 10 K unter den heutigen lagen. Diese Eiszeit war durch wiederholte kräftige Klimaschwankungen charakterisiert. Zeiten rascher Erwärmung, in denen das Inlandeis verstärkt abschmolz, folgten Perioden, in denen sich die skandinavischen Gletscher weit ausdehnten. Da es sich dabei um kurze Klimaschwankungen handelte, stand der Flora nicht genügend Zeit zur Verfügung, darauf zu reagieren (nach *Ehlers* [22]).

Kulturgeschichtlich äußerst interessant ist der Klimawandel innerhalb der letzten 2000 bis 2500 Jahre (nach *Lozán* [59]). Die griechische Hochkultur um 500 v.u.Z. blühte, als es rund 2 K wärmer als heute war. In der Zeit zwischen 332 v.u.Z. und 625 u.Z. besetzten die Griechen und später die Römer Ägypten. Damals herrschte in Nordafrika ein solches Klima, daß diese Region zur Kornkammer des Römischen Reiches wurde. In der Römerzeit zwischen 200 v.u.Z. und 380 u.Z. herrschte eine Jahresmitteltemperatur, die um 1 bis 1,5 K höher als die heutige war. Nicht zuletzt dank dieser Temperaturen konnte Hannibal 218 v.u.Z. die Alpen überqueren. In der Völkerwanderungszeit (380 bis 750 u.Z.) war das Klima dagegen kühl und niederschlagsreich. Begünstigt durch den Rückgang des Eises gelang es den Wikingern, sich im Jahre 870 u.Z. in Island niederzulassen. Im Jahre 982 entdeckte Erik der Rote Grönland und kolonisierte es. Der Name Grönland wurde von „Grünland“ abgeleitet (noch heute heißt es im Englischen „Greenland“). Von den Wikingern wurde dort Ackerbau und Viehzucht und ein ausgedehnter Handel betriebenen. Das warme Klima der damaligen Zeit ermöglichte es ihnen auch, Nordamerika zu entdecken (um das Jahr 1000). Etwa 500 Jahre lebten die Wikinger in Grönland. Um 1200 verschlechterte sich das Klima in der Arktis erheblich. Seeleute trafen 1540 in Grönland keine Überlebenden mehr an.

In der Warmphase des Mittelalters, von etwa 1050 an, konnte bis nach Nordnorwegen Getreide angebaut werden. Der Weinanbau verschob sich in nördlicher Richtung bis nach England. Damals sollen dort die Temperaturen um 0,7 bis 1,0 K über denen gelegen haben, die in der ersten Hälfte des 20. Jahrhunderts gemessen wurden. Die im 12. Jahrhundert in der Arktis einsetzende deutliche Abkühlung machte sich ab Anfang des 14. Jahrhunderts auch in Mitteleuropa bemerkbar. Man bezeichnet diese Klimaperiode, die sich bis in die Mitte des 19. Jahrhunderts ausdehnte, als „Kleine Eiszeit“. In dieser Zeit lagen die Temperaturen etwa 1 K niedriger als heute. Wegen des abrupten Klimawechsels kam es im

14. Jahrhundert zu Mißernten, Hungersnöten und Krankheiten. Bauernhöfe und ganze Dörfer in Mitteleuropa mußten aufgegeben werden. Nach Ende dieser Periode stiegen die Temperaturen wieder an. Bemerkenswert ist es, daß erst um 1930 im Norden Norwegens die Landwirtschaft wieder im vollen Umfang aufgenommen werden konnte.

Neben anderen Parametern wird die Abnahme der Gletschermasse in den Alpen um 50 % zwischen 1850 und 1969 von der Enquete-Kommission als ein signifikanter Beleg für die globale Änderung des Klimas angeführt [25, S. 25/29] und damit als Beweis für den anthropogenen Treibhauseffekt herangezogen. Von dem österreichischen Glaziologen *Patzelt* (Institut für Hochgebirgsforschung der Universität Innsbruck) wird dazu festgestellt [41]: „Was wir heute in der Gletscherwelt der Alpen beobachten, liegt innerhalb einer natürlichen Schwankungsbreite, wie es sie im gesamten Holozän, also in den vergangenen 10.000 Jahren, ohne irgendeinen anthropogenen Einfluß auch gegeben hat." Er führt weiter aus: „Um die Mitte des 19. Jahrhunderts erreichten die Alpengletscher nach einer 40 Jahre langen Vorstoßperiode vielfach Stände, die zu den größten der Nacheiszeit zählen." Das meist in der zweiten Hälfte des 19. Jahrhunderts beginnende Abschmelzen der Alpengletscher vollzog sich parallel mit der nach der Kleinen Eiszeit einsetzenden Erwärmung und läßt sich infolge des damals noch niedrigen $CO_2$-Pegels nicht mit dem anthropogenen Treibhauseffekt in Verbindung bringen (*Weber* [95]). *Patzelt* ist der Meinung: „Die heutigen Gletscherstände nähern sich langsam den Normalständen des Holozäns." Er ist auch der Auffassung, „daß der Höhepunkt der Erwärmung der letzten 15 Jahre überschritten ist." Aus seinen Forschungen leitet *Patzelt* ab, daß die Gletscher- und Klimaentwicklung der letzten 50 Jahre nicht parallel mit der $CO_2$-Zunahme in der Atmosphäre verlaufen ist. Ein Beleg hierfür ist die Gletscherentwicklung in Skandinavien: „In Südnorwegen rücken die Gletscher kräftig vor und fahren unaufhaltsam in den Buschwald hinein. Dies zeigt, daß es keine einheitliche globale Erwärmung gibt."

Zusammenfassend läßt sich konstatieren, daß Perioden mit höherer Temperatur für die kulturelle und materielle Entwicklung der Menschheit bei weitem vorteilhafter waren als kältere Perioden. Gerade deshalb bezeichnete man Zeitperioden mit Durchschnittstemperaturen, die um 1 bis 2 K über den heutigen lagen, als „Klimaoptima". Diese Bezeichnung rührt allerdings aus einer Zeit, in der die „anthropogene Klimaerwärmung" noch nicht bekannt war. Auf jeden Fall ist die Frage zu stellen, ob das heutige Klima, in dem unsere Generation lebt, das denkbar beste ist und mit aller Kraft erhalten werden muß. Würde nicht die von den Klimaforschern prophezeite und als äußerst schädlich apostrophierte Erwärmung um 2 oder 3 K zu Temperaturen führen, die für die Menschheit und das Leben auf der Erde wesentlich günstiger sind? - Eine eindeutige Verneinung dieser Frage könnte im Hinblick auf die historische Entwicklung in den letzten Jahrtausenden nicht befriedigen

### 4.3.5 Wie belastbar ist die Temperaturstatistik?

Eine der wichtigsten Größen zur Kennzeichnung der vergangenen oder zukünftigen Klimaentwicklung ist die Globaltemperatur. Schon *Arrhenius* operierte mit ihr, indem er in seinen Rechnungen +15 °C als repräsentativen Wert für die Oberflächentemperatur der Erdkugel annahm. Die Globaltemperatur kann nicht gemessen werden, sondern stellt einen berechneten Mittelwert der Temperaturen in allen Erdregionen zu allen Tages- und Jahreszeiten innerhalb von 30 Jahren dar. Dieser Zeitraum wurde von der Meteorologie zur Charakterisierung einer Klimaperiode gewählt. Der Begriff Klima beschreibt also das mittlere Wettergeschehen – nicht nur den Temperaturverlauf! – im Verlaufe von 30 Jahren. Für die Beschreibung des Klimas kann allerdings nicht nur eine mittlere Temperatur ausreichen. Es ist durchaus von großer Bedeutung, ob bei einer künftigen Erwärmung nur die Nächte und die Winter wärmer werden oder ob sich Tage und Nächte, Sommer und Winter gleichmäßig erwärmen.

Mit Temperaturmessungen wurde im 17. Jahrhundert begonnen. Für einen Ort in Mittelengland liegen seit 1659 monatliche Temperaturmittelwerte vor [87]. Das Temperaturmeßnetz ist seitdem zwar immer dichter geworden, die Weltorganisation für Meteorologie verwendete jedoch zur Berechnung der Globaltemperatur von 1994 lediglich die Wetterdaten von 1400 Meßstationen. Sie traf damit eine Auswahl aus den Daten von etwa 10.000 Beobachtungsstationen, die durchaus ungleichmäßig über die Erde verteilt sind. Berechnet wurde die Globaltemperatur aus Meßwerten, die etwa 10 % der Erdoberfläche repräsentieren, überwiegend Siedlungs- und Ballungsgebiete Messungen über den Ozeanen (von vereinzelten Messungen auf Schiffen abgesehen), in Urwald-, Wüsten-, Hochgebirgs- und Eisregionen lagen nicht vor und wurden als Schätzwerte einbezogen [89 S. 105]. Die gesamte Lufttemperatur über dem Atlantik geht auf eine einzige Meßstation auf der Insel St. Helena zurück [52]. Die Ermittlung der Globaltemperatur ist also auch heute noch mit erheblichen Schwierigkeiten verbunden. Die Gefahr, durch Einbeziehen oder Nichteinbeziehen einzelner Meßwerte die Globaltemperatur um Bruchteile eines Grad Celsius zu verändern, ist durchaus gegeben.

Noch viel weniger zuverlässig erscheinen entsprechende Aussagen zur Globaltemperatur für die Zeit vor 100 oder 200 Jahren, als das Meßstellennetz noch sehr viel dünner war. Genau genommen sind die damals berechneten Globaltemperaturen überhaupt nicht mit den heutigen vergleichbar. Eine Aussage, wonach die heutige Globaltemperatur um 0,7 K über der von 1860 liegt, ist also nur sehr vorsichtig zu bewerten, und zwar aus mindestens zwei Gründen: Erstens wegen der unterschiedlichen Meßorte, die jeweils einbezogen wurden, und zweitens wegen der mit diesem Dezimalbruch vorgetäuschten Meßgenauigkeit (sie liegt heute bei 0,3 K). Aber genau diese Temperaturentwicklung ist heute Maßstab für die Beurteilung künftiger Erwärmungen

Besondere Aufmerksamkeit verdient der Hinweis auf den unkritischen Umgang mit den globalen Durchschnitts-Temperaturen. Während vor 100 Jahren *Arrhenius* mit einer Globaltemperatur von +15 °C rechnete, operierte die Enquetekommission des Bundestages in ihrem Bericht von 1990 – trotz der erklärten Erhöhung um 0,5 K in einem Jahrhundert – noch immer mit einer „heutigen Durchschnittstemperatur auf der Erde in Bodennähe (von) rund 15 °C“ [24, S. 39]. In der US-Fachliteratur wird die durchschnittliche Oberflächentemperatur der Erde mit „durchschnittlich rund 13 °C (≈ 286 K)“ angegeben [91, S. 575]. Im Jahre 1995 meldete die britische Universität East Anglia, daß nach ihren Berechnungen das Jahr 1995 mit einer „Globaltemperatur“ von 14,84 °C das wärmste Jahr seit etwa 150 Jahren gewesen sei. Hinzugefügt wurde, damit sei die mittlere Temperatur der Klimaperiode von 1960 bis 1990, die 14,44 °C betrug, um 0,4 K überschritten worden [89, S. 168]. Während aus den Angaben der Enquetekommission noch auf eine Konstanz der Globaltemperatur geschlossen werden kann, lassen die englischen Daten sogar eine Abkühlung in den letzten hundert Jahren vermuten!

Für die Beurteilung der Temperaturen in vergangenen Zeiten stehen den Klimatologen außer der Messung noch andere Möglichkeiten zur Verfügung. Zu nennen sind Aufzeichnungen über der Wetterverlauf in früheren Jahren, Aussagen über den Grad der Vereisung von bestimmten Gewässern u.a., woraus auf mittlere Temperaturen in bestimmten Zeiträumen geschlossen werden kann. Weitere Hilfsmittel sind Auswertungen von Eisbohrkernen, die Dicke der Jahresringe alter Bäume, die Struktur geologischer Sedimente u.a.

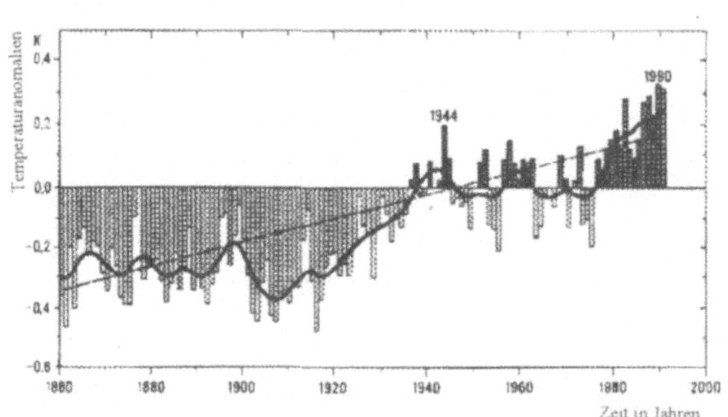

Bild 4.3.1: Abweichungen der bodennahen Weltmitteltemperaturen vom Referenz-Mittelwert 1951 – 1980 [25]

Von der Enquete-Kommission „Schutz der Erdatmosphäre“ wurde in ihrem Bericht von 1992 [25 S. 26] als Beleg für die seit Mitte des vergangenen Jahrhunderts eingetretenen Klimaerwärmung eine Grafik veröffentlicht, die die Abweichungen der bodennahen Weltmitteltemperatur von einem Referenz-Mittelwert der Jahre 1951 bis 1980 zeigt (Bild 4.3.1). Die Darstellung zeigt den tendenziellen Temperaturanstieg seit 1860, eine Entwicklung, die in ursächlichen Zusammenhang mit dem Anstieg der Treibhausgaskonzentration infolge der industriellen Entwicklung in Zusammenhang gebracht wird. Es wird angegeben, daß der Anstieg seit 1860 0,45 K ± 0,15 K in 100 Jahren betrug.

Die längste durchgehende Temperaturmeßreihe in Deutschland liegt von dem bayerischen Observatorium Hohenpeißenberg vor. Seit 1781 werden dort die Temperaturen aufgezeichnet (Bild 4.3.2). In Übereinstimmung mit dem im Bild 4.3.1 wiedergegebenen globalen Temperaturverlauf ist auch am Hohenpeißenberg ein signifikanter Temperaturanstieg seit 1890 beobachtet worden. Im Trend zwischen 1880 und 1990 betrug er 1,2 K [95].

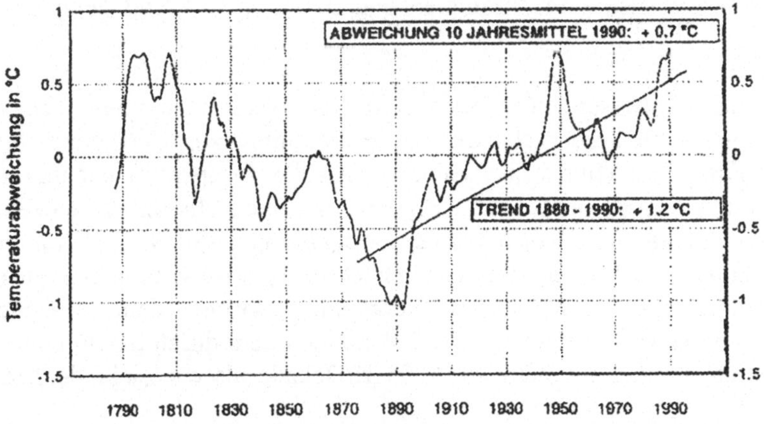


Bild 4.3.2: Gleitende 10-Jahres-Mittelwerte der Temperatur am Hohenpeißenberg 1781 - 1995 [95]

Besonders bemerkenswert an dieser Meßreihe ist, daß hier der Temperaturverlauf gegen Ende der „Kleinen Eiszeit“, die Mitte des vorigen Jahrhunderts zu Ende ging, erkennbar ist. Die zwischen 1780 und 1890 gemessene starke Abkühlung wurde auch in anderen europäischen und außereuropäischen Regionen der Erde beobachtet. Sie kann auf jeden Fall nicht mit einer durch den Menschen verursachten Änderung des $CO_2$-Gehalts der Atmosphäre in Zusammenhang gebracht werden. Unter diesem Gesichtspunkt stellt sich die Frage, ob die Wahl des Jahres 1860 oder nicht weit davon entfernter Jahre als Bezugspunkt für die Klimaentwicklung zufällig ist oder ob dem nicht die (unseriöse!) Absicht zugrunde liegt, möglichst tiefe Temperaturen zum Ausgangspunkt weiterer Überlegungen zu wählen. Der nach der langen Abkühlungsperiode einsetzende Temperaturanstieg in der zweiten Hälfte des 19. Jahrhunderts ließ sich auf diese Weise sehr gut als Beleg für den anthropogenen Treibhauseffekt heranziehen. Die von Klimatologen vertretene Meinung, erst seit 1860 lägen verwertbare Ergebnisse von Temperaturmessungen vor, ist ganz offensichtlich nichts anderes als eine Schutzbehauptung: „**Seit Beginn der globalen Messungen um 1860** hat sich die Erdatmosphäre um etwa 0,7 Grad erwärmt.“ – So *Graßl,* der Direktor des Weltklimaforschungsprogramms [34]. **Globale** Messungen gab es auch 1860 noch nicht, überhaupt verwertbare Temperaturaufzeichnungen schon wesentlich länger!

Hingewiesen sei auf die nahezu übereinstimmende Temperaturentwicklung im globalen Mittel und am Hohenpeißenberg zwischen 1950 und 1970. Es kam damals zu spürbaren Abkühlungen, die von den Klimawissenschaftlern als Vorboten einer nahenden Eiszeit angesehen wurden (Nebenbei bemerkt: Teilweise von denselben, die heute die künftige Erwärmung vorhersagen [63]). Fest steht auf jeden Fall, daß in dieser Zeit nach dem zweiten Weltkrieg die industrielle und damit energiewirtschaftliche Entwicklung weltweit sehr rasche Fortschritte machte. Auch für diese Zeit ist also kein Zusammenhang zwischen $CO_2$ und Temperatur erkennbar.

Neben den Temperaturmessungen in Bodenstationen stehen für aktuelle Temperaturbestimmungen auch Meßergebnisse von Erdsatelliten zur Verfügung. Seit 1979 wird mit Hilfe von Mikrowellensendern auch die Temperatur der unteren Atmosphäre recht genau gemessen. Die Ergebnisse zeigen allerdings keine Erwärmung, sondern eine, wenn auch geringe, Abkühlung (Bild 4.3.3). Auf der Deutschen Meteorologen-Tagung 1998 bezeichnete *Bengtsson* vom Max-Planck-Institut für Meteorologie, Hamburg, den Widerspruch zwischen dem am Boden gemessenen Temperaturanstieg von 0,15 K/Dekade und dem durch Satellitenmessungen ermittelten Temperaturabfall von 0,05 K/Dekade als ein „sehr delikates Problem“ [6].

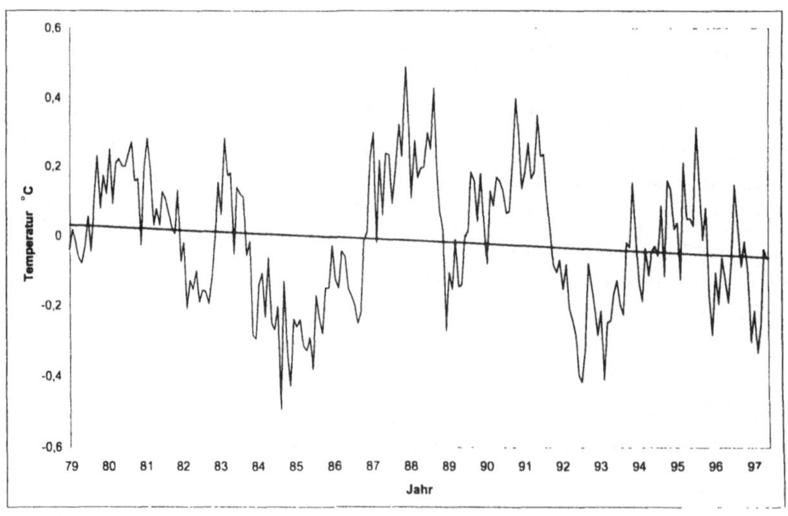


Bild 4.3.3: Verlauf der Globaltemperatur zwischen 1879 und 1997 [23]

Neben der von *Arrhenius* 1896 geschätzten – keinesfalls errechneten oder gar gemessenen – Globaltemperatur von +15 °C ist die Temperatur von –18 °C, die dann auf der Erde herrschen würde, wenn es keine Treibhausgase (nach *Arrhenius*: kein $CO_2$) geben würde, der eigentliche Fundamentalwert der auf der Treibhaustheorie beruhenden heutigen Klimawissenschaft, weil er die Größe des Treibhauseffektes bestimmt.

Die Temperatur von –18 °C wurde – wie im Abschnitt 4.2.1 gezeigt – mit Hilfe des *Stefan-Boltzmann*schen Gesetzes errechnet. Der Wert ergibt sich unter der Annahme, daß die Erde ein schwarzer Strahler ist, was mit einem Emissionsfaktor $\varepsilon = 1{,}0$ zum Ausdruck gebracht wurde. Geht man von einem realitätsnäheren Emissionsfaktor $\varepsilon = 0{,}95$ aus, so ergeben sich nur –15 °C.

Weiterhin ist die für die eingestrahlte Solarleistung angenommene Albedo von 30 % eine sehr grobe Schätzung. Vor allem durch unterschiedliche Bewölkung, aber auch durch Veränderungen der Erdoberfläche, als Beispiele seien die Abholzung von großen Waldflächen, die Ausdehnung der Wüsten oder die Umwandlung natürlicher Vegetationsformen in landwirtschaftlich genutzte Flächen [26, S. 17] genannt, ändert sich die mittlere Albedo laufend. Nimmt man eine lediglich um 5 % erhöhte Albedo an, so ergibt sich anstelle von –18 °C eine Oberflächentemperatur der Erde ohne Treibhausgase von –23 °C. Bei einer um 5 % verminderten Albedo berechnet sich eine Temperatur von –14 °C.

Eine weitere Unsicherheit resultiert aus der Annahme, die Erde nicht als Halbkugel, sondern als Kreisfläche der Solarstrahlung entgegenzustellen. Damit wird unterstellt, daß die gesamte Strahlung senkrecht einfällt. Das ist in der Realität jedoch nicht der Fall. Auf dieses Problem macht *Gerlich* [32] aufmerksam. Er zeigt, daß zur Bestimmung der Oberflächentemperatur der Erde aus der *Stefan-Boltzmann*schen Gleichung die vierte Wurzel aus der mittleren Temperatur gezogen wurde. „Wenn man die mittlere Temperatur berechnen möchte, muß man aber *zuerst* die vierte Wurzel ziehen und dann mitteln ... Die gemittelten Temperaturen sind erheblich kleiner als die vierte Wurzel von der gemittelten vierten Potenz der absoluten Temperatur." *Gerlich* berechnet mit dieser Prämisse bei derselben Albedo von 30 % eine Oberflächentemperatur der Erde von nur noch –129 °C anstelle der sonst angenommenen –18 °C. Er führt weiter aus: „Die Abstrahlung eines Körpers richtet sich aber nach der tatsächlichen Temperatur und nicht nach irgendwelchen Temperaturmittelwerten! Temperaturmittelwerte müssen immer aus gegebenen Temperaturverteilungen bestimmt werden, und für diese Mittelwerte gibt es keine lösbaren theoretischen Modelle. Damit ist wohl deutlich gezeigt, daß alle Berechnungen mit einem 'mittleren Strahlungsbudget' oder einer 'Strahlungsbilanz' nichts mit der mittleren Erdtemperatur zu tun haben." Auf diesen erheblichen Fehler weist auch *Dietze* [18] hin.

Mit der geschätzten oder „berechneten" mittleren Oberflächentemperatur von +15 °C bei Anwesenheit von Treibhausgasen und mit den unter nicht eindeutigen Annahmen berechneten −18 °C als Erd-Oberflächentemperatur ohne Treibhausgase steht der „natürliche Treibhauseffekt" von 33 K auf recht wackeligen Füßen! Der auf den natürlichen "aufgesattelte" anthropogene Treibhauseffekt von bisher 0,7 K und künftig 2, 3 oder 5 K wird dadurch nicht vertrauenswürdiger.

### 4.3.6 Anthropogene Temperaturänderungen versus natürliche Temperaturänderungen

Aus der bisherigen Klimageschichte der Erde ist uns bekannt, daß es ständig Änderungen der Durchschnittstemperaturen gegeben hat, auch zu Zeiten als der Mensch noch nicht in Erscheinung getreten ist. Es ist unzweifelhaft, daß es Naturerscheinungen gibt, die auf unser Klima und damit auch auf die Globaltemperatur Einfluß nehmen. Änderungen der Strahlungsintensität der Sonne, Staubwolken aus großen Vulkanausbrüchen, die weite Teile der Erde bedecken, und das El-Niño-Phänomen sind Beispiele für natürliche Beeinflussungen des Klimas.

Die bisher entwickelten Klimarechenmodelle gehen von einer kausalen Abhängigkeit der Temperatur vom Gehalt an Klimagasen in der Atmosphäre aus. Sie können in ihre Temperaturprognosen nicht solche stochastischen Ereignisse wie z.B. den Vulkanismus einbeziehen. Es ist bisher auch noch nicht gelungen, den Einfluß der Wolkenbedeckung auf die Temperatur mathematisch zu formulieren, viel weniger, unter Einbeziehung von Prognosen der Bewölkungs-Entwicklung in den nächsten hundert Jahren Globaltemperaturen oder gar Temperaturen einzelner Regionen der Erde zu berechnen.

Wenn es nun tatsächlich neben den natürlichen Einflüssen auf die Erdtemperatur auch durch den Menschen ausgelöste gibt, dann stellt sich die Frage, in welchem Umfang sowohl die eine Gruppe von Einflüssen als auch die andere auf die Klimaentwicklung wirkt. Da die eindeutig stochastischen Einflüsse sich einer Prognose entziehen, werden Schätzungen angestellt, teilweise mit statistischen Methoden kombiniert, um den Anteil des anthropogenen Faktors auf den künftigen Temperaturverlauf zu bestimmen. Im Zusammenhang mit solchen Überlegungen wird von den Vertretern der Treibhaustheorie immer erklärt, daß der anthropogene Einfluß eindeutig überwiegt.

Im Bericht von 1992 erklärt die Enquete-Kommission „Schutz der Erdatmosphäre" des Deutschen Bundestages: „Der Anstieg der atmosphärischen Konzentration anthropogener Treibhausgase wird in seiner Klimawirksamkeit in den kommenden 100 bis 200 Jahren alle anderen Einflußfaktoren, wie z. B. Vulkanausbrüche oder Änderungen der Einstrahlungsstärke der Sonne übertreffen." Auf Beweisführungen wird verzichtet.

In ihrem Schlußbericht von 1995 bewertet die Enquete-Kommission den Einfluß externer Einflüsse auf unser Klima: „Dabei ist ein nachhaltiger Einfluß der Veränderung der Sonneneinstrahlung als einzig mögliche externe Ursache dieser beobachteten Klimavariabilitäten nicht wahrscheinlich, da erstens die Veränderungen der Sonneneinstrahlung zu gering sind (unter 0,1 % der Solarkonstante) und zweitens die beobachtete Klimavariabilität global nicht einheitlich ist, sondern vielmehr ein stark ausgeprägtes regionales Muster aufweist ... Neuere Untersuchungen deuten darauf hin, daß ein wesentlicher Teil dieser Variabilität interne und nicht externe Ursachen hat ... [26, S. 21]." Die Kommission verweist nachfolgend auf Ergebnisse eines gekoppelten Ozean-Atmosphären-Modells und resümiert, daß die Klimafluktuationen im Bereich des Nordatlantik mit einer Periode von 76 Jahren „deutlich geringere Trends der globalen Mitteltemperatur als der gemessene Trend von 0,5 °C pro Jahrhundert in den vergangenen 130 Jahren" verursachen [26, S. 22]. An anderer Stelle desselben Berichtes wird wesentlich vorsichtiger formuliert: „Der bisherige Anstieg der globalen bodennahen Durchschnittstemperatur liegt mit 0,5 °C in 100 Jahren gerade noch im Bereich der natürlichen Schwankungsbreite des Klimas und ist deshalb nicht eindeutig der anthropogen bedingten Zunahme der Konzentration der klimarelevanten Spurengase in der Atmosphäre zuzuordnen" [26, S. 54].

Von *Hasselmann u.a.* [39] wird ebenfalls auf externe Einflüsse auf das Klima hingewiesen und es werden dabei neben den Änderungen der Erdbahn um die Sonne und dem Vulkanismus auch die Schwankungen in der Stärke der Sonnenstrahlung genannt. Aber: „Die gemessenen Schwankungen, die mit dem 11-Jahreszyklus der Sonnenflecken in Verbindung stehen, sind aber so klein, daß sie nur wenig Einfluß auf das Klima ausüben. ... Allerdings ist unser Wissen über Variationen der Sonneneinstrahlung vor dem Satellitenzeitalter sehr beschränkt, so daß Aussagen über die Klimaauswirkungen durch Änderung der Sonnenstrahlung notgedrungen spekulativ bleiben." Ihre Sicherheit versuchen die Autoren an einer anderen Stelle dieser Arbeit zu demonstrieren: „Um die interne Variabilität des Klimas aus Beobachtungen abschätzen zu können, muß man also versuchen, die extern angetriebenen Schwankungen abzuziehen. Erste Analysen von Beobachtungsdaten bestätigen, daß die simulierten inneren Schwankungen von Klimamodellen in der richtigen Größenordnung liegen." Einschränkend weisen sie allerdings darauf hin, daß „die simulierten internen Schwankungen verschiedener Klimamodelle sowohl voneinander als auch von den Beobachtungsdaten etwas" abweichen. „Dies deutet auf noch vorhandene Unsicherheiten in unserer Abschätzung der natürlichen internen Klimavariabilität hin." Offensichtlich können die vorangestellten Behauptungen doch keinen so hohen Grad an Zuverlässigkeit für sich beanspruchen wie es die Autoren versuchen glaubhaft zu machen.

*Voß* und *Cubasch* vom Deutschen Klimarechenzentrum, Hamburg, [93] vertreten, abweichend von der oben zitierten Auffassung, die Meinung, daß die Bedeutung der solaren Einstrahlung auf das Klima immerhin halb so groß wie die Rolle des $CO_2$ sei. *Schönwiese* nannte als Einflußgrößen auf das Klima neben dem $CO_2$ troposphärische Sulfat-Aerosole, Sonnenflecken, Vulkanismus, El Niño/Southern Oscillation und Nordatlantik-Oszillation. Aus statistischen Analysen (multiple Regressionsanalyse) zog er den Schluß, daß der Einfluß des $CO_2$ allein auf die Temperaturänderung seit 1860 1 K ausmache [79]. Er ist der Meinung, daß bei einer $CO_2$-Verdopplung die Temperatur um 1,7 bis 2,6 K steige [78]. Danach ist ein Einfluß externer Größen auf das Klima zu vernachlässigen. Nicht beantworten können die genannten Autoren mit ihren Aussagen die Frage, warum sich in den vergangenen Jahrhunderten und Jahrtausenden das Klima auf der Erde - teilweise sogar sehr rasch - geändert hat.

### 4.3.7 Wie exakt sind die Modellergebnisse?

Prognostische Aussagen zur Klimaentwicklung werden durch den Entwicklungsstand der Klimamodelle geprägt. Nach wie vor werden die Modelle weiterentwikkelt und erweitert, z.B. durch Kopplung verschiedener Einzelmodelle, durch Verkleinerung des Rasters und der damit verbundenen Möglichkeit, Klimaaussagen zu einzelnen Regionen zu präzisieren oder überhaupt erst zu ermöglichen. Es ist daher verständlich, daß durch neuere Rechnungen auch neue Klimaprognosen vorgelegt werden

Auffallend ist, daß seit den ersten Veröffentlichungen zur künftigen Globaltemperatur die Prognosewerte immer kleiner geworden sind. In ihrem dritten Bericht von 1990 äußert die Enquete-Kommission „Vorsorge zum Schutz der Erdatmosphäre“ ihre Überzeugung, daß „sich die globale Mitteltempeatur um etwa 5 °C (wahrscheinlichster Wert, wobei ein Unsicherheitsbereich von 3 bis 9 °C angegeben wird) gegenüber ihrem vorindustriellen Wert erhöhen“ wird, „wenn die Emissionen von Treibhausgasen ... mit denselben Raten wie zur Zeit bis zum Jahr 2100 ansteigen. Bis zu diesem Zeitpunkt werden von den 5 °C Erwärmung etwa 4 °C realisiert sein. ... Wenn der Trend der Emission bis zum Jahr 2025 unverändert anhält, wird sich die globale Mitteltemperatur um etwa 2,5 °C (wahrscheinlichster Wert, wobei ein Unsicherheitsbereich von 1,5 bis 4,5 °C angegeben wird) über ihren vorindustriellen Wert erhöhen. Bis zum Jahr 2025 wird wegen der verzögernden Wirkung der Ozeane davon eine Temperaturerhöhung von etwa 2 °C realisiert sein" [24, S. 39]. Im Jahre 1992 erwartete die Enquete-Kommission einen Anstieg der globalen Durchschnittstemperatur von 0,3 K pro Jahrzehnt, das sind 3 K in 100 Jahren [25, S. 2].

Das Intergovernmental Panel on Climate Change (IPCC) prognostizierte 1990 eine Erwärmung um 3 bis 4 K bis 2050 und um 8 K bis 2100, 1992 reduzierte es seine Prognose auf 1,5 bis 4,5 K bis 2100, und 1995 blieben davon nur noch 1,0 bis 3,5 K bis zum Jahr 2100 übrig.

Der Direktor des Max-Planck-Instituts für Meteorologie, *Hasselmann*, erklärte 1998 in einem Interview: „Die Prognosen über eine Erhöhung der mittleren Temperatur bis zum Jahr 2100 in der Größenordnung von 2 bis 3 °C sind eigentlich unumstritten. ... Für den Fall, daß es zu keiner Reduktion der Emissionen an Treibhausgasen kommt, sagen die Modellrechnungen eine Temperaturerhöhung von etwa 2 bis 3 °C bis zum Jahr 2100 vorher, allerdings mit einer Ungenauigkeit von 50 %, so daß Werte zwischen 1 und 4 °C möglich sind." [37]

Inzwischen werden aus Rechenmodellen Temperaturerhöhungen von nur noch 1,2 K bis 2100 abgeleitet, teilweise noch niedrigere Werte, die im Zehntelgrad-Bereich liegen [52] und sich offensichtlich asymptotisch dem Wert von 0 K nähern oder sogar negativen Werten, was einer Abkühlung (!) gleichkäme.

Die zuletzt veröffentlichten Werte liegen eindeutig innerhalb des natürlichen Schwankungsbereichs der mittleren Temperatur im Zeitraum von einem Jahrhundert, so daß nunmehr unklar ist, warum ein anthropogener Treibhauseffekt der Menschheit eigentlich schaden sollte.

Wie bereits ausgeführt, gehen die Klimamodelle, mit denen heute gerechnet wird, praktisch nur vom Zusammenhang zwischen der Emission von Treibhausgasen in die Atmosphäre und der dadurch ausgelösten Erwärmung aus. Weitere Einflüsse auf das künftige Klima werden nicht oder nur sehr unvollständig einbezogen.

Zum Stand der Modellentwicklung wird vom Max-Planck-Institut für Meteorologie [39] erklärt: „... ist unser Wissen über die Stärke des vom Menschen verursachten Sulfataerosoleffekts noch sehr begrenzt. Vor allem der Einfluß des Aerosols auf die Wolken (indirekter Effekt) ist weitgehend unbekannt und wurde in den Simulationen nicht berücksichtigt. Mindestens ebenso unsicher ist die angenommene langfristige Änderung in der Sonneneinstrahlung. ... Schließlich wurden weitere Klimaantriebsfaktoren, wie vulkanische Aerosole, erhöhte Rußkonzentrationen oder der Abbau des stratosphärischen Ozons, die sowohl die natürliche Klimavariabilität als auch die Klimaänderung beeinflussen können, nicht berücksichtigt." Erläuternd sei hinzugefügt, daß Wolken je nach Höhe und Dichte in unterschiedlichem Maße Sonnenlicht von der Erdoberfläche abhalten (Reflexion nach oben) und damit kühlen oder die von der Erde ausgehende Infrarotstrahlung zurückhalten (Reflexion nach unten) und damit wärmen. Jeder kennt die kühlende Wirkung von aufziehenden Wolken an einem heißen Sommertag und eiskalte Winternächte mit sternenklarem Himmel. Zudem stellen Wolken mit ihren großen

Wassermassen beträchtliche Wärmespeicher dar, die den Temperaturverlauf auf der Erdoberfläche erheblich beeinflussen können. Aerosolpartikel aus Vulkanen und aus energiewirtschaftlichen Prozessen (Industrie, Raumheizung, Verkehr) tragen zur Abkühlung bei, indem sie Sonnenlicht reflektieren.

Theoretische Basis der Modelle ist ausschließlich der Treibhauseffekt. Bedenklich ist, daß es selbst Fachleuten offensichtlich schwerfällt, diesen Effekt wissenschaftlich eindeutig zu beschreiben. Beleg hierfür sind unterschiedliche Definitionen in der einschlägigen Literatur, wie nachfolgende Zitate belegen.

In den Glossaren zu den Berichten der Enquete-Kommission wird der Treibhauseffekt folgendermaßen beschrieben: „Der Treibhauseffekt wird von Gasen in der Atmosphäre hervorgerufen, die die kurzwellige Sonnenstrahlung nahezu ungehindert durch die Atmosphäre zur Erdoberfläche passieren lassen, die langwellige Wärmestrahlung der Erdoberfläche und der Atmosphäre hingegen stark absorbieren. **Aufgrund der wärmeisolierenden Wirkung dieser Spurengase** ist die Temperatur in Bodennähe um etwa 30 °C höher als die Strahlungstemperatur des Systems Erde-Atmosphäre ohne diese Gase (natürlicher Treibhauseffekt). Wegen des Anstiegs menschlich bedingter Spurengase wird mit einer Verstärkung des Treibhauseffektes, die mit zusätzlicher Treibhauseffekt bezeichnet wird, und einer Temperaturerhöhung gerechnet.“ [24, S. 983], [26, S. 1448/1449], [25, S. 211/212] (Hervorhebung durch Verf.)

Im Bericht der Enquete-Kommission von 1990 wird im Textteil eine davon etwas abweichende Erklärung gegeben: „... Diese Spurengase lassen die von der Sonne eingestrahlte Energie ungehindert passieren, absorbieren aber die von der Erdoberfläche emittierte langwellige Wärmestrahlung stark. Die Folge ist eine Verringerung der Wärmeabstrahlung von der Erdoberfläche und der unteren Atmosphäre, die zu einer Zunahme der Temperatur in diesen Luftschichten führt. Dieser Erwärmung steht in der oberen Troposphäre und Stratosphäre eine verstärkte Wärmeabstrahlung und dementsprechend eine Abkühlung dieser Höhenschichten gegenüber.“ [24, S. 140]

*Brickwedde,* Generalsekretär der Deutschen Bundesstiftung Umwelt, meint: „Ursache für die Klimaveränderungen sind die sogenannten Treibhausgase. Sie lassen Sonnenlicht durch, **reflektieren** aber die von der Erde abgestrahlte Wärme **wie das Glasdach eines Treibhauses**.“ [15] (Hervorhebung durch Verf.)

In dem von *Lozán/Graßl/Hupfer* 1998 herausgegebenen Sammelband „Warnsignal Klima“ wird im Glossar folgende Definition gebracht: „Treibhauseffekt: In der Atmosphäre enthaltene Gase (Treibhausgase) **und Aerosole** lassen die kurzwellige Sonnenstrahlung nahezu ungehindert passieren, während sie die langwellige Ausstrahlung der Erdoberfläche und der Atmosphäre stark absorbieren und wiederum in den Raum, d. h. auch in die untere Atmosphäre und in die Nähe der Erdoberfläche emittieren. Dadurch ist die mittlere Oberflächentemperatur ca. 33 °C höher als sie es ohne Anwesenheit von Treibhausgasen wäre.“ [45, S. 438] (Hervorhebung d. Verf.)

Im gleichen Sammelband beschreibt *Hupfer* den Treibhauseffekt ausführlicher wie folgt: „Erde und Atmosphäre emittieren entsprechend ihrer Temperatur Wärmestrahlung. Der in die Atmosphäre gerichtete Strahlungsfluß wird dort durch Wasserdampf und Spurenstoffe wie $CO_2$ und andere 3-atomige Gase sowie Wolken absorbiert. Diese Absorber emittieren entsprechend ihrer Temperatur ebenfalls Strahlung in den Raum, darunter zurück zur Erdoberfläche. Die so entstehende atmosphärische Gegenstrahlung kompensiert den mit der Ausstrahlung der Erdoberfläche verbundenen Wärmeverlust teilweise, so daß die beobachteten Temperaturen in der Nähe der Erdoberfläche und in der Troposphäre bedeutend höher sind als nach dem Betrag der Ausstrahlung allein berechnet würde. Man kann leicht ausrechnen, daß dieser interne energetische Vorgang, der vor allem auf die Anwesenheit von Wasserdampf und bestimmten Spurengasen in der Atmosphäre zurückgeht, die Lufttemperatur im Lebensbereich des Menschen um ca. 30-35 °C erhöht. Er wird daher als Treibhauseffekt … bezeichnet.“ [46]

Das Bundesumweltministerium hielt 1994 folgende Erklärung für richtig: „Der Erde wird Energie durch die Sonnenstrahlung zugeführt – hauptsächlich im sichtbaren Wellenlängenbereich. Voraussetzung für ein energetisches Gleichgewicht ist die Abgabe einer der zugeführten entsprechenden Energiemenge an den Weltraum. Dies erfolgt durch Abstrahlung von längerwelliger Wärmestrahlen. Der Treibhauseffekt beruht darauf, daß das Absorptionsverhalten von Bestandteilen der Atmosphäre, insbesondere bei den Spurengasen, in den verschiedenen Spektralbereichen nicht gleich ist. Das einfallende Licht wird dabei praktisch nicht, die abgegebene Wärmestrahlung von einer Reihe von Spurengasen hingegen mehr oder weniger stark absorbiert, d. h. die Abstrahlung wird gewissermaßen **durch eine isolierende Schicht behindert**. Damit die zugeführte Energiemenge dennoch abgestrahlt werden kann, muß die Erde eine entsprechend höhere Temperatur aufweisen. Dieses ist – verkürzt ausgedrückt – die physikalische Natur des Treibhauseffektes. … Betrachtet man die energetischen Verhältnisse zwischen einfallender und abgegebener Strahlung ohne Berücksichtigung des Treibhauseffektes, dann gelangt man zu einer mittleren Temperatur für die Erde von –18 °C. Daß wir stattdessen +15 °C als mittlere Temperatur vorfinden, verdanken wir dem natürlichen Treibhauseffekt, ausgelöst von den Atmosphärenbestandteilen Wasserdampf, Kohlendioxid, Methan, Lachgas und Ozon in ihren natürlichen Gehalten.“ [11, S. 20] (Hervorhebung durch Verf.)

In MEYERS Enzyklopädischem Lexikon wird der Treibhauseffekt so beschrieben: „Glashauseffekt (Glashauswirkung): Bez. für den Einfluß der Erdatmosphäre auf den Strahlungs- und Wärmehaushalt der Erde, der der Wirkung eines Gewächshausdaches ähnelt: Wasserdampf und Kohlendioxid in der Atmosphäre lassen die kurzwellige Sonnenstrahlung mit relativ geringer Abschwächung zur Erdoberfläche gelangen, absorbieren bzw. **reflektieren** jedoch den von der Erdoberfläche ausgehenden langwelligen Wärmestrahlungsanteil … “ (Hervorhebung durch Verf.)

In einem Hochschullehrbuch der Physik [91, S. 576] ist nachzulesen: „Die Erdatmosphäre ist für die ankommende Sonnenstrahlung ziemlich durchlässig und ihre Hauptbestandteile (Stickstoff und Sauerstoff) lassen auch die langwellige Wärmestrahlung durch, die von der Erdoberfläche abgegeben wird. (Das trifft aber nicht für alle Gase zu.) Somit gelangt nahezu die gesamte eingestrahlte Energie bis zur Erdoberfläche. Diese emittiert längerwellige Wärmestrahlung, von der ein Teil **durch die Atmosphäre absorbiert wird, was zur Erwärmung führt**. … In der Atmosphäre sind es vor allem Wasserdampf und Kohlendioxid, die die Wärmestrahlung absorbieren. Ohne diesen Vorgang wäre die Temperatur auf der Erde deutlich niedriger und die meisten Lebensformen hätten sich nicht entwickeln können.“ (Hervorhebung d. Verf.)

In einem anderen Physik-Lehrbuch [29, S. 342/343] wird der Treibhauseffekt folgendermaßen beschrieben: „Durch die Verbrennung fossiler Brennstoffe steigt der $CO_2$-Gehalt der Atmosphäre an. Kohlendioxid absorbiert Licht im infrarotem Bereich stärker als im sichtbaren. … Das von der **$CO_2$-Schicht** absorbierte Licht wird in andere Richtungen wieder abgestrahlt. Dadurch ergibt sich effektiv eine **teilweise Rückstrahlung oder Reflexion**. Wenn durch die $CO_2$-Schicht 10 % der Wärmestrahlung reflektiert wird, dann muß die Erdoberfläche im Gleichgewicht 10 % mehr Wärme abstrahlen. Nach (dem Stefan-Boltzmann-Gesetz – d. Verf.) steigt dann die vierte Potenz der Erdtemperatur $T_E$ um 10 %, also $T_E$ um etwa 2,5 % oder $\Delta T_E \approx 7{,}5$ K. Andere Spurengase (zum Beispiel Methan) verstärken diesen Treibhauseffekt. Das bewirkt **wegen ähnlicher Absorptionseigenschaften eine Temperatursteigerung wie im Innern eines Treibhauses**.“ (Hervorhebungen durch Verf.)

Von der Bundesanstalt für Geowissenschaften und Rohstoffe wird folgende Erklärung gegeben: „Gase in der Atmosphäre verursachen den Treibhauseffekt und beeinflussen das Klima unserer Erde erheblich. Der Wasserdampf ist neben Kohlendioxid, Methan, Stickoxiden und Ozon das wichtigste der Klimagase. **Diese Gase absorbieren die Sonnenenergie** und verkleinern so den sonst durch die Energierückstrahlung in den Weltraum auftretenden Wärmeverlust der Erde. Dieser **natürliche Wärmespeichereffekt** macht die Erde für uns Menschen erst bewohnbar. Ohne den natürlichen Treibhauseffekt würde die mittlere Jahrestemperatur unseres Planeten statt der gewohnten +16 ° nur –18 ° Celsius betragen, ein nicht nur für die Menschheit unwirtliches Szenarium. **Der natürliche Wärmespeichereffekt der Atmosphäre** ist also ein prinzipiell positives Phänomen.“ [84] (Hervorhebungen durch Verf.)

Diese kurze Aufzählung provoziert mehrere Fragen: Ist es nun die wärmeisolierende Wirkung der Treibhausgase, ihre Emission von Wärmestrahlung in die Nähe der Erdoberfläche, die Reflexion der von der Erdoberfläche ausgehenden Wärmestrahlung oder der natürliche Wärmespeichereffekt der Atmosphäre, der den Treibhauseffekt hervorruft? Befindet sich das $CO_2$ in einer „Schicht“ oder ist es gleichmäßig in der Troposphäre verteilt? Ist die Atmosphäre für die ankommende Sonnenstrahlung tatsächlich „ziemlich durchlässig“?

Das Klima, dessen Prognose für hundert und mehr Jahre mit Hilfe von mathematischen Modellen erfolgen soll, ist ein äußerst komplexes System. Zum Klima gehören nicht nur die Temperatur, sondern auch solche Erscheinungen wie Luftdruck, Windgeschwindigkeit und Windstärke, Bewölkung und Sonneneinstrahlung, Verdunstung, Luftfeuchtigkeit und Niederschläge, und zwar nicht als Durchschnittsgröße über 30 Jahre schlechthin, sondern in ihren charakteristischen Abläufen entweder für eine bestimmte Region oder für die gesamte Erde. Ein und derselbe Mittelwert der Temperatur kann sich aus extrem hohen Sommer- und zugleich extrem niedrigen Wintertemperaturen oder aus einem mehr oder weniger gleichmäßigen Temperaturverlauf über das Jahr ergeben. Dasselbe gilt für alle anderen Wettererscheinungen. Dabei ist zu berücksichtigen, daß alle genannten Größen sich wechselseitig bedingen und darüber hinaus von den bereits genannten externen Einflüssen (Sonneneinstrahlung, Vulkanismus u. a.) kausal beeinflußt werden. Es wird daher von vielen Wissenschaftlern grundsätzlich bezweifelt, daß es möglich ist, ein derartig komplexes, von stochastischen Einflüssen dominiertes System überhaupt mathematisch zu modellieren, um damit Voraussagen für Jahrzehnte und Jahrhunderte zu machen. Auch wesentlich umfangreichere Modelle werden hier möglicherweise nicht helfen.

Der Vergleich mit Wetterprognosen ist sehr naheliegend. Für lediglich einen einzelnen Ort, etwa eine Stadt, konnte bisher eine praktische Vorhersagbarkeit zwischen 5 und 11 Tagen (unterschiedlich für Windrichtung, tiefste Nachttemperatur, Sonnenscheindauer usw.) erreicht werden [4]. Es wird allgemein bezweifelt, daß es gelingen wird, diese Zeiten deutlich auszuweiten und Mehrwochen-Prognosen für ganze Regionen anzustellen. *Bengtsson* vom Max-Planck-Institut für Meteorologie [6] hält eine Wettervorhersage für maximal zwei Wochen für möglich. Er ist auch der Auffassung, daß es wegen der natürlichen Schwankungen unmöglich ist, das Klima über 20 Jahre vorherzusagen, wobei er den Einfluß der Klimagase auf das Klima als „nicht klar“ bezeichnet. Zu ähnlichen Aussagen kommen auch *Hauschild*, *Lange* und *Spitzer* [38], die es aus grundsätzlichen Gründen für unmöglich halten, jemals Wettervorhersagen für mehr als zwei Wochen und Klimaprognosen für mehr als 50 Jahre begründen zu können.

Es ist bezeichnend, daß es mit den heutigen Modellen noch nicht gelungen ist, aus historischen Daten über die Treibhauskonzentration das Klima vergangener Jahrzehnte rechnerisch zu rekonstruieren. Eine große Anzahl von Beiträgen anläßlich der Deutschen Meteorologen-Tagung 1998 in Leipzig beschäftigte sich damit, wie man meteorologische Vorhersage-Modelle so gestalten muß, daß eine möglichst große Übereinstimmung der Modellergebnisse mit den Beobachtungsergebnissen aus der Vergangenheit erreicht werden kann. Prognosen mit den vorgestellten Modellen wurden nicht gewagt!

*Stahl* von der Bundesanstalt für Geowissenschaften und Rohstoffe [84] konstatiert: „Alle Klimamodelle sind in ihrer Aussagesicherheit prinzipiell begrenzt. Die Prognosemodelle, mit denen heute Wissenschaftler zukünftiges Klima berechnen, stehen dem Problem gegenüber, daß Klima ein hochkomplexes Phänomen mit vielen quantitativ noch nicht faßbaren Korrelationen ist. Klima läßt sich zur Zeit nicht in mathematische Gleichungen fassen.“

In seinem Festvortrag anläßlich der Deutschen Meteorologen-Tagung 1998 führte *Schumann* aus: „Für die Bewertung der verschiedenen Emissionen sind ... deren zeitliche Trends und deren erwartete Wirkungen auf das zukünftige Klima und die Rückwirkungen eines veränderten Klimas auf die Luftchemie wichtig. Diese Trends und Zusammenhänge sind bisher **noch keineswegs ausreichend erforscht**.“ [81] (Hervorhebung durch Verf.) Ausdrücklich verzichtete *Schumann* auf eine Erklärung des Zusammenhanges zwischen $CO_2$ und Temperatur.

Die Ansichten über die prinzipielle Vorhersagbarkeit des Klimas divergieren nach wie vor sehr stark. Einer mehr oder weniger ausgeprägten „Modellgläubigkeit“ stehen sehr nüchterne Einschätzungen auch der künftigen Leistungsfähigkeit von Klimamodellen gegenüber. Beispielsweise wird von *Gerstengarbe* (Potsdam Institut für Klimaforschung) [33] folgende Einschätzung gegeben: „Um eine gute Vorhersage machen zu können, müßten alle ... Eigenschaften und Randbedingungen (des Klimas, der Verf.) so genau wie möglich in dem Klimamodell erfaßt werden. Das allein würde noch nicht ausreichen. Man müßte außerdem Kenntnis haben über das zukünftige Verhalten äußerer das Klima beeinflussender Faktoren, wie zum Beispiel die Schwankungen der Sonnenaktivität, die Zusammensetzung der Atmosphäre ($CO_2$-Anstieg) oder den Vulkanismus. Das ist nach dem heutigen Erkenntnisstand prinzipiell nicht möglich. Das heißt, daß es **eine Klimavorher-**

**sage, die Auskunft über den exakten Ablauf des zukünftigen Klimageschehens ermöglicht, nicht geben wird**." (Hervorhebung durch Verf.) - Schlußfolgerungen aus den Erkenntnissen der modernen Chaostheorie können eine solche Aussage nur bestätigen!

Auf einen weiteren Umstand sei an dieser Stelle verwiesen: In keinem Fall wird bei der Erarbeitung von Wetterprognosen auf die durchaus nachweisbaren kurzfristigen Schwankungen des $CO_2$-Gehalts der Atmosphäre zurückgegriffen, obwohl diesem Gas für Langfristprognosen des Klimas – letztlich die Beschreibung der charakteristischen Wetterabläufe über 30 Jahre – eine so überragende Bedeutung beigemessen wird!

### 4.3.8 Das $CO_2$ – Ursache oder Folge der Erwärmung?

Als unumstößliches Axiom unter der Mehrzahl der Klimatologen gilt heute, daß das $CO_2$ (und eine Reihe anderer Spurengase) Verursacher des Treibhauseffektes ist. Es gibt jedoch Indizien, die auf eine eher umgekehrte Ursache-Wirkung-Beziehung hinweisen.

Eines dieser Indizien, den Zeitraum von **Jahren und Jahrzehnten** betreffend, ist die in den Bildern 4.3.1 und 4.3.2 dargestellte Entwicklung des Temperaturverlaufs. Obwohl gegen Ende des 19. Jahrhunderts die industrielle Entwicklung große Fortschritte machte und dementsprechend der Energiebedarf, befriedigt in erster Linie durch Kohle, anstieg, kam es zu einer Abkühlung in dieser Zeit. Noch ausgeprägter war ein ähnlicher Effekt zwischen 1950 und 1970. In diesen Jahren

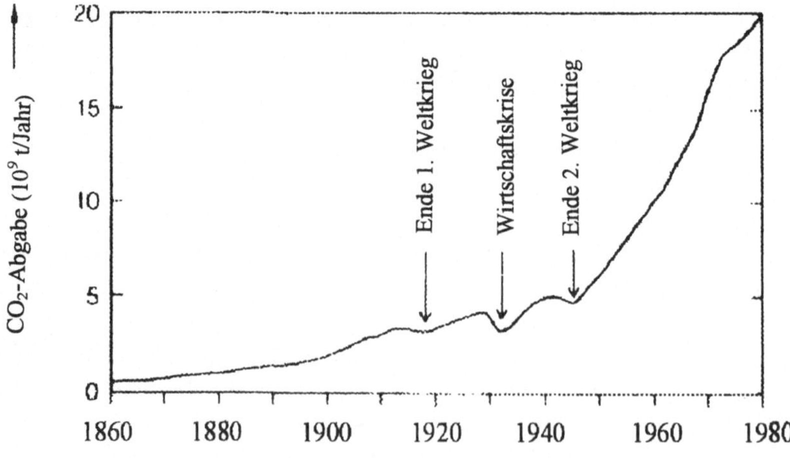


Bild 4.3.4: Entwicklung der $CO_2$-Emission durch fossile Brennstoffe [76]

des weltweiten wirtschaftlichen Aufschwunges nach dem 2. Weltkrieg stiegen die $CO_2$-Emissionen sehr stark (Bild 4.3.4), die Globaltemperatur dagegen sank. Es ist weiter auszuschließen, daß der relativ starke Temperaturanstieg zwischen 1910 und 1940 (in diese Zeit fielen der 1. Weltkrieg und die Weltwirtschaftskrise Ende der 20er/Anfang der 30er Jahre) auf eine Zunahme der Treibhausgas-Emission zurückzuführen ist. Diese Effekte können nur so interpretiert werden, daß offensichtlich andere - und zwar natürliche! - Erscheinungen Änderungen unseres Klimas maßgebend – oder ausschließlich? – verursachen, denn schließlich ist es physikalisch unmöglich, daß eine Wirkung auftritt, bevor die Ursache wirkt [95].

Von *Metzner* [63] [64] wird eine bemerkenswerte Bestätigung dieser beobachteten Divergenzen zwischen Temperatur- und $CO_2$-Entwicklung für Zeiträume von **Monaten und Jahren** gegeben. Er analysierte detailliert den monatlichen Verlauf der $CO_2$-Konzentration an 17 Meßstationen rund um den Erdball und die Entwicklung der Monatsmittel der Temperatur, und zwar getrennt für die Nord- und die Südhalbkugel. Er stellte fest, daß es nur geringe Korrelationen zwischen $CO_2$-Konzentration und Temperatur zum jeweils gleichen Zeitpunkt gab (der Korrelationskoeffizient lag bei –0,22). Eine gute Korrelation bestand dagegen zwischen den um 6 Monate (für die Nordhalbkugel) bzw. um 7 Monate (für die Südhalbkugel) zurückliegenden Temperaturen und den $CO_2$-Gehalten der Atmosphäre (>+0,8). Temperaturerhöhungen können demnach nicht die Folge von $CO_2$-Anstiegen sein, sondern müssen als ihre Ursache betrachtet werden.

Die Erklärung sieht *Metzner* in der in der extrem starken Temperaturabhängigkeit der Wasserlöslichkeit des $CO_2$. Bei ihrer Erwärmung geben die Ozeane große Mengen $CO_2$ an die Atmosphäre ab, bei ihrer Abkühlung wird $CO_2$ wieder im Meerwasser gelöst. Die Bedeutung dieser Vorgänge wird klar, wenn in Betracht gezogen wird, daß 70 % der Erdoberfläche von den Meeren eingenommen wird und daß das Wasser der Ozeane rund 80 % des gesamten Kohlenstoffs der Erde enthält. „Nun haben verschiedene Institute, in Deutschland das Alfred-Wegener-Institut, gemessen, daß innerhalb der letzten 40 Jahre die Temperatur des Atlantikwassers bis zu einer Tiefe von rund 800 m um 0,5 °C angestiegen ist. Nehmen wir einmal an, dies gelte für alle Ozeane, so müßten dadurch Mengen von 30-35 ppm in die Lufthülle entlassen worden sein. Vergleicht man diese Kohlenstoffmenge einmal mit dem Ausstoß, den der Mensch u.a. durch das Verbrennen des fossilen Energieträgers Kohle zu verantworten hat, so erkennen wir leicht, daß der gemessene Anstieg des atmosphärischen $CO_2$-Spiegels der ganz natürlichen Zunahme entspricht." [65]. Eine Bestätigung hierfür lieferte 1995 die Enquete-Kommission „Schutz der Erdatmosphäre". Unter Bezugnahme auf Daten des IPPC von 1990 teilte sie mit, daß in den 30 Jahren zwischen 1960 und 1990 der $CO_2$-Gehalt der Lufthülle von 315,24 auf 353,93 ppm, d.h. um 37,69 ppm, gestiegen ist [26, S. 24].

Die Bundesanstalt für Geowissenschaften und Rohstoffe, Hannover, hat sich eingehend mit der Klimaentwicklung in geologischen Zeiträumen, d.h. im Verlaufe von **mehreren 100 Millionen Jahren** beschäftigt. Sie kommt dabei u.a. zu Ergebnissen, die Aussagen z.B. der Enquete-Kommission widersprechen. Solche Ergebnisse sind:

- Erhebliche Temperaturänderungen in der Vergangenheit haben sich z.T. innerhalb von nur 8-10 Jahren vollzogen, was bedeutet, daß eine künftige Änderung der Globaltemperatur um vielleicht 5 K erdgeschichtlich durchaus keinen Ausnahmefall darstellen würde.

- Der $CO_2$-Gehalt der Atmosphäre ist heute kleiner als je zuvor in der geologischen Vergangenheit [84]. Meist war er um ein Mehrfaches höher (Bild 4.3.4). Der gegenwärtige Gehalt oder auch die vorausgesagte Verdopplung des Wertes vom Ende des 18 Jahrhunderts ist erdgeschichtlich nichts Außergewöhnliches.

- Im Verlaufe der Erdgeschichte gab es keine positive Korrelation zwischen $CO_2$-Partialdruck in der Atmosphäre und der Temperatur. Meist war die Temperatur um so höher, je niedriger der $CO_2$-Gehalt der Lufthülle war (Bild 4.3.5).

Die Bundesanstalt [9] kommt zu der Überzeugung, „daß über lange geologische Zeiten (Millionen von Jahren) die Variationen der Kohlendioxid-Konzentrationen nicht die treibende Kraft für Klimaänderungen sind. Vielmehr werden megaskalige Klimavariationen wesentlich durch externe Faktoren wie Kontinentaldrift und Änderungen in der Intensität der Sonneneinstrahlung bestimmt."– Es sei ausdrücklich darauf hingewiesen, daß die Bundesanstalt für Geologie und Rohstoffe den natürlichen Treibhauseffekt nicht negiert, sondern ihn lediglich als zweit- oder drittrangig für die Klimaentwicklung ansieht.

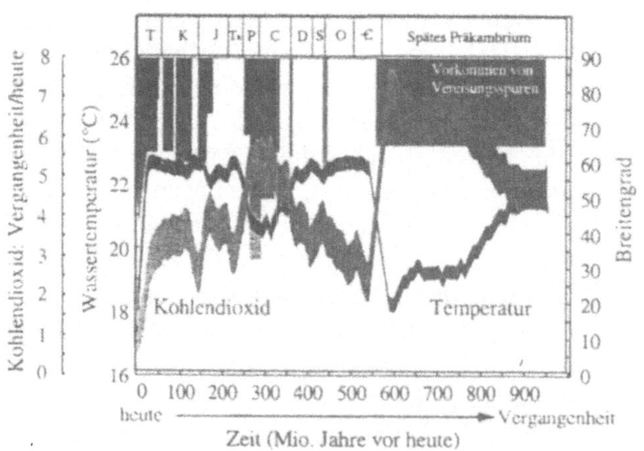


Bild 4.3.5: Wassertemperaturen, $CO_2$-Gehalte und Vereisungsspuren der vergangenen 900 Millionen Jahre [84]

Arbeiten aus unterschiedlichen Institutionen belegen, daß es schwerwiegende Gründe für die Annahme gibt, daß das $CO_2$ durchaus nicht der Auslöser für globale Erwärmungen und damit verbundene Klimaänderungen ist.

### 4.3.9 Die Absorptionsbanden des $CO_2$

Zur Erklärung des Treibhauseffektes wird die Tatsache herangezogen, daß $CO_2$ (und eine Reihe weiterer Gase) in der Lage ist, elektromagnetische Strahlung bestimmter Wellenlängen zu absorbieren und danach mit derselben Wellenlänge wieder zu emittieren. Die in einigen Erklärungen des Treibhauseffektes behauptete Reflexion der von der Erde ausgehenden elektromagnetischen Strahlung an den Klimagas-Molekülen ist falsch, weil Infrarotstrahlung an Gasen nicht reflektiert wird

Im Abschnitt 4.2.1 wurde gezeigt, daß die maximale Intensität der Infrarotstrahlung, die von der im Durchschnitt 15 °C warmen Erdoberfläche ausgeht, entsprechend dem *Wien*schen Verschiebungsgesetz bei einer Wellenlänge von 10,06 µm liegt. Diese Wellenlänge liegt in einem Bereich zwischen starken Absorptionsbanden sowohl von $CO_2$ als auch von $H_2O$, im sogenannten Strahlungsfenster, das für elektromagnetische Strahlung weitgehend durchlässig ist und die nahezu freie Abstrahlung in den Weltraum ermöglicht (Bild 4.2.2). Da die Erde in einem relativ breiten Wellenlängenband emittiert, wird auch ein bestimmter Anteil der Infrarotstrahlung außerhalb des Strahlungsfensters absorbiert und damit klimawirksam. Es muß darüber hinaus berücksichtigt werden, daß die Absorptionsbanden nicht unendlich schmal sind, sondern auch im Bereich beiderseits der Strahlungspeaks absorbieren

Es gibt weitgehend Übereinstimmung darüber, daß unter allen Spurengasen Wasserdampf im Infrarotbereich das größte Absorptionsvermögen besitzt. So erklären beispielsweise *Seiler* und *Hahn* [82]: „Das wichtigste Treibhausgas ist der Wasserdampf, der ein breites Absorptionsspektrum im Bereich der von der Erdoberfläche abgegebenen Infrarotstrahlung aufweist und deshalb einen großen Beitrag zum Treibhauseffekt leistet. In den Bereichen zwischen 8 und 15 µm, in dem der größte Teil der von der Erdoberfläche abgegebenen Wärme in den interplanetaren Raum abgestrahlt wird und der deshalb vielfach auch als 'atmosphärisches Wasserdampf-Fenster' bezeichnet wird, hat der Wasserdampf jedoch keine oder nur kleine Absorptionsbanden Folglich sind vor allem solche Gase besonders klimarelevant, die in diesem Spektralbereich Strahlung absorbieren. Dazu gehören $CO_2$, $CH_4$, $N_2O$, $O_3$ und die teil- und vollhalogenisierten Kohlenwasserstoffe ...“

Von erheblichem Interesse ist, wie hoch der Anteil des $CO_2$, des wichtigsten anthropogenen Klimagases, an der Gesamtabsorption des terrestrischen Infrarotstrahlung ist und wie sich dieser Anteil entwickelt, wenn die $CO_2$-Konzentration in der Atmosphäre steigt. Am häufigsten zitiert wird die Angabe, wonach das $CO_2$ mit 7,2 K (21,8 %) zum natürlichen Treibhauseffekt von 33 K beiträgt. Für die Temperaturerhöhung seit 1860, den anthropogenen Treibhauseffekt, wird es zu 50-55 % verantwortlich gemacht (siehe Abschnitt 4.2.1). Diese Werte sind in sich insofern nicht widerspruchsfrei, als zwar eine Temperaturerhöhung um 0,7 K seit 1860 konstatiert wird, aber in beiden Fällen den Rechnungen Globaltemperaturen von +15 °C zugrundelegt werden. Die 7,2 K fußen auf Untersuchungen, die erstmals von *Kondratjew* und *Moskalenko* 1984 veröffentlicht worden sind (zitiert in [76]). Ergebnisse aus späteren Untersuchungen lassen Zweifel an dieser Zahl aufkommen.

*Riesenberg* [75] belegt an Hand experimenteller Arbeiten, daß das $CO_2$ einen Anteil an der Gesamtabsorption der Spurengase $H_2O$, $CO_2$ und $O_3$ von 16,1-17,4 % (je nach angenommenen Temperaturen und Wasserdampfgehalten der Luft) hat. Er hat hier die restlichen infrarotabsorbierenden Spurengase ($N_2O$, $CH_4$ u.a.) außer Betracht gelassen. (Nach [76] beträgt deren Anteil allerdings nur 8,6 %.) Würden seine Anteilsprozente auf den natürlichen Treibhauseffekt von 33 K bezogen, so ergäben sich Temperaturdifferenzen zwischen 5,3 und 5,7 K, für die das $CO_2$ verantwortlich gemacht werden müßte.

Von *Hug* [44] stammt der Hinweis auf weitere Daten, die den Einfluß des $CO_2$ auf den Treibhauseffekt, abweichend von den zumeist genannten 7,2 K, quantifizieren. So gibt *Shine* [83] 12 K an und *Lindzen* [58] geht davon aus, daß dem $CO_2$ nur etwa 5 % des natürlichen Treibhauseffektes zuzuordnen sind. Bezogen auf 33 K für den gesamten natürlichen Treibhauseffekt sind das nur 1,65 K.

Aus eigenen spektrometrischen Untersuchungen leitet *Hug* [44] ab, daß die Infrarotabsorption bereits bei den jetzigen $CO_2$-Konzentrationen einen sehr hohen Wert erreicht hat. Er weist nach, daß bei einer Verdopplung der $CO_2$-Konzentration (von 357 ppm auf 714 ppm) der Treibhauseffekt nur um 0,17 % steigen würde. Bezieht man diesen Wert auf den natürlichen Treibhauseffekt von 7,2 K für das $CO_2$, so würde eine Verdopplung der Konzentration dieses Gas in der Atmosphäre eine Temperaturerhöhung von lediglich 0,012 K auslösen! Das IPCC legt seinen prognostischen Berechnungen einen um den Faktor 80 höheren Wert zugrunde.

Rein qualitativ stellt *Gerlich* [32] hierzu ähnliches fest: „Die Absorption der Ultrarotstrahlung in der Erdatmosphäre geschieht überwiegend durch Wasserdampf. Der Wellenlängen- bzw. Frequenzanteil, den $CO_2$ absorbiert, ist nur ein kleiner Teil des ultraroten Spektrums und wird nicht wesentlich durch Erhöhen des Partialdruckes des $CO_2$ verändert."

Bereits in ihrem Bericht von 1990 hat sich die Enquete-Kommission des Bundestages „Vorsorge zum Schutz der Erdatmosphäre" [24, S. 214] ebenfalls mit der fast vollständigen Absorption durch $CO_2$ bei 15 µm beschäftigt. Sie kommt aber zu Ergebnissen, die von den von *Hug* gefundenen deutlich abweichen: „Demnach führt eine Erhöhung der $CO_2$-Konzentration nur zu einer vergleichsweise geringen Veränderung des Treibhauseffektes durch zusätzliche Absorption der 15-µm-Bande. Die Zunahme des Treibhauseffektes erfolgt in einer solchen fast gesättigten Bande in guter Näherung logarithmisch, das heißt, jede Verdoppelung der $CO_2$-Konzentration bewirkt die gleiche Erhöhung der Temperatur (um etwa 2,5 °C)."

Noch weiter geht *Thüne* [88], wenn er feststellt, daß die Wellenlänge $\lambda_{max}$ = 10,06 µm, bei der die Infrarotstrahlung der Erdoberfläche ihre maximale Intensität aufweist, so weit von der 15-µm-Absorptionlinie des $CO_2$ entfernt ist, daß keine Absorption eintreten kann. „Diese Strahlung geht an ihm vorbei in den Weltraum." *Thüne* stellt resümierend fest: „Es gibt gar keinen Treibhauseffekt!"

### 4.3.10 Der Treibhauseffekt und der zweite Hauptsatz der Thermodynamik

Die Treibhaustheorie geht davon aus, daß durch die Re-Emission von Infrarotstrahlung die Erdoberfläche zusätzlich erwärmt wird. In der gesamten Troposphäre herrschen Temperaturen, die weit unter denen an der Erdoberfläche liegen. Bis zur Tropopause in Höhe von etwa 8 km (über den Polen) bis 17 km (über dem Äquator) fällt die Temperatur auf –60 °C ab. Im Mittel wird von der Klimatologie mit einer Temperatur von –18 °C in etwa 6 km Höhe operiert (beispielsweise [24, S. 211]. Dieser Wert stimmt ungefähr mit der Höhe überein, in der *Arrhenius* modellhaft die $CO_2$-Schicht positionierte, mit der er seine Eiszeithypothese begründete [89].

*Gerlich* [32] und *Thüne* [89] stellen fest, daß – im Gegensatz zu den Postulaten der Treibhaustheorie mit ihrer Gegenstrahlung – eine Erwärmung der 15 °C warmen Erdoberfläche durch die im Mittel 33 K kältere Atmosphäre physikalisch nicht möglich ist. Ein solcher Effekt widerspricht dem zweiten Hauptsatz der Thermodynamik, der besagt, daß ein Wärmeübergang aus einem kälteren in einen wärmeren Körper nur unter Zuführung von Arbeit möglich ist – so wie es bei einer Wärmepumpe geschieht. Die Erwärmung eines Körpers (z.B. der Erdoberfläche) dadurch, daß ein kälterer Körper (z.B. die Troposphäre) durch Strahlung (oder andere Wärmeübertragungsprozesse) Energie an ihn abgibt und sich dadurch abkühlt, wird in der Naturwissenschaft als Perpetuum mobile zweiter Art bezeichnet. Daß ein solcher Prozeß nicht funktionieren kann, gehört seit mehr als 100 Jahren zum gesicherten physikalischen Grundwissen. Warum sollte es in der Atmosphäre mit ihren –18 °C kalten $CO_2$-Molekülen und der +15 °C warmen

Erdoberfläche anders sein? *Gerlich* bezeichnet die Erwärmung des strahlenden wärmeren Bodens durch die von den Gasen absorbierte Infrarotstrahlung als „absurden Gedanken".

Mit den Überlegungen zum zweiten Hauptsatz wird der $CO_2$-Treibhauseffekt von *Gerlich* als bloße Fiktion eingestuft, aber keinesfalls die Existenz von Treibhauseffekten überhaupt negiert. Er unterscheidet zwischen einem physikalischen und einem fiktiven Treibhauseffekt. Unter dem physikalischen Treibhauseffekt versteht er die tatsächlich meßbare Erwärmung des Bodens und anderer Körper in einem Gewächshaus oder in einem in der Sonne stehenden Auto. In seiner Arbeit [32] weist *Gerlich* nach, daß die Erwärmung nicht durch die Reflexion der vom Innern ausgehenden Infrarotstrahlung an den Glasscheiben ausgelöst wird, sondern durch die Unterbindung der Konvektion durch ringsum geschlossene Wände. Diesem physikalischen Treibhauseffekt stellt er den $CO_2$-Treibhauseffekt gegenüber und schreibt: „Beim physikalischen Treibhauseffekt kann man Messungen machen, den Unterschied der Meßwerte sehen und den Effekt völlig ohne wissenschaftliche Erklärungen beobachten. Beim fiktiven Treibhauseffekt kann man nichts beobachten, und es werden nur Rechnungen verglichen: Früher extrem einfache Rechnungen, später immer aufwendigere ..."

### 4.3.11 Alternativen

Der Treibhauseffekt wird von vielen Autoren nach wie vor als die für die Existenz unseres heutigen Klimas und für seine Entwicklung entscheidende Erscheinung betrachtet. Einzig und allein werden die Treibhausgase, darunter in erster Linie das $CO_2$, als Ursache für die auf der Erde herrschenden Temperaturen angesehen. Auch der Wechsel von Warm- und Kaltzeiten wird bisweilen auch heute noch mit wechselnden $CO_2$-Gehalten in der Atmosphäre erklärt [5]. Wenn nun aber die Kausalbeziehung $CO_2 \rightarrow$ Klima in Zweifel gezogen wird, wie es in den vorstehenden Abschnitten gezeigt wurde, dann steht die Frage, welche Prozesse denn dann für unser Klima und seine Schwankungen in Vergangenheit und Zukunft verantwortlich sind.

Bei der Beantwortung ist generell davon auszugehen, daß Wetter und Klima äußerst komplexe Erscheinungen sind, auf die eine Vielzahl von Faktoren, die sich dazu noch wechselseitig beeinflussen, wirken. Ihre Wirkungsmechanismen sind durchaus noch nicht voll erkundet. Es kann heute noch nicht einmal behauptet werden, alle überhaupt vorhandenen Einflüsse zu kennen. Daraus kann mit Sicherheit gefolgert werden, daß eindimensionale Erklärungsversuche keine zufriedenstellende Antworten geben können.
Zum Verständnis unseres Erdklimas mit seiner über alle Breiten gemittelten Durchschnitts-Temperatur von +15 °C bedarf man nach Ansicht vieler Fachwis-

senschaftler durchaus nicht des Treibhauseffektes. Bekanntermaßen werden Wärmeübertragungen, die entscheidend für die Temperaturentwicklung sind, nicht nur durch Strahlung ausgelöst. Mindestens von gleicher Bedeutung sind Konvektion und Wärmeleitung. Von erheblicher Bedeutung für die Herausbildung der irdischen Temperaturen sind zweifellos das Wärmespeichervermögen der Ozeane, der festen Erdrinde, der Lufthülle und nicht zuletzt der Wolken, die Meeresströmungen sowie die durch die Sonneneinstrahlung ausgelöste Verdunstung von Oberflächenwasser und die Niederschlagstätigkeit in ihren verschiedenen Formen. Hinzu kommt die Entwicklung von Hoch- und Tiefdruckgebieten und die damit im Zusammenhang stehenden, sich ständig ändernden oder auch regelmäßigen Winde, Stürme und Orkane. Die Aufzählung ist bei weitem nicht vollständig. Dem Reiz, die „Globaltemperatur" nur mit der Strahlungsphysik erklären zu wollen, unterliegen nach wie vor viele Wissenschaftler, weil – wie gezeigt – nur wenige und relativ einfache Berechnungen zu einem praktisch „nachprüfbaren" Ergebnis, nämlich +15 °C, führen. Tatsächlich begnügt sich die heutige Klimatologie mit ihren umfangreichen Rechenmodellen damit auch nicht. Die Natur und mit ihr unser Klima sind viel komplexer, als daß ein einzelnes Gesetz, auch nicht so ein fundamentales wie das *Stefan-Boltzmann*sche, ausreichen würde, um die heutige Erdoberflächen-Temperatur zu begründen.

Wo liegen nun die Ursachen für den seit Jahrtausenden beobachteten Wechsel unseres Klimas? Die Antwort für die Vergangenheit ist wichtig, um daraus Aussagen für künftige Klimavariationen ableiten zu können, die nicht – zumindest nicht primär – dem anthropogenen Treibhauseffekt geschuldet sind. Auf einige dieser als extern bezeichneten Einflüsse auf unser Klima wurde bereits hingewiesen: Solaraktivitäten, Vulkanismus, El-Niño-Effekt. Große Vulkanausbrüche können im erheblichen Maße das Klima beeinflussen. Sie haben jedoch eindeutig stochastischen Charakter und konnen daher lediglich zur Kenntnis genommen, noch nicht einmal mittelfristig vorausgesagt werden. Im Gegensatz dazu weisen El-Niño-Phänomen und Anderungen der Solaraktivität eine mehr oder weniger große Periodizität auf. Zwei von der Sonne ausgehende Erscheinungen, die unser Klima verändern können, sollen nachfolgend kurz skizziert werden.

Deutliche Änderungen des von der Sonne ausgehenden Strahlungsflusses und damit der Solarkonstanten (die in Wirklichkeit keine Konstante ist) ergeben sich aus Veränderungen der **Erdbahnparameter**. Es ist bekannt, „daß die Planeten genaugenommen nicht die Sonne, sondern alle Planeten und Monde zusammen mit der Sonne den gemeinsamen Massenschwerpunkt des Sonnensystems umkreisen." [65]. *Thiede* und *Tiedemann* [86] schildern die periodischen Änderungen der Erdbewegungen: Erstens beschreibt die Bahn der Erde um die Sonne eine Ellipse, die sich mit Perioden von 400 000 und 100 000 Jahren verändert (Exzentrizität). Gegenwärtig ist sie nahezu kreisförmig, so daß der Abstand der Erde von der Sonne in den Jahreszeiten nur unwesentlich schwankt. Zweitens gibt es periodische Schwankungen des Neigungswinkels der Erdachse in Bezug auf die Erdbahnebene (Neigung oder Erdschiefe). Die Neigung liegt heute bei 23,5 ° und ändert sich mit einer Periode von 41.000 Jahren zwischen 21,8 ° und 24,4 °. Drittens beschreibt die Erdachse eine Kreiselbewegung (Präzession) mit einer Periode von etwa 22.000 Jahren. Bereits vor mehr als 70 Jahren hat der serbische Astronom *Milankowitsch* diese Perioden als Ursache für die Warmzeit-Kaltzeit-Wechsel gesehen, eine These, die heute weitgehend unbestritten ist. *Thiede* und *Thiedemann* [86] zeigen, daß es möglich ist, aus der Überlagerung dieser drei Parameter die zeitlichen Änderungen in der Sonneneinstrahlung für die letzten 10 Millionen Jahre, aber auch für die Zukunft zu berechnen: „Da diese Frequenzen astronomisch für einen langen Zeitraum der jüngsten geologischen Vergangenheit berechnet werden können und die aus ihnen resultierenden Änderungen der atmosphärischen und ozeanischen Ablagerungen abbilden, sind wir heute in der Lage, die damit zusammenhängenden Klimaveränderungen zeitlich und räumlich präzise zu rekonstruieren. In der Annahme, daß die Kräftefelder, die diese Veränderungen hervorgerufen haben, auch in der Zukunft bestehen, können diese Veränderungen mit astronomischen Methoden auch über einen langen Zeitraum in die Zukunft hinein vorausgesagt werden, so daß aufbauend auf diese Zusammenhänge eine sichere Vorhersage der mittelfristigen klimatischen Entwicklung, die sich aus der Veränderlichkeit der Sonneneinstrahlung ergibt, gemacht werden kann." Ihre Berechnungen sagen „für die nächsten 50.000 Jahre eine drastische Temperaturabnahme voraus, deren eiszeitlicher Charakter wahrscheinlich das Ausmaß der letzten Weichseleiszeit erreichen dürfte."

Bei diesen Untersuchungen handelt es sich wahrscheinlich um die einzige exakte Methode zur Klimaprognose, die gegenwärtig verfügbar ist. Einschränkend muß allerdings hinzugefügt werden, daß damit keine Vorhersagen über den möglichen Klimaverlauf innerhalb von einigen Jahrzehnten möglich sind, weil weitere, zum Teil stochastische Ereignisse die langfristigen Tendenzen der Solareinstrahlung überlagern und dadurch für mehr oder weniger kurze Zeiten das Klima dominieren können.

*Stahl* [84] bemerkt zur selben Problematik. „Wir befinden uns kurz- bis mittelfristig in einer Phase eines nicht anthropogen bedingten Temperaturanstiegs. Langfristig, d.h. im Verlauf von etwa 10.000 Jahren oder mehr, sprechen astronomische und geowissenschaftliche Erkenntnisse allerdings eher für eine allgemeine klimatische Veränderung zu kühleren Temperaturen."

Auch andere Autoren kommen zu derartigen Aussagen. So schreiben die Geologen *Press* und *Siever* [72]: „Wir können annehmen, daß die Erde im Verlauf der nächsten 10.000 Jahre einer neuen Eiszeit entgegengeht, denn das derzeitige Interglazial dauert bereits 10.000 Jahre, und die mittlere Dauer eines Interglazials liegt bei etwa 20.000 Jahren. Das generelle Szenario ist vorhersehbar. Wenn es in den Polargebieten und in den gemäßigten Breiten kälter wird, werden die Talgletscher vorstoßen, und in einigen Gebieten Nordamerikas, Europas und Asiens wird der Schnee im Sommer nicht mehr völlig abschmelzen. Das Eis wird allmählich zu großen Inlandeismassen akkumulieren. Sind erst einmal derart ausgedehnte Inlandeismassen vorhanden, wird das Eis allmählich in die kälteren Bereiche der einst gemäßigten Zonen vorstoßen und dabei alles überdecken, was auf seinem Weg liegt. Gleichzeitig wird der Meeresspiegel absinken, und die Seehäfen der Erde fallen trocken. Eine Massenflucht von Mensch und Tier in wärmere Gebiete wird folgen. Flora und Fauna dürften sich ebenfalls sehr rasch verändern. Es ist schwer vorstellbar, wie die künftigen Generationen solchen ungeheuren Veränderungen gewachsen sein werden." Prinzipiell handelt es sich hierbei um das gleiche Horrorszenarium, das von den Warnern vor der künftigen Erwärmung infolge des anthropogenen Treibhauseffektes gezeichnet wird, nur mit umgekehrtem Vorzeichen! Sarkastisch wird daraus bisweilen die Forderung abgeleitet, die Menschheit sollte möglichst viel $CO_2$ emittieren, um sich vor den schlimmsten Auswirkungen der bevorstehenden Kaltzeit zu schützen ...

Die durch den periodischen Wechsel astronomischer Parameter hervorgerufene Veränderung der Solarkonstanten wird überlagert durch zyklische Änderungen der Sonnenaktivität, meßbar u.a. an der **Anzahl der Sonnenflecken.** Die Länge der Sonnenfleckenzyklen schwankt zwischen sieben und 17 Jahren und beträgt im Durchschnitt 11 Jahre. Je kürzer die Zyklenlänge, um so höher ist die Sonnenaktivität, d.h. die Anzahl der Sonnenflecken, und umgekehrt [54]. Die durch unterschiedliche Zahl der Sonnenflecken ausgelöste Änderung der Solarkonstanten ist so klein, daß sie nach Auffassung von Klimatologen keinen Einfluß auf die Klimaentwicklung hat [39]. Seit 1991 sind Untersuchungsergebnisse der dänischen Meteorologen *Friis-Christensen* und *Lassen* bekannt, wonach es eine offensichtliche Korrelation zwischen der Sonnenaktivität und der Lufttemperatur über den Landflächen der Nordhalbkugel gibt. Es konnte nachgewiesen werden, daß die Temperaturen um so höher waren, je kürzer die Länge der Sonnenfleckenzyklen war. Diese Korrelation konnte nicht nur für die letzten Jahrzehnte, sondern zurück bis ins 16. Jahrhundert nachgewiesen werden, wobei verschiedenste Methoden zur Rekonstruktion der Zahl der Sonnenflecken und der Temperatur herangezogen wurden. Einen ähnlicher Nachweis konnte auch für andere Regionen der Erde erbracht werden. Der Korrelationskoeffizient beträgt 0,83 [55].

Von beiden Wissenschaftlern liegen Überlegungen zu den physikalischen Ursachen dieser engen Korrelation vor. Ihre Hypothese beinhaltet folgendes: Die Erde wird ständig von kosmischer Höhenstrahlung getroffen, die vorwiegend aus Protonen besteht. Diese Elementarteilchen wirken als Kondensationskeime für die Wasserdampfmoleküle in der Atmosphäre und tragen so zur Ausbildung der Wolken bei, die die Erde gegen die Sonneneinstrahlung abschirmen. Eine gute Übereinstimmung des Verlaufs der Intensität der kosmischen Höhenstrahlung und der

Wolkenbedeckung ist nachweisbar [54]. In Zeiten erhöhter Sonnenaktivität werden von den Sonnenflecken verstärkt elektromagnetische Wellen, der sogenannte Sonnenwind, ausgesandt. Der Sonnenwind schirmt die Erde mehr oder weniger von der kosmischen Höhenstrahlung ab, wodurch die Wolkenbildung beeinträchtigt wird. Die Folgen sind stärkere Sonneneinstrahlung und damit erhöhte Temperaturen auf der Erde. Es gibt danach folgende Kette von Zusammenhängen: Kurze Sonnenfleckenzyklen → viele Sonnenflecken → starker Sonnenwind → schwächere kosmische Strahlung → weniger Wolken → Erwärmung der Erde [65, 13, 96].

Von *Landscheidt* [54] liegt, abgeleitet aus der künftigen Entwicklung der Sonnenaktivität, eine Prognose der künftigen Temperaturentwicklung vor. Danach ist wahrscheinlich eine kleine Eiszeit um das Jahr 2030 zu erwarten Auch gegenteilige Schlußfolgerungen werden aus astrophysikalischen Untersuchungen gezogen. *Mende* und *Stellmacher* [62] schließen aus den zyklischen Änderungen der Sonnenaktivität (Schwabezyklus mit 10,8 Jahren und Gleisbergzyklus mit 88 Jahren): „Zusammen mit anderen Variabilitätsquellen, insbesondere mit der anthropogenen Verstärkung des Treibhauseffektes, liefert die Untersuchung der langzeitlichen solaren Variabilität Argumente für die Fortsetzung der globalen Erwärmungstendenz.“

Die vorstehenden, durchaus nicht lückenlosen, Ausführungen zeigen, daß es wissenschaftliche Begründungen für vergangene und zukünftige Klimaänderungen gibt, die nicht von der Tätigkeit des Menschen ausgehen.

## 4.4 Heizt der Mensch die Atmosphäre auf – ja oder nein?

Zur Diskussion unter Politikern, Klimatologen, Energiewirtschaftlern, Umweltschützern und Vertretern vieler anderer Disziplinen steht die Frage, ob der Mensch durch sein Tun in den nächsten 100 Jahren die Temperatur seines Lebensraumes um ein, zwei oder gar drei Kelvin erhöht oder ob er das nicht tut bzw. gar nicht tun kann. Selbstverständlich bezeichnet man im normalen Gebrauch der deutschen Sprache eine Temperaturerhöhung um derartige Werte nicht als „Aufheizung“, aber bei der Erörterung dieser Frage in der Öffentlichkeit wird dieser Begriff durchaus gern verwendet, und zwar nicht nur von Journalisten und Politikern. Auch prominente Wissenschaftler scheuen sich nicht, gelegentlich diesen Begriff zu wählen, beispielsweise *Tetzlaff*, der in einem Interview u.a. erklärte: „Unstrittig ist allerdings, daß sich die Atmosphäre **aufheizt**.“ [85] – Eine solche Wortwahl dient nicht der objektiven Darstellung eines Sachverhaltes, sondern eher der „Aufheizung“ von Emotionen!

Wird es nun eine anthropogene Erwärmung des Klimas geben oder nicht? Aus der Darstellung in den vorstehenden Kapiteln ist die Frage durchaus nicht eindeutig zu beantworten. Die Bandbreite der Meinungen ist sehr breit: Sie reicht von der strikten Bejahung einer allein durch den Menschen ausgelösten Klimaerwärmung über unterschiedliche Graduierungen des menschlichen Einflusses an einer bevorstehenden Erwärmung (von relativ groß bis nicht meßbar) bis hin zur Ablehnung der Treibhaustheorie und damit überhaupt eines menschlichen Einflusses. Als ein Extrem in dieser Palette sei schließlich noch auf die Warnung vor einer in den nächsten Jahrzehnten zu erwartenden allgemeinen Abkühlung hingewiesen.

Sicher spielen im wissenschaftlichen Meinungsstreit die Vertreter einer ausschließlich menschengemachten Erwärmung inzwischen keine Hauptrolle mehr. Das schließt nicht aus, daß diese Auffassung in der Öffentlichkeit nach wie vor weit verbreitet ist. Die Warnung vor dem Klimagas $CO_2$ mit seinen katastrophalen Auswirkungen auf unser Klima wird oft wie ein Glaubensbekenntnis zelebriert. Manches Parteiprogramm in Deutschland müßte umgeschrieben werden, wenn das $CO_2$ wieder zu so einem harmlosen und vor allem nützlichen Gas würde, wie es im Biologieunterricht in der Schule beschrieben wird.
Treffendes Beispiel für das Verhältnis zwischen Wissenschaft und Glauben bei einigen Klimaforschern ist ein Pressegespräch mit *Latif* vom Max-Planck-Institut für Meteorologie, in dem er uber El Niño und La Niña informierte, zwei Klimaphänomene, die im Abstand von mehreren Jahren auftreten, in den vergangenen 30 bis 40 Jahren aber häufiger waren. Er führte dann aus: **„Es liegt auf der Hand, daß sie etwas mit dem Treibhauseffekt zu tun haben, nur nachweisen können wir es noch nicht."** Als „Ceterum censeo“ fügte er hinzu, daß die globale Erwärmung gestoppt werden könne, wenn der Kohlendioxidausstoß reduziert werde [57, 17. Juni 1998]

Die gegenwärtig vorherrschende Auffassung der Vertreter einer anthropogenen Erwärmung infolge des Treibhauseffektes bringt recht gut *Graßl* zum Ausdruck, indem er in einem Interview auf die Frage, ob man den menschlichen Anteil an der bisherigen Temperaturerhohung von 0,7 K angeben kann, erklärt: „Nein, wenn Sie mich nach Prozenten fragen, ja, wenn Sie mich nach den Einflußfaktoren fragen. Heute wissen wir, daß das globale Klima durch ganz unterschiedliche Prozesse geprägt wird. Die zusätzlichen Treibhausgase und die durch natürliche Zyklen stärker strahlende Sonne haben Erdoberfläche und untere Atmosphäre erwärmt. Dagegen dämpfen die Sulfataerosole über den industrialisierten Regionen der Erde die Erwärmung Zusätzlich hat der Ozonschwund in Höhen von 12 bis 40 km die dort durch den erhöhten Treibhauseffekt auftretende Kühlwirkung kräftig verstärkt.“ [34] Er verweist anschließend auf das Weltklimaforschungsprogramm mit seinen neuen Beobachtungssystemen in Ozeanen und im Weltraum, die Daten für die Verbesserung der Klimamodelle liefern. „Dadurch konnten wir nachweisen, daß die Menschheit zu den beobachteten Klimaänderungen der letzten Jahrzehnte einen Beitrag geleistet hat. **Die Wahrscheinlichkeit eines Irrtums ist nur noch gering.“** Auf die Bitte seines Gesprächspartners, Beispiele für wesentliche Ergebnisse der Klimaforschung zu geben, führte er lediglich Fortschritte beim Verständnis des El-Niño-Phänomens an. Außer seiner festen Überzeugung, daß die Irrtumswahrscheinlichkeit „nur noch gering“ ist, konnte *Graßl* nichts als Beleg für einen Anteil des Menschen an der Klimaerwärmung vorbringen. Aus der soeben verkündeten Irrtums-**Wahrscheinlichkeit** machte *Graßl* umgehend eine Kenntnis-**Sicherheit,** indem er erklärte, daß trotz rascher Effizienzsteigerungen beim Umgang mit fossilen Brennstoffen und der Nutzung von mehr regenerativen Energien „die Österreicher die meisten ihrer Gletscher verlieren“ werden, denn: „Die bereits emittierten Treibhausgasmengen sind so groß und langlebig, daß die Klimaänderungen nur noch gedämpft werden können.“ – Letzten Endes ist seiner Meinung nach doch der Mensch der Hauptschuldige! *Graßl* schließt seine Ausführungen mit der Hoffnung auf zusätzliche Forschungsmittel ...

Obwohl nichtanthropogene Einflüsse auf das Klima nicht mehr in dem Maße in Frage gestellt werden, wie das noch vor 10 oder 20 Jahren geschah, haben sich die unterschiedlichen Auffassungen durchaus nicht angenähert. Der wissenschaftliche Meinungsstreit wird heftiger als je zuvor geführt, unterschiedliche Theorien und Hypothesen stehen sich nahezu unversöhnlich gegenüber.

Es ist sehr bedauerlich, daß dabei auch zu Methoden gegriffen wird, die nicht dem wissenschaftlichen Ethos entsprechen. Unliebsame Meinungen werden verschwiegen, wie es beispielsweise mit der von *Friis-Christensen* und *Lassen* vertretenen Hypothese von der Beeinflussung der kosmischen Strahlung durch den Sonnenwind und die dadurch bedingte veränderte Bewölkung geschieht. In dem von namhaften Klimatologen 1998 herausgegebenen Sammelband „Warnsignal Klima“ [60] wird in einem Beitrag vom Max-Planck-Institut für Meteorologie [39] zwar auf die Schwankungen in der Stärke der Sonnenstrahlung infolge des 11-Jahreszyklus der Sonnenflecken aufmerksam gemacht, aber jeglicher Einfluß auf das Klima ohne weitere Begründung ins Reich der Spekulation verwiesen. Oder: War nun der $CO_2$-Gehalt der Atmosphäre in den Eiszeiten niedriger als heute, wie es z.B. das Fraunhofer Institut für Atmosphärische Umweltforschung [82] meint, oder war er höher, wie die Bundesanstalt für Geowissenschaften [9] zeigt? Die Auffassungen stehen nebeneinander – der geneigte Leser, der im allgemeinen kein Fachmann ist, kann sich der ihm genehmen Auffassung anschließen!

Zur Untermauerung eigener Positionen werden „demokratische“ Beweise angeführt: In Erwiderung auf nicht genehme Wortmeldungen in der öffentlichen Debatte schreiben *Helm* und *Schellnhuber* in dem o.g. Sammelband: „Man sollte solche Ereignisse auch nicht hochspielen, denn zahlenmäßig sind die Klimaskeptiker eine eher kleine Minderheit. Stellt man den mehr als 2000 am zweiten IPCC-Report beteiligten Wissenschaftlern die ungefähr 100 Unterzeichner der von den Klimaskeptikern verfaßten „Leipziger Erklärung" (1995) gegenüber, kommt man auf ein Verhältnis von 1 zu 20 ..." [40]. Die Gegenseite kontert dann mit 20.000 US-Wissenschaftlern, die sich mit ihrer Unterschrift unter die von *Robinson* (Universität Oregon) verfaßte Denkschrift gegen die „Hysterie des Global Warming" aussprechen [52]. Wer bietet mehr? Wissenschaftliche Beweise werden nicht durch Mehrheits-Entscheidungen erbracht – wir würden ansonsten möglicherweise immer noch lehren, daß die Erde im Zentrum des Weltalls steht!

Beide Seiten scheuen auch nicht vor persönlichen Verunglimpfungen zurück, die bereits die Gerichte beschäftigen mußten. Buchverlage und Zeitschriften werden diskriminiert, bestimmte Veröffentlichungen quasi auf den Index gesetzt. Zu bedauern ist, wenn prominente Wissenschaftler meinen, „daß sich die Klimaskeptiker der kritischen wissenschaftlichen Auseinandersetzung mit ihren Kolleginnen und Kollegen weitgehend entziehen, indem sie professionelle Zeitschriften meiden und statt dessen solche Medien als Forum für ihre Aussagen benutzen, bei denen oftmals keine oder nur unzureichende Kontrolle der wissenschaftlichen Qualität der Beiträge erfolgt." [40]

In der Wissenschaftsgeschichte ist es sehr häufig vorgekommen, daß sich unterschiedliche Standpunkte diametral gegenüberstanden. Gerade der daraus entspringende wissenschaftliche Meinungsstreit führte zu wertvollen neuen Erkenntnissen über die Natur. *Galileis* Kampf wider das ptolemäische Weltbild im 17. Jahrhundert ist wohl der bekannteste Fall. (Er war übrigens einer der Entdecker der Sonnenflecken.) Der Korpuskulartheorie des Lichts von *Newton* (1704) stand die Wellentheorie von *Huygens* (1690) über Jahrhunderte unversöhnlich gegenüber. *Einstein* stellte der klassischen *Newton*schen Mechanik seine Relativitätstheorie entgegen. Beispiele lassen sich aus allen Disziplinen der Naturwissenschaften aufführen. In der Vergangenheit kam es im Ergebnis der wissenschaftlichen Debatten immer zu allgemein anerkannten Lösungen. Entweder wurde einer der Standpunkte für richtig und der andere für falsch erklärt (siehe *Galilei - Ptolemäus*) oder es kam zu Sowohl-als-auch-Lösungen (siehe *Newton - Huygens*) oder zur Gültigkeit beider Standpunkte in jeweils definierten Geltungsbereichen (siehe *Newton – Einstein*). Sicher wird der gegenwärtige Streit über die anthropogene Klimaerwärmung zu einer allgemein und wissenschaftlich klar fundierten Lösung geführt werden. Wie es scheint, dürfte bis dahin allerdings noch eine längere Zeit verstreichen.

Zwischen den hier beispielhaft genannten Wissenschaftskontroversen und dem gegenwärtigen „Klima-Streit" gibt es einen sehr einschneidenden und folgenschweren Unterschied: In der Vergangenheit waren kontroverse wissenschaftliche Debatten auf mehr oder weniger kleine Zirkel von Fachleuten begrenzt. Auch *Galileis* Kampf und Leiden wurde in der damaligen Weltöffentlichkeit nahezu nicht wahrgenommen. Der „Klimastreit“ ist heute aus den Gelehrtenstuben in die Spalten der Presse und in die Fernsehkanäle und vor allem in die Parteiprogramme und Parlamentssäle vorgedrungen. Es ist gelungen, fast jedem Bürger in die Debatte um die menschengemachte „Aufheizung“ des Klimas einzubeziehen, nicht zuletzt damit, daß man ihn für den Erhalt des Klimas zur Kasse bittet. Der Streit hat eine Eigendynamik gewonnen, die heute nicht mehr von der Wissenschaft gesteuert wird. Meinungen von Wissenschaftlern werden von der Publizistik, von seltenen Ausnahmen abgesehen, nur noch dann zur Kenntnis genommen, wenn ihre Wortmeldungen in die jeweilige Interessenlage hineinpassen. Die Politik nimmt kritische Äußerungen überhaupt nicht wahr.

Angesichts der diametral entgegengesetzten Meinungen über den Anteil des Menschen an der gegenwärtig festgestellten Erhöhung der Durchschnittstemperaturen – nach Meinung der Kontrahenten liegt er zwischen null und nahezu 100 % – und der von beiden Seiten vorgebrachten wissenschaftlich begründeten Argumente, die teilweise nur von Experten beurteilt werden können, ist es für einen außerhalb von Meteorologie und Klimatologie Stehenden unmöglich, ein objektives Urteil abzugeben, quasi die Rolle eines Schiedsrichters einzunehmen. Ein Energiewirtschaftler ist auf jeden Fall dazu nicht in der Lage und aufgrund seines Fachwissens dazu auch nicht befugt. Die Energiewirtschaft wird aber, weil es sich hier nicht mehr um einen wissenschaftlichen, sondern inzwischen primär um einen politischen Streit mit immensen wirtschaftlichen Konsequenzen handelt, zu einer Stellungnahme gezwungen. Sie muß – ob sie will oder nicht! – auf diesen Meinungsstreit reagieren, indem sie beispielsweise Entscheidungen zum Bau oder Nichtbau bestimmter Kraftwerkstypen oder zur Erweiterung oder zur Einschränkung des Braunkohlenbergbaus trifft. Dabei geht es häufig um aufwendige Investitionen, die nicht nur die Energieversorgungsunternehmen, sondern vor allem ihre Kunden belasten – nach heutiger Auffassung der Politik sogar belasten sollen.

Der Druck auf die Energiewirtschaft, „klimapolitisch“ motivierte Entscheidungen zu treffen, – ganz ausgeprägt in Europa und ganz besonders in Deutschland – darf nicht zur Unterdrückung von Meinungen führen! Wenn sich Energiewirtschaftler schon nicht in die **wissenschaftlichen** Debatten einschalten können, aus der **politischen** Debatte dürfen sie sich angesichts des in Deutschland entstandenen geistigen Klimas nicht heraushalten. In Anbetracht der Bedeutung der Energiepolitik für die Wirtschaftspolitik und der Rolle der Energiewirtschaft in der modernen Volkswirtschaft sind die Energiewirtschaftler sogar moralisch verpflichtet, sich in die Diskussion einzumischen!

Betrachtet man den gegenwärtigen Stand der wissenschaftlichen Diskussion völlig unvoreingenommen, so fällt eine Reihe von Fakten auf, die die Lage in der Klimawissenschaft gut charakterisieren. Aus der Unausgegorenheit vieler in der Öffentlichkeit bekannt gewordener (weil bekannt gemachter!) Argumente und aus der teilweise fehlenden wissenschaftlichen Streitkultur muß auf große Unsicherheiten über den bisher erreichten Kenntnisstand geschlossen werden. Es fällt auch auf, daß von Seiten der Treibhaus-Theoretiker nur mit immer weiter verbesserten Modellen argumentiert wird, während von der Gegenseite ständig qualitativ neue Denkanstöße in die Debatte eingebracht werden, auf die dann meist gar nicht reagiert wird. Schlüssige und jederzeit überprüfbare, d.h. meßbare, Beweise für eine durch den Menschen verursachte Erwärmung der Atmosphäre fehlen. Es gibt unstrittig keinen Beweis dafür, daß der Mensch durch das bei der Verbrennung fossiler Energieträger emittierte $CO_2$ eine „Klimakatastrophe" verursacht. Andererseits gibt es ebenfalls keinen unumstößlichen Beweis dafür, daß die zunehmende Anreicherung von $CO_2$ in der Atmosphäre völlig harmlos und für die Umwelt bedeutungslos ist. Die Klimatologie ist eine verhältnismäßig junge Wissenschaft und steht „erst am Anfang eines methodisch sehr schwierigen und vermutlich an Fehlern reichen Weges" (*Frenzel* [31]). Wenn aber beim jetzigen Erkenntnisstand von der Politik nur auf den Block der „anthropogenen Treibhaustheoretiker" gesetzt wird und in Übereinstimmung mit deren Auffassungen weitreichende politische und wirtschaftliche Entscheidungen getroffen werden, dann ist das leichtsinnig und verantwortungslos, moglicherweise sogar im höchsten Grade schädlich für die künftige Entwicklung unserer Gesellschaft!

Die naheliegendste Schlußfolgerung in dieser Situation kann nur sein: Der Meinungsstreit über den Treibhauseffekt und seine Folgen sollte **wissenschaftlich** weitergeführt und zu Ende gebracht werden, und zwar **ohne Einmischung der Politik!** Erst nachdem hieb- und stichfeste Beweise für die eine oder andere Theorie bzw. Hypothese vorliegen, dürfen sich Politiker der Ergebnisse annehmen und ihre gesellschaftlichen und wirtschaftlichen Schlußfolgerungen ableiten. Sie müssen sie dann auch konsequent durchsetzen. Das, was heute in Deutschland und in anderen Teilen der Erde gemacht wird (siehe internationale Klimakonferenzen), stellt die Logik auf den Kopf: Zuerst wird das Urteil vollstreckt und danach geprüft, ob der Delinquent schuldig ist!

Gegen die hier empfohlene abwartende Haltung gibt es Einwände, in erster Linie von den Vertretern der anthropogenen Klimaerwärmung. Sie kulminieren in der Auffassung, daß die Emission von $CO_2$ sofort vermindert werden muß, weil sonst umumkehrbare Schäden in der gesamten Biosphäre auftreten könnten. Ein praktisches Handeln nach Abschluß der wissenschaftlichen Debatten sei zu spät, die Erde kann dann nicht mehr vor Meeresspiegelerhöhungen, Hungersnöten, Krankheiten usw. bewahrt werden. So heißt es im 1992 in Rio de Janeiro angenommenen „Rahmenübereinkommen der Vereinten Nationen über Klimaänderungen (Klimakonvention)" „In Fällen, in denen ernsthafte oder nicht wiedergutzumachende Schäden drohen, soll das Fehlen einer völligen wissenschaftlichen Gewißheit nicht als Grund für das Aufschieben solcher Maßnahmen dienen ..." [10].

Das ist ein schwerwiegendes Argument, das man als Politik einer gesunden Vorsorge akzeptieren könnte. Es sprechen allerdings mindestens vier Argumente dagegen:

*Erstens* führt eine solche „Vorsorgepolitik“ zu volkswirtschaftlichen Aufwendungen, die dann für andere, vielleicht viel wichtigere Vorhaben nicht mehr zur Verfügung stehen, global gesehen beispielsweise zur Verbesserung des Bildungswesens, zur Bekämpfung von Krankheiten und Hunger, zur Regulierung der Geburtenzahl oder zur Verbesserung der Infrastrukturen, darunter einer zuverlässigen Energieversorgung. Wer kann heute schon mit Sicherheit sagen, was wichtiger ist – die Bekämpfung des Treibhauseffektes oder die Lösung der genannten zentralen Probleme der Menschheit? Ein Euro oder ein Dollar kann nur einmal ausgegeben werden ...

*Zweitens* sollte man nicht vergessen, daß es auf der Erde außer dem „Klimaproblem“ noch viele andere ungelöste ökologische Probleme gibt: Trinkwasserverseuchung, Kontaminierung von Böden, Luftverschmutzungen in Industriegebieten usw. Das sind Herausforderungen der gesamten Weltgemeinschaft, auf die tatsächlich sofort reagiert werden muß, weil sie Leben und Gesundheit der Bevölkerung in den betroffenen Regionen nachweislich akut bedrohen. Die globale Erwärmung dürfte daher durchaus nicht das wichtigste ökologische Problem unserer Zeit sein. Im ökologisch weitgehend intakten Westeuropa werden diese tatsächlich existierenden globalen Umweltprobleme (die mehrere Milliarden Menschen betreffen) allzu oft übersehen.

*Drittens* gibt es – außer monoton wiederholten Behauptungen des Gegenteils – keine Beweise dafür, daß nur sofortiges Handeln die Menschheit vor der Klimakatastrophe retten kann. Wenn es sich denn in 10 oder 20 Jahren herausstellen sollte, daß das $CO_2$ unseren Lebensraum zerstört – genügt es dann nicht, erst nach Erlangung dieser Gewißheit gegen das schädliche $CO_2$ vorzugehen? Wer kann heute mit gutem Gewissen darüber befinden, ob „ernsthafte oder nicht wieder gutzumachende Schäden drohen“ (Klimakonvention von Rio de Janeiro) und wer ist berechtigt, solche schwerwiegenden Urteile abzugeben?

*Viertens* sollte der nach gegenwärtigen Auffassungen der Klimatologen in den nächsten 100 Jahren zu erwartende Temperaturanstieg mit in die Überlegungen einbezogen werden. Es handelt sich um zwei oder drei Kelvin, möglicherweise auch nur um Bruchteile eines Kelvin. Muß man sich mit riesigen Geldausgaben dagegen schützen? Die Erwärmung um 0,7 K seit 1860 hat der Menschheit auf jeden Fall nicht geschadet.

Der Direktor des Max-Planck-Instituts für Meteorologie und Wissenschaftliche Direktor am Deutschen Klimarechenzentrum, Hamburg, *Hasselmann,* ein konsequenter Verfechter der These vom anthropogenen Treibhauseffekt, erklärte in einem Interview auf die Frage, ob man die deutschen $CO_2$-Minderungsziele nicht von 2005 auf einen späteren Zeitpunkt verlegen sollte: „**Das Timing muß man den Ökonomen überlassen**. Ich kann fachlich aus der Sicht des Klimaforschers nur sagen: Entscheidend ist, daß wir langfristig das Klimaproblem nur in den Griff bekommen, wenn wir die $CO_2$-Emissionen ganz drastisch reduzieren. **Aber wir haben den Vorteil, daß wir sehr viel Zeit zur Umsetzung der Maßnahmen haben. Im Prinzip wird daher die ganze $CO_2$-Diskussion hinsichtlich der verfügbaren Zeiträume viel zu verkürzt geführt.** Wir haben Berechnungen durchgeführt, wie man die $CO_2$-Emissionen im Sinne der Zielstellung 'nachhaltige Entwicklung optimal steuern könnte. Das Ergebnis: Aufgrund der großen Trägheit des Klimasystems sind **nicht so sehr die nächsten 10 bis 20 Jahre entscheidend**, sondern es kommt vielmehr darauf an, was wir in den nächsten 50 bis 100 Jahren machen." [67] (Hervorhebungen d. Verf.)

Zur gleichen Schlußfolgerung kommt *Klemmer*, Präsident des Rheinisch-Westfälischen Instituts für Wirtschaftsforschung: „... wird deutlich, daß selbst für den Fall, daß man den Thesen einer großen Mehrheit der Klimaforscher folgt, für eine globale Reduktionspolitik durchaus ein beachtlicher Zeitraum zur Verfügung steht." [50]

Zum Für und Wider einer künftigen Klimaänderung, egal ob anthropogen oder natürlich, schließlich noch die Meinung eines Biologen. *Kinzelbach* [49] schreibt dazu u.a.: „Klimaveränderungen sind natürliche Prozesse, an die sich das Leben angepaßt hat, nicht zuletzt mit dem Instrumentarium der Biodiversität. Daher **sind Klimaveränderungen des zu erwartenden Umfangs keine Umweltkatastrophen.** Die Verschiebung der Klima- und Vegetationszonen mitsamt den Zoozönosen bedeuten nicht deren Verlust. Die innewohnende Dynamik ist natürlich. **Da der Mensch Teil der Natur ist, ist auch ein anthropogener Einfluß letztlich natürlich.** Doch:

- Der Mensch akzeptiert Veränderungen nicht. Er nimmt sie als negativ wahr und ist ... von Natur aus konservativ. Veränderung und Anpassung erfordern Energie und Anstrengung; es ist positiv, sie zu vermeiden. So ist auch die Grundaussage des traditionellen Naturschutzes in erster Linie der Wunsch, es möge so bleiben wie schon immer; verglichen wird mit dem Zustand, der in der eigenen Jugend erlebt wurde. Erst in jüngerer Zeit wird Dynamik in der Natur als wesentlich und schutzwürdig betrachtet.
- Der Mensch überführt zunehmend Natur in Kultur und erzeugt dabei 'seine', ihm zugeordnete, von ihm geprägte Natur. Der Grad der Selbstbestimmung nimmt zu. In diesem Kontext gibt es das Bestreben, alle Naturprozesse zu kontrollieren, zu manipulieren und im Sinne der menschlichen Bedürfnisse zu optimieren. ... Hierher gehört der Wunsch, auch das Klima zu beherrschen. ..." (Hervorhebungen d. Verf.)

Schon die alten Griechen wußten, daß das einzig Unveränderliche in der Welt die Veränderung ist: panta rhei – alles fließt (*Herakles*). Und ausgerechnet für das Klima sollte das nicht gelten? Und: Es ist höchst sonderbar, eine natürliche Klimaveränderung hinnehmen zu wollen, weil man sie ohnehin nicht verhindern kann. Dieselbe Veränderung, falls sie durch den Menschen verursacht würde, soll jedoch mit allen Mitteln verhindert werden!

## 4.5 Die deutsche Energiewirtschaft und ihre gegenwärtige Prägung durch den Treibhauseffekt

### 4.5.1 Deutsche Energiepolitik, so wie sie ist

Die Energiepolitik in Deutschland – und nur diese ist Gegenstand nachfolgender Überlegungen – wird gegenwärtig durch Schlußfolgerungen dominiert, die sich aus dem als real existierend angesehenen anthropogenen Treibhauseffekt ergeben. Markantes Kennzeichen dieser gegenwärtigen Energiepolitik ist nicht der Wille, mit Energie sparsam umzugehen und auch nicht die Absicht, regenerative Energiequellen zu erschließen. Charakterisiert wird die gegenwärtige Energiepolitik vielmehr dadurch, daß man eben diese Absichten praktisch um jeden Preis durchsetzen will – koste es, was es wolle! Als ideologische Begründung werden zwei Aussagen herangezogen: Erstens ist eine schädliche Klimaerwärmung in den nächsten Jahrzehnten mit Sicherheit zu erwarten und zweitens wird diese Erwärmung durch den Menschen verursacht, indem er $CO_2$ und andere Treibhausgase emittiert. – Der Wahrheitsgehalt beider Aussagen wurde vorstehend geprüft. Das Ergebnis lautet: **Es gibt keine überzeugenden wissenschaftlichen Beweise!**

Der eingangs beschriebene energiewirtschaftliche Wertewandel ist aber trotz der vorhandenen Unsicherheiten schon in Gang gesetzt worden. Er wird von der Politik, die sich dem Klimaschutz verpflichtet sieht, gefordert und mit den ihr zur Verfügung stehenden Mitteln durchgesetzt. Bemerkenswert ist, daß die Energiewirtschaft, gemeinsam mit großen Teilen der übrigen Wirtschaft, sich freiwillig diesem politischen Druck beugt und die Bereitschaft bekundet, für den Schutz des Klimas Opfer bringen zu wollen.

Angesichts der erheblichen Unsicherheiten bei der Prognose der künftigen Klimaentwicklung und vor allem bei der Bewertung des durch den Menschen verschuldeten Anteils ist der offensichtliche Opportunismus der Energiewirtschaft nur schwer verständlich. Ist es tatsächlich deren felsenfeste Überzeugung, daß durch den Ausstoß von $CO_2$ unser Lebensraum geschädigt oder gar zerstört wird? Ist es die Angst vor der sogenannten öffentlichen Meinung? Ist es eine Art Schneeballsystem, das von wenigen Prominenten in der Branche ausgelöst wurde und dem man sich anschließen muß, weil es „modern“ ist? Wie ist es zu erklären, daß Energieunternehmen bereit sind, Milliardenbeträge auszugeben (in Deutschland waren es 1998 2,3 Milliarden DM), um Solar- und Windenergieanlagen zu errichten, mit denen nur Verluste eingefahren werden? Wieso geben diese Unternehmen Geld aus, um Energiesparaktionen zu veranstalten, die das Ziel haben, letztlich ihren eigenen Umsatz und damit ihre Rendite zu schmälern? Ein solches Verhalten ist vergleichbar mit dem Rat eines Fleischers an seinen Kunden, doch bitte sein Rindfleisch nicht zu kaufen, weil es den Rinderwahnsinn gibt, oder mit der Empfehlung eines Autohändlers, anstelle eines Pkw doch lieber ein Fahrrad zu erwerben.

Mit dem vielbeschworenen Umbau der Energieversorgungsunternehmen zu Energiedienstleistungsunternehmen hat das nichts, überhaupt nichts, zu tun. Aus ökonomischer Sicht ist ein solcher Strukturwandel nur dann sinnvoll, wenn er die Wirtschaftskraft der Unternehmen stärkt. Natürlich kann man mit Energiedienstleistungen auch Geld verdienen. „Energiesparwochen" und ähnliche publikumswirksame Aktionen, zum Teil mit Volksfestcharakter, bringen den Unternehmen jedoch kein Geld, sondern sie kosten das Geld, das sie zuvor ihren Kunden abgenommen haben und das den Gesellschaftern der Unternehmen zusteht. Warum wird es trotzdem getan? Ideologische Gründe sind offensichtlich in allererster Linie maßgebend für ein solches Verhalten. Darf das der Maßstab für die Energiepolitik, ja sogar für die gesamte Wirtschaftspolitik eines Landes sein? Noch dazu bei einem wissenschaftlich so unsicheren ideologischen Fundament?

Die vom anthropogenen Treibhauseffekt geprägte gegenwärtige deutsche Energiepolitik ist gekennzeichnet durch die Bevorzugung von Maßnahmen, die der Reduzierung von $CO_2$-Emissionen dienlich sind. Obwohl von Politik und Wirtschaft immer wieder versichert wird, daß zwischen Ökologie (sprich: Klimaschutz) und Ökonomie kein Gegensatz besteht oder bestehen darf, wird immer häufiger die $CO_2$-Reduktion priorisiert, und es werden die dadurch entstehenden Kosten als gesellschaftlich unverzichtbar, weil politisch gewollt, gerechtfertigt. Folgende Maßnahmen stehen im Vordergrund:

- Senkung des spezifischen Energieverbrauchs durch Verminderung von Verlusten bei Umwandlung und Anwendung von Energie.
- Partieller Verzicht auf den Einsatz von Energie insgesamt (Senkung des absoluten Verbrauchs).
- Erhöhung des Anteils solcher Brennstoffe am Primärenergieverbrauch, die einen möglichst geringen $CO_2$-Ausstoß verursachen.
- Ausweitung des Einsatzes regenerativer Energiequellen.

Daß ein weiterer Schwerpunkt der deutschen Energiewirtschaft der Ausstieg aus der Kernenergie ist, läßt sich mit den Grundsätzen der Klimaschutzpolitik nicht vereinbaren, er steht ihnen sogar schädigend entgegen.

Soweit die „klimaschützenden“ Maßnahmen ökonomisch gerechtfertigt sind, müssen sie aus energiewirtschaftlicher Sicht voll unterstützt werden. Noch mehr: Sie sind nicht das Resultat klimapolitischer Überlegungen, sondern sie entsprechen den seit langem verfolgten Grundsätzen einer rationellen Energiepolitik – nicht nur in Deutschland. Bedenklich sind nicht die Maßnahmen, sondern die politischen und ökonomischen Mittel, mit denen sie – wider alle ökonomische Vernunft – durchgesetzt werden sollen. Drei Instrumente stehen der Politik für die Durchsetzung zur Verfügung: Die „Bestrafung“ unerwünschter Handlungen, die „Belohnung“ gewünschter Vorhaben und die „Verunglimpfung“ alles als schädlich Angesehenen. Unter Politik ist hier keinesfalls nur Regierungspolitik zu verstehen, sondern auch die von politischen Parteien und Gruppierungen ausgehende Meinungsbildung. Von allen drei Instrumenten wird gegenwärtig in Deutschland ausgiebig Gebrauch gemacht.

Das jüngste Instrument ist die **Ökosteuer** der seit 1998 regierenden Bundesregierung. Eine zusätzliche Steuer soll den Energieverbrauch „bestrafen“. Indem man die Einkünfte aus dieser Steuer zur Senkung der Lohnnebenkosten einsetzt, erwartet man eine sogenannte „doppelte Dividende“, nämlich neben der Senkung des Energieeinsatzes (und damit der Reduzierung des $CO_2$-Emission) die Erhöhung der Zahl der Arbeitsplätze. Mehr Arbeitsplätze sollen nicht nur durch die angestrebte Senkung der Lohnkosten, sonder auch dadurch entstehen, daß Märkte für energiesparende Technologien expandieren oder ganz neu entstehen. Es ist hier nicht der Raum für eine umfassende Analyse der Auswirkungen der „ökologischen Steuerreform“ Auf einige wenige Hinweise soll jedoch nicht verzichtet werden:

- Die zusätzliche Besteuerung von Energieträgern soll den Energieverbrauch dämpfen. Wenn das eintritt, werden die Einkünfte des Fiskus im gleichen Maße sinken. Zur Kompensation müssen die Steuersätze angehoben werden, und das ad infinitum!

- Die gewählte Form der Endenergiebesteuerung gewährleistet nicht die im Sinne des Klimaschutzes beabsichtigte Benachteiligung der Energieträger mit hohem spezifischen $CO_2$-Ausstoß, da die für die Elektroenergieerzeugung eingesetzte Kohle genauso behandelt wird wie Wasser- oder Windenergie.

- In die Endenergiebesteuerung werden ausgerechnet die Energieträger mit der spezifisch höchsten $CO_2$-Belastung, nämlich Kohle und Kohleprodukte, überhaupt nicht einbezogen. Das ist eine Entscheidung, die „klimapolitisch“ unverständlich, jedoch „allgemeinpolitisch“ nachvollziehbar ist: Die Besteuerung von Steinkohle ist mit ihrer Subventionierung und die Besteuerung der

Braunkohle mit ihrer vor allem in Ostdeutschland aus arbeitsmarktpolitischen Gründen gewollten Unterstützung nicht vereinbar.

- Die zusätzliche Energiebesteuerung führt zu Wettbewerbsverzerrungen, weil sie international nicht koordiniert ist. Eine solche Abstimmung im Rahmen der Europäischen Union ist zwar beabsichtigt, aber längst noch nicht abgestimmt, viel weniger beschlossen. Angesichts der zunehmenden Globalisierung würde eine EU-Abstimmung auch nicht ausreichen. Eine Steuerharmonisierung ist mindestens innerhalb der OECD-Staaten erforderlich, besser noch im Kreise aller Industrieländer. Wenn das nicht gelingt, wird es zur Abwanderung vor allem energieintensiver Branchen aus Deutschland in Länder kommen, in denen zwar mit möglicherweise höherem, dafür aber unversteuertem Energieeinsatz produziert werden kann. Der Verlust von Arbeitsplätzen in Deutschland wäre die unausbleibliche Folge. Nach Berechnungen des Rheinisch-Westfälischen Instituts für Wirtschaftsforschung und des ifo Institut für Wirtschaftsforschung würden die Maßnahmen zur Durchsetzung der deutschen Verpflichtung, bis 2005 die $CO_2$-Emissionen um 25 % zu senken, zum Verlust von 295.000 Arbeitsplätzen im Jahre 2005 und von 410.000 Arbeitsplätzen im Jahre 2010 führen. Gegenüber einem Referenzszenario ohne besondere Forcierung der $CO_2$-Reduktion würde das Bruttoinlandsprodukt 2005 um 103 Milliarden DM (= -2,8 %) und 2010 um 231 Milliarden DM (= -5,8 %) niedriger ausfallen [42]. Von einer „doppelten Dividende" kann keine Rede sein! Es zeugt nicht von allzugroßer Weitsicht, wenn die Europäische Union erst 1998 die Erarbeitung von Studien veranlaßte, in denen „die Beziehungen zwischen der Umwelt-/Energie-Steuer und der Schaffung von Arbeitsplätzen" bzw. „die Auswirkungen auf Wirtschaft und Umwelt durch die Anwendung von umweltbezogenen Steuern und Abgaben durch die EU-Mitgliedstaaten" untersucht werden sollen – Jahre nach der Vorlage konkreter Empfehlungen für die Einführung derartiger Steuern [2, 3] !

- Ein zusätzlicher Markt für energiesparende Technologien in Deutschland ist nur im bescheidenen Umfang zu erwarten, weil die deutsche Wirtschaft bereits heute weitgehend die modernsten auf diesem Gebiet verfügbaren Ausrüstungen einsetzt. Es gibt viele energetische Technologien, mit denen die deutsche Wirtschaft international führend ist. Das betrifft Kraftwerke, industrielle Produktionsprozesse, Kraftfahrzeuge u.v.a. Die Hoffnung auf eine verstärkte Nachfrage nach industriellen Technologien auf dem Weltmarkt wird sich nicht erfüllen, solange nicht auch in allen anderen Ländern derselbe Druck auf die Energiepreise ausgeübt wird wie hierzulande.

- Die Kompensation der höheren Unternehmensbelastung durch Senkung der Lohnnebenkosten wird zwar im Durchschnitt eintreten, aber in den einzelnen Branchen sehr unterschiedlich sein: Energieintensive Unternehmen, z.B. in der

Chemie, in der Metallurgie, in der Zementindustrie oder im Bereich der Glasherstellung, werden eindeutig belastet.

- Bereits vor der Einführung der Ökosteuer wurden vom deutschen Fiskus jährlich rund 80 Milliarden DM aus der Besteuerung von Energie, bevorzugt von Erdölprodukten und Erdgas, eingenommen. Die Steuersätze wurden in der Vergangenheit mehrmals erhöht, jedoch nicht mit dem erklärten Ziel, den Energieverbrauch zu senken und damit einen „ökologischen Umbau“ der Gesellschaft zu erreichen. Die einzige (und ehrliche!) Begründung war die Lücke im Bundeshaushalt. Es ist trotzdem interessant zu prüfen, ob Erhöhungen der Mineralölsteuer Auswirkungen auf den Treibstoffverbrauch hatten. Per 1. 1. 1994 wurden die Mineralölsteuern für Ottokraftstoff um 16 Pf./l und für Dieselkraftstoff um 7 Pf./l angehoben, d.h. um Beträge, die noch einschneidender als die per 1. 4. 1999 verordnete Erhöhung um 6 Pf./l waren. Aus der Energiebilanz [12] ergibt sich, daß tatsächlich eine Verringerung des Treibstoffverbrauchs (ausschließlich als Folge der Steuererhöhung?) im Jahre 1994 gegenüber 1993 eingetreten ist, und zwar um 38 PJ, das sind 1,4 %! 1995 hatte er, unbeeindruckt von der vorausgegangenen Steuererhöhung, seine frühere Dynamik wieder erreicht und lag um 44 PJ (1,7 %) über dem Stand von 1995. Die Preiselastizität von Energieträgern ist offensichtlich nur sehr klein – es sei denn, man läßt die Abwanderung ganzer Industriezweige ins Ausland zu!

- Die aus den verschiedensten Gründen erforderliche Erhöhung der Energieeffizienz vollzieht sich national und international auch ohne den Druck durch eine Ökosteuer. So sank zwischen 1991 und 1997 die Primärenergieintensität in Deutschland um 9,5 % [12]. Der Wirkungsgrad von Kohlekraftwerken stieg von rund 12 % im Jahre 1900 auf 29 % 1950, 35 % 1970 und 41 % heute. Bei Kraftfahrzeugen sind Fahrzeuge mit einem Verbrauch um 3 l/100 km serienreif. Alle diese Entwicklungen vollzogen sich ohne Ankündigung oder Wirksamwerden von Energiesteuererhöhungen.

- Die zusätzliche Besteuerung von Energieträgern wird einen Inflationsschub auslösen, und zwar nicht nur wegen des Kostenfaktors Energie bei der direkten Energieverwendung, sondern auch durch indirekte Kostenerhöhungen bei allen Erzeugnissen und Leistungen, zu deren Bereitstellung Energie erforderlich ist.

- Die gegenwärtige Form der Ökosteuer wird auch negative Auswirkungen auf die Ökologie zur Folge haben. Beispielsweise wird die aus vielen Gründen gewollte Verlagerung eines Teils der Gütertransporte von der Straße auf die Schiene konterkariert.

- Die vorgesehene Ökosteuer ist unsozial, da sie zwar dem Durchschnitt der Wirtschaft eine Kostenneutralität und der Mehrheit der Arbeitnehmer sogar eine finanzielle Entlastung verspricht, jedoch Arbeitslosen, Sozialhilfeempfängern und der ständig wachsenden Zahl der Rentner nicht kompensierbare Belastungen aufbürdet. Verglichen mit ihr ist die im kaiserlichen Deutschland eingeführte Schaumweinsteuer als Beitrag zur Finanzierung der Reichskriegsflotte als im höchsten Grade sozial zu bewerten, denn sie wurde de facto nur bei den Wohlhabenden erhoben!

Ein weiteres, allerdings nicht neues Instrument zur Durchsetzung von Maßnahmen zur Senkung der $CO_2$-Emission ist die **Subventionierung regenerativer Energien.** Mit Ausnahme von großen Wasserkraftwerken können Anlagen zur Nutzung regenerativer Energien in Deutschland nicht wirtschaftlich betrieben werden. Das gilt auch für Windenergieanlagen, die angeblich bereits die Wirtschaftlichkeitsschwelle überschritten haben. Ohne Kopplung mit dem Verbundnetz (das in erster Linie von großen konventionellen Kraftwerken gespeist wird), sind sie nur dann nutzbar, wenn sie über einen Pufferspeicher verfügen, der windstille oder windarme Zeiten uberbrückt. In den vorliegenden Wirtschaftlichkeitsrechnungen für Windenergieanlagen werden derartige Kosten überhaupt nicht berücksichtigt! Analoges gilt für die thermische und die elektrische Solarenergienutzung.

Trotz erheblicher finanzieller Aufwendungen haben die regenerativen Energien bisher nur marginale Beiträge zu Deckung des deutschen Energiebedarfs erbringen können. 1997 deckten die erneuerbaren Energiequellen rund 2 % des Primärenergieverbrauchs [12] und rund 4 % des gesamten Elektroenergiebedarfs. Den Löwenanteil dabei übernehmen die Wasserkraftwerke mit einem Anteil von 2,9 %-Punkten. Der Rest verteilt sich auf Müll- und Biomassekraftwerke sowie Windenergie- und Photovoltaikanlagen. Windenergieanlagen repräsentierten zwar knapp 1 % des Gesamtleistung der deutschen Kraftwerke, konnten jedoch nur 0,5 % des Elektroenergiebedarfs decken. Noch ungünstiger sieht das bei Photovoltaikanlagen aus: Einem Leistungsanteil von 0,2 % steht ein Erzeugungsanteil 0,002 % gegenüber! (Eigene Berechnungen nach [94]) Hinzu kommt, daß die Leistungsbereitstellung dieser beiden Kraftwerkstypen von den jeweiligen, mehr oder weniger zufälligen meteorologischen Bedingungen abhängig und daher nicht planbar ist.

Aus klimapolitischen Gründen wird es gewünscht, einen möglichst hohen Anteil des Energiebedarfs des Landes durch erneuerbare Energien zu decken, weil deren Nutzung entweder nahezu $CO_2$-neutral (Biomasse) oder nahezu $CO_2$-frei (Wind- und Sonnenenergie, Wasserkraft, Geothermie) ist. Dem entspricht auch eine Empfehlung der Deutschen Physikalischen Gesellschaft von 1995: „Es muß ein Programm erstellt werden mit dem Ziel, im Jahre **2030 ein Drittel des deutschen**

**Strombedarfs aus regenerativen Quellen** zu decken." [16] Trotz erheblicher Kosten – die spezifischen Investitionskosten von Anlagen zur Nutzung regenerativer Energien liegen durchweg, zum Teil erheblich, über denen von konventionellen Anlagen – und obwohl es aus naturgesetzlichen und aus technischen Gründen in den nächsten Jahrzehnten unmöglich sein wird, nennenswerte Anteile des deutschen Energiebedarfs mit Hilfe von regenerativen Energien zu decken, werden umfangreiche *Fördermittel* von Bund, Ländern und Kommunen zur Errichtung derartiger Anlagen bereitgestellt. Ein Beispiel ist das von der Bundesregierung aufgelegte neue 100.000-Dächer-Programm, mit dem eine elektrische Leistung von 250 MW innerhalb eines Zeitraumes von sechs Jahren bereitgestellt werden soll. Die Kosten dürften bei etwa einer halben Milliarde DM liegen. Mit diesem Programm soll die gegenwärtige Photovoltaik-Leistung in Deutschland etwa verzehnfacht und damit 0,03 % des deutschen Bruttobedarfs an Elektroenergie gedeckt werden. Es ist allerdings nicht damit zu rechnen, daß die jetzigen Kosten von rund 2 DM/kWh Elektroenergie als Folge des Programms deutlich sinken werden. Von Alternativen zum gegenwärtigen Energieversorgungssystem sollte man hier nicht sprechen! Auch ein zehn- oder hundertmal so großes Programm würde keine Alternativen liefern. Erneuerbare Energien in Deutschland als Alternativ-Energien zu bezeichnen, muß angesichts dieser Daten als höchst unpassend angesehen werden. (Prinzipiell dasselbe wie für die photovoltaisch erzeugte Elektroenergie gilt, wenn auch nicht so markant, ebenfalls für übrigen erneuerbaren Energien.)

Die Subventionierung regenerativer Energien ist auch für den laufenden Betrieb erforderlich. Das geschieht für die in diesen Anlagen erzeugte Elektroenergie durch das sogenannte *Stromeinspeisungsgesetz*. Danach sind die Energieversorgungsunternehmen verpflichtet, die in Wind- und Photovoltaikanlagen, Müll-, Biomasse und Wasserkraftwerken erzeugte Elektroenergie zu übernehmen und zu Preisen zu vergüten, die über den Kosten aus konventionellen Kraftwerken liegen (Einspeisungsvergütung). Die daraus den Energieversorgern entstehenden zusätzlichen Kosten, die zu einem großen Teil den Endverbrauchern weitergegeben wurden, betrugen 1997 rund 400 Millionen DM.

Eine weitere Form der Subventionierung regenerativer Energien ist das Angebot sogenannter grüner Tarife *(„Green Prizing")* durch die Energieversorgungsunternehmen. Dabei verpflichten sich die Versorger, Anlagen zur Erzeugung von Elektroenergie im wesentlichen aus Wind- und Sonnenenergie zu errichten, die durch einen Zuschlag auf den üblichen Tarifpreis und eigene Zuschüsse finanziert werden.

Die **Verunglimpfung** einiger Energieträger und die Diskriminierung bestimmter Energietechnologien wird in Deutschland vorwiegend nicht regierungsamtlich, sondern durch einzelne Organisationen, Parteien und vor allem durch die Medien betrieben. Eine Ausnahme ist die Diskreditierung der *Kernenergie* und der mit ihr verbundenen Technologien durch die Regierung, obwohl gerade das aus klimapolitischen Gründen unverständlich ist. Zielpunkt öffentlicher Kritik sind – neben der Kernenergie – alle Energieträger, bei deren Nutzung $CO_2$ freigesetzt wird. Allerdings wird dabei eine Ausnahme gemacht: *Erdgas* wird ausdrücklich als umweltfreundlich bezeichnet, weil bei seiner Verbrennung, verglichen mit Kohle und Erdölprodukten, spezifisch am wenigsten $CO_2$ freigesetzt wird. Das bei Verbrennung freiwerdende $H_2O$, ebenfalls als „Klimagas" eingestuft, findet bei dieser Wertung überhaupt keine Berücksichtigung. Nur wenig beachtet bleibt das $CH_4$, aus dem das Erdgas nahezu ausschließlich besteht. Bei Förderung und Transport von Erdgas gelangt es in gewissem Umfang in die Atmosphäre und wirkt dort als Klimagas. *Mineralölprodukte*, wie beispielsweise leichtes Heizöl und Treibstoffe, finden vor der Klimapolitik keine Gnade, obwohl ihr Kohlenstoffgehalt (bezogen auf die Masse) mit 85-86 % nur wenig höher als der von Methan (75,2 %) ist [21]. Bezüglich seiner spezifischen $CO_2$-Freisetzung schneidet *Braunkohle* am ungünstigsten ab. Braunkohle und auch *Steinkohle* (mit ähnlich hohen spezifischen Emissionswerten) werden daher als hochgradig klimaschädigend eingestuft. Immer wieder wird die Einstellung ihrer Nutzung gefordert.

Eine Sonderrolle unter den Brennstoffen spielt das *Holz*. Bei seiner Verbrennung wird $CO_2$ frei. Es wird aber vom Vorwurf der Klimaschädigung freigesprochen, weil es zuvor beim Wuchs ähnliche Mengen $CO_2$ aus der Atmosphäre entnommen hat. Das war vor 50 oder 100 Jahren. Betrachtet man nur die gegenwartige $CO_2$-Bilanz, so stellt das $CO_2$ aus dem jahrzehntealten Brennholz zweifellos einen Zugang dar, der jedoch – nicht ganz logisch – völlig außer Betracht bleibt. Prinzipiell besteht zwischen Brennholz und Kohle lediglich ein quantitativer Unterschied: Beide haben für die Photosynthese $CO_2$ verbraucht – nur liegt dieser Prozeß bei der Kohle wesentlich länger zurück. Da für Klimaschutzbetrachtungen Zeiträume von nur wenigen Jahren angesetzt werden – 15 Jahre für die angestrebte Senkung der $CO_2$-Emission in Deutschland (1990-2005) – dürfte die Holzverbrennung vom Grundsatz her nicht als $CO_2$-neutral eingestuft werden.

Die Elektroenergieerzeugung aus Erdgas in *Gas- und Dampfturbinen-Kraftwerken* (GuD-Kraftwerke) wird besonders favorisiert, weil bei diesem Prozeß Wirkungsgrade von bis zu 60 % erreicht werden können. Das macht das Erdgas für den Klimaschutz besonders attraktiv, da niedriger Kohlenstoffgehalt und hoher Wirkungsgrad gemeinsam für niedrige $CO_2$-Emissionen sorgen. Für das Erdgas sprechen darüber hinaus die heute relativ niedrigen Erdgaspreise. Es ist allerdings kaum anzunehmen, daß sie für immer auf diesem Niveau bleiben werden, besonders dann nicht, wenn der Erdgaseinsatz stark ausgeweitet wird und dadurch die Nachfrage auf dem Weltmarkt schnell wächst. GuD-Technologien für Kohlekraftwerke sind gegenwärtig noch nicht serienreif. Das ist ein Grund mehr, die Nutzung von Kohle abzulehnen.

In den Diskussionen darüber, wie die $CO_2$-Emission gesenkt werden kann, spielt die *Kraft-Wärme-Kopplung*, die gleichzeitige Erzeugung von Elektroenergie und Wärme, eine große Rolle. Es wird von aktiven Klimaschützern gefordert, auf die Elektroenergieerzeugung in Kondensationskraftwerken nach Möglichkeit ganz zu verzichten und dafür Heizkraftwerke (mit gekoppelter Erzeugung von Elektroenergie und Wärme) zu betreiben. Die Brennstoffausnutzung in diesen Anlagen ist – physikalisch bedingt – wesentlich höher als in reinen Elektrizitätserzeugungsanlagen, sie kann bis zu 70 oder 80 % betragen. Die Umsetzung solcher Ideen scheitert jedoch daran, daß Wärmeverbraucher, die möglichst kontinuierlich Heißwasser oder Dampf benötigen, nicht in ausreichendem Umfang existieren. Die ausschließliche Versorgung von Wohnungen mit Wärme bringt eine Ausnutzung der Kraft-Wärme-Kopplung von höchstens 2000 Stunden im Jahr. Da aber Elektroenergie auch im übrigen Jahr benötigt wird, müssen die Heizkraftwerke in dieser Zeit im Kondensationsbetrieb fahren, was aber sehr kostenintensiv ist. Günstig wäre ein Anschluß außer von Wohngebieten auch von Industriebetrieben. Diese Möglichkeit besteht jedoch leider relativ selten. Eine weiterer Umstand hemmt die Ausweitung der Kraft-Wärme-Kopplung: Die konsequente Durchsetzung der Wärmeschutz-Verordnung und ihrer künftigen Fortschreibungen wird den Wärmebedarf so stark reduzieren, daß ein Ausbau von Fernwärmesystemen betriebswirtschaftlich nicht mehr vertretbar wird. Einer einschienigen Energieversorgung, bei der die Energie für die Raumheizung dem elektrischen Netz entnommen wird, müssen daher für die Zukunft große Chancen eingeräumt werden.

Besonders beliebtes Ziel der Klimaschützer ist die *Elektroenergie*, weil sie – in Wärmekraftwerken – nur mit Wirkungsgraden zwischen 40 und 60 % erzeugt werden kann. Oftmals wird sie deshalb als extrem klimaschädigend abgelehnt. Zwei Fakten werden bei ihrer Verurteilung fast immer vergessen: Der Wirkungsgrad der Energie*anwendung* ist höher als bei anderen Energieträgern. Und: Elektrische Energie ist unentbehrlich bei sehr vielen Umweltschutz-Technologien. Über Alternativen wird nur höchst selten nachgedacht. Bestenfalls wird auf Elektroenergie aus Wind- und Sonnenkraftwerken verwiesen – eine nicht sehr konsequente Haltung. Inkonsequent ist auch, daß sich die Elektrizitätsgegner ohne jegliche Skrupel der Elektroenergie bedienen, um ihre Ideen per Presse, Funk und Internet zu propagieren.

Bestandteil der „theoretischen" Grundlagen der heute in Deutschland propagierten Energiepolitik sind, wie gezeigt wurde, im beträchtlichen Umfang Halb- und Unwahrheiten oder bestenfalls Illusionen. Eine weitere Unwahrheit, die von den Verfechtern des anthropogenen Klimaerwärmung gern ins Feld geführt wird, soll nachfolgend beleuchtet werden. Es wird erklärt, daß der sparsame Umgang mit fossilen Energieträgern nicht nur deshalb dringend notwendig ist, weil dadurch große Mengen $CO_2$ vermieden würden, sondern auch, weil die **Vorräte an Gas,**

**Öl und Kohle in wenigen Jahrzehnten zu Ende** gingen und unsere Nachfahren auf diese Energieträger dann verzichten müßten. Diese Meinung wird ständig nicht nur in den Medien, sondern auch von Wissenschaftlern der verschiedensten Disziplinen vertreten. So schreiben beispielsweise *Wiemer* und *Tappen,* Recycling-Fachleute, u.a. zur Begründung einer energetischen Verwertung von Abfällen: „Abgesehen von dem oben erwähnten klimaschädigenden Aspekt ist die Nutzung fossiler Energieträger aber auch hinsichtlich der zunehmenden Ressourcenverknappung problematisch. .. werden die weltweiten Ressourcen an Erdöl, Erdgas und Kohle – gleich bleibenden Verbrauch vorausgesetzt – in Zeitspannen zwischen etwa 40 und 230 Jahren verbraucht sein. Und selbst die gemeinhin für unerschöpflich gehaltene Kernenergie wird infolge ausgebeuteter Lagerstätten voraussichtlich nur noch rund 60 Jahre Bestand haben. Unter Berücksichtigung der rasanten Industrialisierung und Bevölkerungsentwicklung u.a. in Asien ist sogar mit einer deutlich früheren Erschöpfung der weltweiten Ressourcen zu rechnen." [98] In derartigen Aussagen steckt eine Reihe von Fehlern.

Ausgangspunkt des Arguments von den kurzlebigen Vorräten sind statistische Daten über die Reserven an den einzelnen Energieträgern und über den gegenwärtigen jährlichen Verbrauch. Dividiert man beide durcheinander, so erhält man die „Reichweite", eine Jahreszahl, die aussagt, wie lange diese Reserven reichen würden, wenn der heutige Verbrauch konstant bliebe.

Für **1996** bzw. **1997** wurden nach Daten von ESSO [27] „Reichweiten" für Erdöl von 42 Jahren und für Erdgas von 62 Jahren berechnet. Aus Daten von BP [76] ergeben sich 41 Jahre für Erdöl und 60 Jahre für Erdgas und aus Shell-Daten [17] 42 Jahre für Erdöl.

Es ist höchst interessant festzustellen, wie diese „Reichweiten" in der Vergangenheit aussahen. Für Erdöl galten **1990** 42 Jahre [27]. **1985** wurden für Erdöl 34 Jahre und für Erdgas 57 Jahre berechnet [27]. Im Jahre **1980** erwartete man 28 Jahre für Erdöl und 51 Jahre für Erdgas [7]. Aus Angaben von *Witte* [99] ergeben sich für den **Anfang der 60er Jahre** 34 Jahre für Erdöl. Für **1954** gibt *Pauer* [70] 30 Jahre bei Erdöl an. **Mitte der 40er Jahre** lag nach Angaben von *Meinhold* [61] die „Reichweite" von Erdöl bei 20 Jahren. Aus Angaben von *Wengner* [97] für **1937** ergeben sich für Erdöl 14 Jahre. Die Weltkraftkonferenz warnte **Ende der 20er Jahre** vor dem Ende der Erdölvorräte in 30 Jahren und *Arrhenius* befürchtete **1922**, daß das Erdöl in 15 Jahren aufgebraucht sein würde [99].

Die sogenannte Reichweite der Erdölreserven liegt also seit einem dreiviertel Jahrhundert immer in einem Bereich zwischen 15 und 40 Jahren, wobei heute die höchsten Werte angegeben werden. Ähnliches läßt sich auch für Erdgas und für Kohle feststellen, allerdings mit dem Unterschied, daß für diese beiden Energieträger höhere „Reichweiten" angegeben werden. Sie liegen heute bei Erdgas um 60 Jahre und bei Kohle zwischen 250 und 300 Jahren [68]. Für Uran, wenn es ausschließlich in thermischen Reaktoren eingesetzt wird, gelten Werte um 180 Jahre [68]. Es ist übrigens unlogisch von den Vertretern der Klimaschutz-Politik, ausgerechnet auf die Nutzung von Erdgas anstelle von Kohle oder Uran zu orientieren, da doch die Gasvorräte erheblich kleiner als die von Kohle und Uran sind. Mit der immer wieder geforderten „Nachhaltigen Entwicklung“ hat das zweifellos nichts zu tun!

Die ungefähre Konstanz der „Reichweiten“ über lange Zeiträume ergibt sich aus der Tatsache, daß immer nur so viele Vorräte im Detail erkundet und damit zu sicheren Reserven gemacht werden, wie für eine zuverlässige Förderung in einem betriebswirtschaftlich überschaubaren Zeitraum erforderlich sind. Eine kostenaufwendige industrielle Erkundung für eine Vorlaufzeit von vielleicht 100 Jahren würde beträchtliche Kapitalbindungen verursachen, die sich nur in sehr langer Zeit amortisieren.

Tatsächlich ist die „Reichweite“ keine Lebensdauer-Angabe für Energieträgervorräte, sondern lediglich eine Rechengröße, der Quotient aus Vorrat und Verbrauch pro Jahr mit der Dimension „Jahre“. Aus zwei Gründen handelt es sich hier um eine rein fiktive Größe, der allerdings in der heutigen Energiepolitik eine leider unangemessen hohe Bedeutung gezollt wird.

*Erstens* werden zur Berechnung dieser Pseudo-Lebensdauern stets die „sicheren Reserven“, d.h. die ausreichend erkundeten und industriell erschließbaren Vorräte und nicht die Gesamtvorräte herangezogen. Bereits 1963 wurde von *Meinhold* [61] auf diesen Irrtum hingewiesen! Die tatsächlichen Vorräte als Summe aus Reserven und Ressourcen - das sind noch nicht umfassend erkundete Vorräte - sind wesentlich höher. Neben den sogenannten konventionellen Reserven und Ressourcen sind auch unkonventionelle Vorräte, bei Erdöl Ölschiefer und bituminöse Sande, mit einzubeziehen. Nach den Untersuchungen von IIASA/WEC [68] erhöhen sich dadurch die erkundeten Vorräte für alle fossilen Brennstoffe von 1.282 Gt auf 5.090 Gt Öläquivalent, d.h. auf nahezu das Vierfache. Entsprechend würde sich auch die „Reichweite“ vervierfachen. Darüber hinaus werden noch zusätzliche Vorkommen bei allen Energieträgern vermutet, die noch gar nicht erkundet worden sind, deren Vorhandensein und Größe jedoch aus geologischen Grundsatzüberlegungen abgeleitet werden kann. Sie werden mit 24.000 Gt Öläquivalent für die Summe aller fossilen Energieträger beziffert [68]. Es gibt bei ihnen noch keinerlei Aussagen darüber, ob sie jemals erschlossen werden können, viel weniger darüber, zu welchen Kosten das möglich wäre. Durch die Gesamtbetrachtung aller, auch der hypothetischen, Vorräte würde sich beim Erdöl rein rechnerisch eine Reichweite von 850 Jahren und für das Uran von 820 Jahren ergeben. Gelingt es in Zukunft, Kernspaltstoffe in Schnellen Brutreaktoren einzusetzen, dann verlängert sich die Verfügbarkeitsdauer des Urans, bezogen auf den jetzigen Bedarf, auf das 60fache. All diese Rechnungen können jedoch nicht die Tatsache aus der Welt schaffen, daß die in der Erdkruste lagernden Brenn- und Spaltstoffe in ihrer Menge endlich sind. Mit Sicherheit geht der Verbrauch beispielsweise von Kohle schneller vor sich als ihre Neubildung.

*Zweitens* ist auch der jährliche Verbrauch keine konstante Größe. Das soll am Beispiel des Erdöls gezeigt werden. Es gibt ein sehr enges Wechselspiel zwischen dem Bedarf, dem Weltmarktpreis und der Kapazität der aufgeschlossenen Lagerstätten. Prinzipiell werden immer zuerst die Lagerstätten erkundet und ausgebeutet, die die niedrigsten Förderkosten verursachen (Ausnahmen gibt es bei politischen Restriktionen). Sind diese Lagerstätten erschöpft, werden neue zur Förderung vorbereitet, die höhere Kosten verursachen. Als Folge dessen werden auf dem Markt höhere Preise verlangt. Tendenziell reagieren die Kunden mit einer geringeren Nachfrage. Den niedrigeren Bedarf kompensieren sie entweder mit einem sparsameren Verbrauch durch verbesserte Wirkungsgrade bei der Nutzung oder durch den Einsatz von Alternativen. Selbstverständlich verursacht das einen Druck auf den Preis, der allerdings wegen der real gestiegenen Förderkosten nicht unbegrenzt nachgeben kann. Im Grundsatz gibt es folgende Entwicklung: Die Erschließung neuer Förderfelder verursacht höhere Kosten und damit auch höhere Preise. Die Folge ist eine sinkende Nachfrage und ein fallender Bedarf. Sparsamere Technologien zur Nutzung von Erdölprodukten, die bisher zu teuer waren, kommen zunehmend in den Wirtschaftlichkeitsbereich. Dasselbe gilt für Alternativ-Technologien. So könnte beispielsweise das Elektroauto, das überhaupt keine flüssigen Treibstoffe benötigt, wirtschaftlich attraktiv werden. Allmählich wird dann auch die Wasserstofftechnologie bezahlbar, und die sogenannten Alternativenergien werden zu tatsächlichen Alternativen. Langfristig gesehen stehen schwindenden Erdölvorräten immer niedrigere Verbrauchszahlen gegenüber. Schließlich werden die zu Ende gehenden Vorräte zu Preisen gehandelt, die gegen unendlich gehen, wodurch zugleich der Verbrauch gegen Null tendiert. Die letzten Barrel Erdöl werden mit Gold aufgewogen und im Museum zu besichtigen sein. Rein theoretisch bedeutet das eine unendlich lange Lebensdauer der irdischen Ölvorräte!

Unter diesem Aspekt verliert auch die moralisch gemeinte Forderung, mit fossilen Energieträgern heute so sparsam umzugehen, daß auch unsere Kinder und Enkel noch ausreichend davon verwenden können, an Sinn: Wenn wir mit hohem Aufwand Alternativtechnologien entwickeln und anwenden, einzig und allein mit dem Ziel, fossile Brennstoffe für unsere Erben aufzusparen, dann werden sie dieselben Technologien, selbstverständlich technisch und wirtschaftlich weiterentwickelt, ebenfalls nutzen und die aufgesparten Energieträger gar nicht mehr benötigen. Warum sollte man vom ausgereiften Elektroauto wieder zurück zum Auto mit Otto- oder Dieselmotor?

### 4.5.2 Deutsche Energiepolitik, wie sie sein sollte

Man hat sich in Deutschland und in Teilen von Westeuropa an ein Primat der Klimapolitik bei energiewirtschaftlichen Bewertungen und Entscheidungen gewöhnt: Nur das ist gut, was zur niedrigstmöglichen $CO_2$-Emission führt. So manchem Energiewirtschaftler ist gar nicht mehr bewußt, daß man Energiewirtschaft auch vernünftig betreiben kann, ohne die Vokabel Treibhauseffekt ständig im Munde zu führen. Unsere Väter konnten das!

Aus den vorstehenden Betrachtungen geht hervor, daß der Erkenntnisstand zum anthropogenen Treibhauseffekt noch sehr lückenhaft und der Meinungsstreit hierüber unter Fachleuten noch im vollen Gange ist. Der gegenwärtige Sachstand läßt folgende Schlußfolgerungen zu:

1. **Eine durch den Menschen ausgelöste allgemeine Erwärmung der Atmosphäre ist nur mit geringer Wahrscheinlichkeit zu erwarten.**
2. **Im Falle einer im Verlaufe des nächsten Jahrhunderts doch eintretenden anthropogenen Erwärmung wird diese so gering sein, daß keine Schädigungen der Biosphäre eintreten werden.**

Werden diese beiden Aussagen akzeptiert, ist eine Energiepolitik zu konzipieren und politisch durchzusetzen, die wieder von den drei Kriterien
- Versorgungszuverlässigkeit,
- Wettbewerbsfähigkeit und
- Umweltverträglichkeit

ausgeht. Auf das Kriterium „minimale Treibhausgas-Emission“ ist **vollständig** zu verzichten. Der zum Teil bereits wirksam gewordene energiewirtschaftliche Wertewandel ist rückgängig zu machen.

Eine solche Energiepolitik stellt scheinbar die Alternative zu den gegenwärtig von Politik und Teilen der Wirtschaft propagierten und praktizierten Grundsätzen dar, wie sie auszugsweise im Abschnitt 4.5.1 beschrieben wurden. Die moderne Energiepolitik der Zukunft ist jedoch, wie noch zu zeigen sein wird, keinesfalls dekkungsgleich mit der Energiepolitik von vor 20 oder 30 Jahren. Die Energiewirtschaft des 21. Jahrhunderts wird auch ohne Klimapolitik ein anderes Gesicht tragen als die heutige oder gestrige. Dafür sorgen nicht allein technische Entwicklungen, sondern auch die Tatsache, daß die internationalen Beziehungen immer enger werden, und nicht zuletzt völlig neue Dimensionen des ökonomischen Wettbewerbs. So ist es beispielsweise bemerkenswert, daß das ursprünglich autonome, im wesentlichen technisch orientierte Kriterium Versorgungszuverlässigkeit immer mehr zu einer ökonomischen Kategorie wird: Man kann Versorgungszuverlässigkeit kaufen, man kann im gewissen Umfang aber auch darauf verzichten und so Kosten sparen.

Kurz zusammengefaßt können die einer modernen, von den Fesseln des „Klimaschutzes“ befreiten Energiewirtschaft zugrunde liegenden **energiepolitischen Leitlinien** wie folgt beschrieben werden:

**1. Rationeller Einsatz von Energie in Umwandlungs- und Anwendungsprozessen.**

Das jeweilige Optimum des Energieeinsatzes ist unter Zugrundelegung der jeweiligen Marktpreise für Energieträger zu ermitteln. Es sind, so wie in der Vergangenheit, alle Anstrengungen zu unternehmen, um wirtschaftlich erschließbare Energiesparpotentiale zu realisieren. Das ist aus ökonomischen und aus ökologischen Gründen dringend erforderlich. Ökonomische Gründe ergeben sich einerseits aus unmittelbaren betriebswirtschaftlichen Erfordernissen und andererseits aus der Gewißheit, um so länger Brennstoffe aus den gegenwärtig erschlossenen und relativ kostengünstigen Lagerstätten beziehen zu können, je weniger sie in Anspruch genommen werden. Prinzipiell ist letzteres Zukunftsvorsorge, die jedoch nicht zu Ende gehenden Vorräten, sondern steigenden Energieträgerpreisen vorbeugt. Ökologische Gründe für den sparsamen Energieeinsatz resultieren aus der Notwendigkeit, Schädigungen der Umwelt, die bei Gewinnung und Nutzung von Energieträgern auftreten, zu minimieren: Emission von Luftschadstoffen, wie $SO_2$, $NO_x$, Staub u.a., Devastierung von Landflächen und Siedlungen, Verschmutzung des Wassers, Verseuchung des Bodens, Beeinträchtigung der Landschaft. Diese Liste ist nicht vollständig und bezieht sich keineswegs nur auf Umweltschäden durch fossile Brennstoffe – auch die Nutzung regenerativer Energiequellen, besonders wenn sie im großen Umfang erfolgt, kann erhebliche ökologische Probleme aufwerfen!

Auf den „Einstieg in die ökologische Steuerreform“ wird verzichtet. Bereits dazu getroffene Entscheidungen werden rückgängig gemacht. Eine nicht marktkonforme Lenkung des Energieeinsatzes mit Hilfe einer international nicht abgestimmten Steuer führt zu Wettbewerbsverzerrungen, zur Verschwendung von Wirtschaftspotential im großen Umfang sowie zum Verlust zehntausender Arbeitsplätze.

**2. Die Struktur der Primär- und Endenergie muß sich aus der wirtschaftlichen Wertigkeit der einzelnen Energieträger und aus ihren Einsatztechnologien ergeben.**

Die erzwungene Bevorzugung oder Benachteiligung bestimmter Energieträger oder Energieumwandlungstechnologien mit fiskalischen oder politischen Mitteln zur Minimierung der $CO_2$-Emission wird verhindert. Für einzelne Energieträger bedeutet das:

*Regenerative Energien:* Die Subventionierung ihrer massenhaften Nutzung für die Erzeugung von Elektroenergie und Wärme ist einzustellen, da der Aufwand in keinem vertretbaren Verhältnis zum ökonomischen und ökologischen Nutzen steht. Einspeisungsvergütungen sind nur noch für bereits existierende Anlagen zu zahlen (Bestandsschutz). Die aus dem Wegfall der Subventionen freiwerdenden Gelder sind zur Aufstockung der Forschungsmittel für die technische und wirtschaftliche Weiterentwicklung der Technologien zur Nutzung regenerativer Energien zu verwenden. Forschungsschwerpunkte sind u.a.: Erhöhung der Wirkungsgrade, Senkung der spezifischen Investitionskosten, Energiespeicherung.

*Erdgas:* Sein Einsatz wird durch die geltenden Marktpreise gesteuert. Eine über das bisherige Niveau hinausgehende Besteuerung wird genau so abgelehnt wie eine mit politischen Mitteln erzwungene Verwendung als Ersatz für die Kernenergie.

*Erdölprodukte*: Eine Besteuerung von Treibstoffen und Heizöl über das gegenwärtig schon sehr hohe Niveau hinaus findet nicht statt. Die momentan recht niedrigen Erdölpreise dürfen nicht zum Anlaß genommen werden, um Etatlücken zu schließen. Die bereits in der Vergangenheit eingetretenen und die für die Zukunft vorbereiteten Wirkungsgraderhöhungen bei Heizungsanlagen (beispielsweise die Brennwertnutzung) und Kraftfahrzeugmotoren werden tendenziell zu einem sinkenden Erdölverbrauch in Deutschland führen. Es ist jedoch nicht zu erwarten, daß das Erdöl in naher Zukunft seine Führungsposition unter den Energieträgern einbüßen wird. Immerhin lag sein Anteil am deutschen Primärenergieverbrauch 1998 noch bei 40 % [100].

*Braunkohle:* Sie ist in Deutschland der bedeutendste Energieträger, der ohne Subventionen gefördert und – vorwiegend für die Elektroenergierzeugung im Grundlastbereich – eingesetzt werden kann. Braunkohle wird nicht durch eine auf Energieinhalt oder gar $CO_2$-Emission bezogene Steuer belastet. Eine solche Besteuerung hätte außer umfangreichen verlorenen Investitionen in den modernen Braunkohlenkraftwerken (vor allem Ostdeutschlands) und dem damit verbundenen Verlust vieler Arbeitsplätze in den Braunkohlentagebauen und Kraftwerken erhebliche Kostensteigerungen in der Volkswirtschaft durch den notwendigen Einsatz von Alternativbrennstoffen, z.B. Erdgas, zur Folge.

*Steinkohle:* Sie ist der Energieträger, dessen Vorräte auf der Erde mit Abstand am größten sind. Es wird erwartet, daß das Maximum ihrer Förderung erst im Verlaufe des 21. Jahrhunderts erreicht wird. Steinkohle wird in Deutschland außer in der Metallurgie vorwiegend zur Elektroenergieerzeugung im Mittellastbereich eingesetzt. 1998 wurden rund 40 % des Steinkohlenbedarfs importiert, rund 60 % in Deutschland gefördert [100]. Die Inlandsförderung erfolgt zu Kosten, die weit über den gegenwärtigen Weltmarktpreisen für Steinkohle liegen. Sie wird daher staatlich subventioniert. Eine Steinkohlenbesteuerung unter klimapolitischen Gesichtspunkten ist in Deutschland angesichts dieser Subventionen nicht vorstellbar. Die Beihilfen dienen in erster Linie dem Erhalt von mehreren tausend Arbeitsplätzen an Ruhr und Saar. Eine Entscheidung über die weitere Subventionierung der einheimischen Steinkohle nach Auslauf der jetzigen Vereinbarungen muß ausschließlich unter sozialen Aspekten vorgenommen werden.

*Kernenergie:* Politisch-ideologische Gründe dürfen nicht zum Verzicht auf die friedliche Nutzung der Kernenergie führen. 1998 wurden in Deutschland 161,7 TWh Elektronergie in Kernkraftwerken erzeugt [100], das waren 29,3 % der Bruttoerzeugung. Hierfür gibt es keine brauchbare Alternative, weder in technischer noch in ökonomischer Hinsicht. Die Entwicklung einer neuer Generation von Kernkraftwerken ist mit dem Ziel weiterzuführen, in absehbarer Zeit diese Kraftwerke in Deutschland zu errichten, und zwar sowohl als Ersatz für die heutigen Kernkraftwerke (nach Ende ihrer technischen Nutzungsdauer) als auch zur Deckung einer künftig wachsenden Grundlast. Es sollte geprüft werden, die Weiterentwicklung von Hochtemperaturreaktoren und von Schnellen Brutreaktoren wieder aufzunehmen. Die plasmaphysikalischen Forschungen zur Entwicklung von Thermofusionsreaktoren müssen uneingeschränkt weitergeführt werden. Die Wiederaufbereitung von abgebrannten Kernbrennstoffelementen ist fortzusetzen, ihre Endlagerung ist zu vermeiden. Politisch gewollt und ökologisch vernünftig ist die Recyclierung jedes Kilogramms Altpapier und jeder Weinflasche. Bei Spaltstoffen will man aus irrationalen Gründen darauf verzichten und damit riesige Energieressourcen dem Zugriff auch künftiger Generationen entziehen – eine energiepolitisch unverständliche und moralisch sehr bedenkliche Entscheidung, die umgehend zu revidieren ist.

Von der deutschen Elektrizitätswirtschaft sollte künftig allerdings auch darauf verzichtet werden, die Notwendigkeit des Weiterbetriebes von Kernkraftwerken mit der Nullemission von $CO_2$ zu rechtfertigen. Es gibt überzeugendere Gründe für die friedliche Nutzung der Kernenergie als ihr angeblicher Beitrag zur Verhinderung des Treibhauseffektes!

### 3. Die Planungssicherheit für einen Zeitraum von mehreren Jahrzehnten ist zu gewährleisten.

Einer der grundlegenden Mängel der bisherigen deutschen Energiepolitik ist die fehlende Planungssicherheit. Es ist sowohl volkswirtschaftlich als auch betriebswirtschaftlich nicht zu verantworten, ständig politische, wirtschaftliche und ökologische Rahmenbedingungen so zu verändern, daß nicht nur Forschungs- und Entwicklungsergebnisse, sondern auch getätigte Investitionen wertlos werden. Besonders schwerwiegend ist das in der Energiewirtschaft, in der ein großer Teil der Kapitalanlagen über Jahrzehnte gebunden sind. Wirtschaftlich verhängnisvolle Entscheidungen, wie Stillegung und Abbruch fertiggestellter Anlagen (Kalkar, Mülheim-Kärlich, Wackersdorf u.a.), dürfen nicht wiederholt werden – die Gefahr besteht sowohl bei Kernkraftwerken als auch bei Braunkohlentagebauen und

–kraftwerken. Derartige Kapitalvernichtungen müssen endgültig der Vergangenheit angehören.

Nur indirekt mit der aktuellen Energiepolitik im Zusammenhang steht die **Klimaforschung.** Sie sollte in angemessenem Umfang, über den zu entscheiden einem Energiewirtschaftler nicht zusteht, weitergeführt werden. Sie hat den Charakter von Grundlagenforschung und sollte auch so behandelt werden. Das bedeutet, daß jeweils vorliegende Erkenntnisse nicht zu Schlußfolgerungen mit volkswirtschaftlichen Konsequenzen mißbraucht werden dürfen, wie das gegenwärtig national (und international) im großen Umfang praktiziert wird. Das aktuelle Ziel der Klimaforschung sollte darin bestehen, Sicherheit über den Anteil des Menschen an einer künftig möglicherweise eintretenden Erwärmung der Atmosphäre zu gewinnen. Unbedingt sollten sich in Zukunft Klimatologen nicht mehr dazu hinreißen lassen, die Welt mit Horrormeldungen zu überfluten, ohne daß ihnen gesichertes Wissen als Grundlage für ihre Warnungen zur Verfügung steht. Die Bereitstellung ausreichender Forschungsmittel darf nicht davon abhängig gemacht werden, wie spektakulär die regelmäßig vorzulegenden Forschungsergebnisse sind, so wie das offenbar heute der Fall ist. Die Notwendigkeit der Klimaforschung wurde von der Politik inzwischen erkannt, und es gibt keinen Grund, an dieser Erkenntnis zu rütteln. Man sollte also auch dieser Wissenschaftsdisziplin die notwendige Planungssicherheit geben.

Die hier skizzierten Grundsätze für die künftige deutsche Energiepolitik sind nur zu einem Teil mit denjenigen identisch, die der Energiepolitik vor der Dramatisierung des anthropogenen Treibhauseffektes zugrunde lagen. Die abwertende Beschreibung einer derartigen Strategie als „Business-as-usual-Politik", um ihr damit die Berechtigung streitig machen, den Anforderungen der Zukunft gerecht zu werden, trifft nicht das Wesen einer modernen Energiepolitik. Es handelt es sich hier durchaus nicht um die Wiederbelebung früherer Grundsätze.

Die heutige und noch viel mehr die künftige Energiewirtschaft muß sich vielen neuen und in der Vergangenheit unbekannten Herausforderungen stellen. Am prägnantesten umschrieben werden diese mit dem Begriff der **Globalisierung.** Eine ausschließlich national bestimmte Energiewirtschaft gibt es nur noch bedingt. Der internationale Wettbewerb wirkt nicht nur auf dem Weltmarkt für Erdgas, Erdöl und Kohle, sondern auch – mit einschneidenden Folgen – beim Handel mit leitungsgebundenen Energieträgern, der für den Raum der Europäischen Union in Gang gebracht wurde. Die Liberalisierung des Handels mit Elektroenergie und Gas in der Europäischen Union zwingt die Energieversorgungsunternehmen zu einem Kampf um Marktanteile, der ihnen bislang nahezu unbekannt war. Auch der internationale Handel mit Nichtenergieträgern, vor allem mit solchen Waren, zu deren Produktion große Mengen Energie erforderlich sind, bedarf der verstärkten Aufmerksamkeit der Energiewirtschaft. Die Preise für Energieträger einschließlich ihrer steuerlichen Belastungen beeinflussen die Standortwahl großer Unternehmen – innerhalb oder außerhalb Deutschlands. Die Existenz oder der Verlust einer Vielzahl von Arbeitsplätzen ist daran gebunden. Damit verknüpft ist das Wirtschaftspotential Deutschlands, die soziale Sicherheit der Einwohner und schließlich die politische Stabilität des Landes. Es mag übertrieben klingen, derartige Ketten von Zusammenhängen zu entwickeln. Tatsächlich existieren sie und sie reagieren sehr empfindlich auf Störungen, erheblich stärker als das noch vor Jahren der Fall war. Die Energiewirtschaft ist schon seit vielen Jahrzehnten einer der wichtigsten Wirtschaftszweige in Deutschland, in erster Linie weil sie die für das Funktionieren der Volkswirtschaft und des gesamten gesellschaftlichen Lebens notwendige Energie bereitstellt und weil sie zu den größten Arbeitgebern gehört. Ihre Bedeutung innerhalb der Volkswirtschaft ist in jüngster Vergangenheit deutlich gewachsen, weil sie über ihre direkten und indirekten globalen Beziehungen stärker als früher das Wohl und Wehe von Wirtschaft und Gesellschaft mitbestimmt.

Noch in einer anderen Hinsicht sind die Anforderungen an die Energiewirtschaft in den letzten Jahrzehnten gestiegen. Von ihr wird, jedenfalls in Deutschland, viel nachdrücklicher als in der Vergangenheit verlangt, sorgsam mit der Umwelt umzugehen. Den hohen Erwartungen wird sie gerecht, nicht zuletzt durch den von der Politik ausgeübten Druck. Ein Beispiel ist die international vorbildliche Umweltschutzgesetzgebung. Die Senkung der Schadstoffauswürfe aus Energieanlagen, Lärmschutz, Minimierung von in Anspruch genommenen Flächen u.v.a. wurde entsprechend den gesetzlichen Anforderungen verwirklicht, häufig sogar über das vorgeschriebene Maß hinaus. Der hohe Grad an Umweltverträglichkeit der Energiewirtschaft konnte nur mit beträchtlichem finanziellen Aufwand realisiert werden. Für die Zukunft ist zu erwarten, daß sich die Gesellschaft mit dem bisher Erreichten nicht zufrieden geben und weitere Forderungen zum Schutz der Umwelt erheben wird. Die Energiewirtschaft muß und wird diesen Forderungen gerecht werden, wenn sie wissenschaftlich begründet und damit gerechtfertigt sind. In Anbetracht der globalen Verflechtungen muß jedoch viel stärker als in der Vergangenheit auf die internationale Harmonisierung zusätzlicher Umweltschutzmaßnahmen bestanden werden, da die Kosten für diese neuen Maßnahmen mit Sicherheit spezifisch höher sein werden als das bei den bisherigen der Fall war. Wettbewerbsverzerrungen durch extrem unterschiedliche ökologische Anforderungen in den einzelnen Ländern müssen vermieden werden. Das gilt heute mehr denn je, nicht nur für die Mitgliedsländer der Europäischen Union.

Die Menschen müssen heute so agieren, daß sie die Handlungsfähigkeit künftiger Generationen nicht einschränken. Dieser Grundsatz wird allgemein mit den Begriffen **Sustainable Development** oder **Nachhaltige Entwicklung** umschrieben. Er muß für alle Länder und Regierungen, für alle Wirtschaftsbranchen und schließlich für jeden Bürger Richtschnur des Handelns sein. Leider ist die

Menschheit mit ihren Taten heute noch sehr weit davon entfernt, diesen hohen moralischen Ansprüchen gerecht zu werden.

Die Energiewirtschaft gehört zu den Wirtschaftszweigen, deren heutige Entscheidungen sehr weit in die Zukunft reichen, deren gegenwärtige Tätigkeit das ökonomische, ökologische und soziale Umfeld unserer Nachfahren sehr stark beeinflußt. Im besonderen Maße betrifft das den Grad der Ausbeutung von Naturressourcen, die dann, wenn sie heute verbraucht werden, künftigen Generationen nicht mehr zur Verfügung stehen. Das betrifft aber auch Umfang und Qualität der Versorgung mit der für die Entwicklung der menschlichen Gemeinschaft benötigten Energie und nicht zuletzt die Kosten, mit denen diese Energie bereitgestellt wird. Schließlich können Schädigungen der Umwelt, die heute ausgelöst werden, von unseren Nachfahren entweder gar nicht oder nur mit großem ökonomischen Aufwand repariert werden. Damit ist die gesamte Palette ökologischer Eingriffe in die Natur gemeint: Landschaftsveränderungen durch die Förderung von Brennstoffen und durch die Errichtung von Bauwerken (große Wasser- und Wärmekraftwerke, flächendeckende Windenergieparks, Freileitungen usw.), Verschmutzung von Wasser, Luft und Boden, Beeinträchtigung oder Zerstörung der Tier- und Pflanzenwelt, Freisetzung radioaktiver Spaltprodukte u.v.a.

Die Energiewirtschaft der Erde und damit selbstverständlich auch die deutsche Energiewirtschaft muß in die Lage versetzt werden, die gegenwärtigen Anforderungen aus der Globalisierung und aus dem Umweltschutz zu erfüllen, und sie muß gleichermaßen den Grundsätzen der nachhaltigen Entwicklung, die weit in die Zukunft reichen, gerecht werden. Dazu bedarf es gründlicher Überlegungen und Berechnungen in den Unternehmen der Energiewirtschaft selbst, und es bedarf solcher energiepolitischer Rahmenbedingungen, die ihr effektives Wirken in Gegenwart und Zukunft nicht behindert, sondern fordert und fördert. Weder den Unternehmen der Energiewirtschaft noch den Staaten stehen so umfangreiche Mittel zur Verfügung, daß sie damit allen diesen Anforderungen maximal nachkommen können. In jedem Fall bedarf es einer wohlbegründeten Auswahl derjenigen Vorhaben, die jeweils realisiert werden können. Es darf keine politische Priorisierung nur einer Vorhabensgruppe geben. Mit dem Axiom des Klimaschutzes ist in Deutschland leider das Gegenteil der Fall. Sustainable Development ist keine einseitig ökologische Kategorie, sie hat im gleichen Maße auch ökonomische und soziale Dimensionen! Umweltschutz kann nur dann wirksam betrieben werden, wenn auch das ökonomische Potential dafür verfügbar ist; und eine Gesellschaft mit 50 % Arbeitslosen wird sich auch in einer ökologisch völlig intakten Umwelt nicht wohlfühlen. Leider wird in Deutschland „Nachhaltige Entwicklung“ all zu oft auf die Bekämpfung einer (möglicherweise imaginären) anthropogenen Erwärmung reduziert. Ökonomische, soziale und reale ökologische Ansprüche werden dem Klimaschutz untergeordnet. Die Dominanz des Klimaschutzes in der gegenwärtigen Energiepolitik verhindert eine wirklich nachhaltige Entwicklung, eine Entwicklung, die sowohl den immens gewachsenen Anforderungen der Gegenwart als auch den berechtigten Interessen nachfolgender Generationen gerecht wird und gleichermaßen Wirtschaft, Umwelt und Gesellschaft dient.

Der gegenwärtige wissenschaftliche Erkenntnisstand rechtfertigt weder die Dominanz noch die Existenz des Klimaschutzes als energiepolitische Grundforderung. Eine moderne Energiewirtschaft muß sich den realen, wissenschaftlich und gesellschaftlich wohlbegründeten Herausforderungen von Gegenwart und Zukunft stellen. Der Klimaschutz gehört nicht zu ihnen, denn: **Die anthropogene Klimakatastrophe wird nicht stattfinden!**

## Literatur

[1] Amt für amtliche Veröffentlichungen der Europäischen Gemeinschaften: Die Europäische Union und die Umwelt. Luxemburg 1998.

[2] Amtsblatt der EU, Nr. S 83 vom 29. 4. 1998, S. 32. RCN 10223.

[3] Amtsblatt der EU, Nr. S 003 vom 22. 12 1998, S. 24. RCN 11864.

[4] Balzer, K.: Deutscher Wetterdienst: Aktueller Stand und Langzeittrends der praktischen Vorhersagbarkeit lokalen Wetters. Vortrag auf der Deutschen Meteorologentagung 14. – 18. September 1998.

[5] Beckmann G. und Klopries, B.: $CO_2$-Anstieg in der Atmosphäre – ein Kardinalproblem der Menschheit. Werkszeitschrift der Hüls AG „Der Lichtbogen", Juli 1989. Zitiert in: E. Roth: Mensch, Umwelt und Energie. Düsseldorf: etv Energiewirtschaft und Technik Verlagsgesellschaft mbH 1991.

[6] Bengtsson, L. : Max-Planck-Institut für Meteorologie, Hamburg: Klimavorhersage – Ergebnisse und Herausforderungen. Abendvortrag anläßlich der Deutschen Meteorologen-Tagung 14.-18. September 1998 in Leipzig (unveröffentlicht).

[7] BP: Zahlen aus der Mineralölwirtschaft 1997.

[8] Berliner Zeitung, Berlin.

[9] Berner, U. , Delisle, G. , Streif, H.: Klimaänderungen in geologischer Zeit. Zeitschrift für Angewandte Geologie, Band 41, Heft 2, 1995.

[10] Bundesministerium für Umwelt, Naturschutz und Reaktorsicherheit: Umweltpolitik. Konferenz der Vereinten Nationen für Umwelt und Entwicklung im Juni 1992 in Rio de Janeiro – Dokumente. Bonn.

[11] Bundesministerium für Umwelt, Naturschutz und Reaktorsicherheit: Umweltpolitik. Klimaschutz in Deutschland. Erster Bericht der Regierung der Bundesrepublik Deutschland nach dem Rahmenübereinkommen der Vereinten Nationen über Klimaänderungen. Bonn 1994.

[12] Bundesministerium für Wirtschaft: Energiedaten '97/'98 - Nationale und internationale Entwicklung. Bonn.

[13] Calder, N.: Die Launische Sonne widerlegt Klimatheorien. Aus dem Englischen. Wiesbaden: Dr. Böttiger Verlags-GmbH 1997

[14] Courtney, Epson, R. S. Großbritannien: Die Risiken des Global Warming. In: Treibhaus-Kontroverse und Ozon-Problem. Tübingen: Europäische Akademie für Umweltfragen e. V. 1996.

[15] Deutsche Bundesstiftung Umwelt: Klimaschutz. Eine Investition in die Zukunft. Vorwort des Generalsekretärs, F. Brickwedde. Osnabrück 1997.

[16] Deutsche Physikalische Gesellschaft: Energiememorandum 1995. Physikalische Blätter, Heft 5/1995.

[17] Deutsche Shell Aktiengesellschaft, Hamburg: Fakten und Argumente – Aktuelle Themen aus der Mineralölwirtschaft, Ausgabe Oktober 1998.

[18] Dietze; P.: Der Klima-Flop des IPCC. http://www.wuerzburg.de/mm-physik/klima/cmodel.htm.

[19] Die Zeit, Hamburg.

[20] Doerell, P.: Ohne $CO_2$ wäre alles tot. Brennstoffspiegel, Heft 9/98.

[21] Eckardt, H.: Bergakademie Freiberg: Betriebsstoffe für Kraftfahrzeuge Leipzig: VEB Deutscher Verlag für Grundstoffindustrie 1965.

[22] Ehlers, J.: Die Klimaentwicklung von den Anfängen bis zum Holozän. In: Warnsignal Klima. Hamburg 1998.

[23] Engelhard, J., Sames, J. , Semrau, G. und Heitmann, B.: Klimavorsorgepolitik aus industrieller Sicht. Energiewirtschaftliche Tagesfragen, Heft 10/1997.

[24] Enquete-Kommission des 11. Deutschen Bundestages „Vorsorge zum Schutz der Erdatmosphäre", Dritter Bericht: „Schutz der Erde". Herausgeber: Deutscher Bundestag, Referat Öffentlichkeitsarbeit, Bonn 1990. Band 1 und 2.

[25] Enquete-Kommission „Schutz der Erdatmosphäre" des 12. Deutschen Bundestages: Erster Bericht „Klimaänderung gefährdet globale Entwicklung. Zukunft sichern – Jetzt handeln". Bonn: Economica Verlag GmbH 1992.

[26] Enquete-Kommission „Schutz der Erdatmosphäre" des 12. Deutschen Bundestages: Schlußbericht „Mehr Zukunft für die Erde – Nachhaltige Energiepolitik für dauerhaften Klimaschutz". Bonn: Economica Verlag GmbH 1995.

[27] ESSO AG, Hamburg: Oeldorado '98.

[28] Europäische Kommission, Generaldirektion Energie (GD XVII): Die Energie in Europa bis zum Jahr 2020 – Ein Szenarien-Ansatz. Luxemburg 1996.

[29] Fließbach, T.: Statistische Physik. Lehrbuch der Theoretischen Physik IV. 2. Auflage. Heidelberg, Berlin, Oxford: Spektrum Akademischer Verlag 1995.

[30] Frenzel, B.: Institut für Botanik, Universität Hohenheim, Stuttgart: Dendroklimatologische Beiträge zur Kenntnis der jüngeren Klimageschichte. In: Warnsignal Klima. Hamburg 1998.

[31] Frenzel, B.: Institut für Botanik, Universität Hohenheim, Stuttgart: 40.000 Jahre Geschichte des Klimas in der Alten Welt. In: Warnsignal Klima. Hamburg 1998.

[32] Gerlich, G.: Institut für mathematische Physik, Technische Universität Braunschweig: Die physikalischen Grundlagen der Treibhauseffekte und fiktiver Treibhauseffekte. In: Treibhaus-Kontroverse und Ozon-Problem. Tübingen: Europäische Akademie für Umweltfragen e. V. 1996.

[33] Gerstengarbe, F.-W.: Potsdam Institut für Klimaforschung, Potsdam: Möglichkeiten und Voraussagen für eine Klimavorhersage. In: Warnsignal Klima, Hamburg 1998.

[34] Graßl, H.: Direktor des Weltklimaforschungsprogramms, Genf: Wir können die globale Erwärmung nur noch bremsen. Interview vdi nachrichten, Nr. 1 vom 2. Januar 1999.

[35] Grimm; W.: Spielt $CO_2$ als Treibgas eine Rolle? Brennstoffspiegel, Heft 8/98.

[36] Hasselmann, K.: Direktor des Max-Planck-Instituts für Meteorologie und Wissenschaftlicher Direktor am Deutschen Klimarechenzentrum, Hamburg: Klimaforschung im Kreuzfeuer der Interessen. Interview. Energiewirtschaftliche Tagesfragen, Heft 10/1997.

[37] Hasselmann, K.: Max-Planck-Institut für Meteorologie, Hamburg: Kaum noch Zweifel an Klimaänderung. Interview. STROMTHEMEN, Nr. 12, Dezember 1998.

[38] Hauschild, A., Lange, H. J. und Spitzer, H. J.: Humboldt-Universität Berlin und Freie Universität Berlin: Vorschlag zur Trennung der 'Klima-' von den 'Wetterskalen'. Poster-Ausstellung anläßlich der Deutschen Meteorologen-Tagung 14.-18. September 1998 in Leipzig.

[39] Hegerl, G. , Hasselmann, K. und Latif, M.: Natürliche Klimavariabilität und anthropogene Klimabeeinflussung. In: Warnsignal Klima. Hamburg 1998.

[40] Helm, C. und Schellnhuber, H.-J.: Potsdam-Institut für Klimafolgenforschung, Potsdam: Wissenschaftliche Aussagen zum Klimawandel – Zum politischen Umgang mit objektiv unsicheren Ergebnissen der Klimaforschung. In: Warnsignal Klima. Hamburg 1998.

[41] Heuseler, H.: „Ötzi" starb einsam auf hartem Fels – Gletscherforschung/Klimazeugen im Eis – Alpengletscher erreichen wieder „Normalzustand". Handelsblatt, 3. 12. 1997/Nr. 233.

[42] Hillebrand, B.: Rheinisch-Westfälisches Institut für Wirtschaftsforschung, Essen, J. Wackerbauer, ifo Institut für Wirtschaftsforschung, München, u.a.: Gesamtwirtschaftliche Beurteilung von $CO_2$-Minderungsstrategien. Untersuchungen des Rheinisch-Westfälischen Instituts für Wirtschaftsforschung, Heft 19. Essen 1996

[43] Hörmann, G.: Projektzentrum Ökosystemforschung, Universität Kiel, und F. M. Chmielewski, Lehrgebiet Agrarmeteorologie, Humboldt-Universität Berlin: Auswirkungen auf Landwirtschaft und Forstwirtschaft. In: Warnsignal Klima. Hamburg 1998.

[44] Hug, H.: Die Klimakatastrophe – ein spektroskopischer Artefakt? http://www.wuerzburg.de/mm-physik/klima/artefact.htm.

[45] Hupfer, P., Graßl, H. und Lozán, J. L.: Überblick: Warnsignale aus der Klimaentwicklung. In: Warnsignal Klima. Hamburg 1998.

[46] Hupfer, P.: Institut für Physik, Humboldt-Universität Berlin: Klima und Klimasystem. In: Warnsignal Klima. Hamburg 1998.

[47] Hupfer, P. und Schönwiese, C.-D.: Zur beobachteten Klimaentwicklung im 19. und 20. Jahrhundert: Gefahr im Verzug? In: Warnsignal Klima. Hamburg 1998.

[48] Huybrechts, P. : Departement Geografie, Vrije Universiteit Brussel (Belgien): Veränderungen der großen Eisschilde. In: Warnsignal Klima. Hamburg 1998.

[49] Kinzelbach, R.: Fachbereich Biologie, Allgemeine und spezielle Zoologie, Universität Rostock: Klima und Biodiversität. In: Warnsignal Klima. Hamburg 1998.

[50] Klemmer, P.: Rheinisch-Westfälisches Institut für Wirtschaftsforschung (RWI), Essen: $CO_2$-Reduktionspolitik – hat sich Deutschland übernommen? Energiewirtschaftliche Tagesfragen, Heft 10/1997.

[51] Kommission der Europäischen Gemeinschaften: Vorschlag für eine Richtlinie des Rates zur Restrukturierung der gemeinschaftlichen Rahmenvorschriften zur Besteuerung von Energieerzeugnissen. Brüssel, den 12 03. 1997 KOM(97) 30 endg. 97/011(CSN).

[52] Krahmer, P.: Der Klima Flop? http://www.wuerzburg.de/wue/bildung/mm-physik/klima3 htm

[53] Krahmer, P.: Grössen-Ordnungen. http://www.wuerzburg.de/wue/bildung/mm-physik/bilanz1.htm.

[54] Landscheidt, T.: Schroeter Institute for the Study of Cycles in the Sun's Activity, Belle Côte, Nova Scotia, Canada. Solar Activity: A Dominant Factor in Climate Dynamics.

[55] Lassen, K. : Dänisches Meteorologisches Institut, Kopenhagen: Long-term Variations in Solar Activity and Their Apparent Effect on the Earth's Climate. Energy & Environment. Volume 9, Number 6 1998. Brentwood, Essex: Multi-Science Publishing Co. Ltd. 1998.

[56] Latif, M.: Max-Planck-Institut für Meteorologie, Hamburg, und J. Meincke, Institut für Meereskunde, Universität Hamburg: Veränderungen im Nordatlantik. In: Warnsignal Klima. Hamburg 1998.

[57] Leipziger Volkszeitung, Leipzig.

[58] Lindzen, R. S. Proc. Nat. Acad. Of Sciences, 94, 8335 (1997).

[59] Lozán, J. L.: Einfluß des Klimas auf die Kulturgeschichte der Menschen. In: Warnsignal Klima. Hamburg 1998.

[60] Lozán, J. L., Graßl, J. L. und Hupfer, P. : (Herausgeber): Warnsignal Klima. Sammelband. Hamburg: Wissenschaftliche Auswertungen 1998.

[61] Meinhold, R.: Erdölwirtschaft und –lagerstätten mit besonderer Berücksichtigung der europäischen Erdölversorgung. Berlin: Akademie-Verlag GmbH 1963.

[62] Mende, W. : Berlin-Brandenburgische Akademie der Wissenschaften, Berlin, und R. Stellmacher, Institut für Meteorologie, Freie Universität Berlin: Orbitale und solare Faktoren mit Langzeitwirkung auf das Klima. In: Warnsignal Klima. Hamburg 1998.

[63] Metzner, H.: Universität Tübingen: Gibt es einen $CO_2$-induzierten Treibhaus-Effekt? In: Treibhaus-Kontroverse und Ozon-Problem. Tübingen: Europäische Akademie für Umweltfragen e. V. 1996.

[64] Metzner, H.: A revised View on the Cause of „Global Warming“: Scientists' Reply to the IPCC Reports. Energy & Environment. Volume 9, Number 6 1998. Brentwood, Essex: Multi-Science Publishing Co. Ltd. 1998.

[65] Metzner, H.: Präsident der Europäischen Akademie für Umweltfragen: Das Klima – eine Katastrophe? Akzente, Heft 2/98.

[66] Ministerium für Bau, Landesentwicklung und Umwelt Mecklenburg-Vorpommern: Klimaschutzkonzept Mecklenburg-Vorpommern, Band I: Landesspezifische Handlungsschwerpunkte und Ergebnisse. Schwerin, April 1997.

[67] Müller, E. und Müller, T. : Wuppertal Institut für Klima, Umwelt, Energie, Wuppertal: Die zwei Gesichter der Ökonomie im Klimaschutz. In: Warnsignal Klima. Hamburg 1998.

[68] Nakicenovic, N. , Grübler, A. und McDonald, A.: (International Institute for Applied Systems Analysis IIASA, World Energy Council WEC): Global Energy Perspectives. Cambridge University Press 1998.

[69] N.N.: Folgekosten des Treibhauseffektes: Unterlassener Klimaschutz wird teuer. ENERGIETRENDS Oktober 1995.

[70] Pauer, W. : Technische Hochschule Dresden: Einführung in die Kraft- und Wärmewirtschaft. Dresden und Leipzig: Verlag von Theodor Steinkopff 1959.

[71] Pilardeaux, B. und Schulz-Baldes, M.: Wissenschaftlicher Beirat der Bundesregierung – Globale Umweltveränderungen, Bremerhaven: Desertifikation. In: Warnsignal Klima. Hamburg 1998.

[72] Press, F. und Siever, R.: Allgemeine Geologie. Aus dem Amerikanischen. Heidelberg, Berlin, Oxford: Spektrum Akademischer Verlag. 1995.

[73] Raith, W.: Fakultät für Physik, Universität Bielefeld: Erde und Planeten. Band 7 von: Bergmann/Schaefer: Lehrbuch der Experimentalphysik. Berlin, New York: Walter de Gruyter 1997.

[74] Riebesell, U.: Alfred-Wegener-Institut für Polar- und Meeresforschung, Bremerhaven: Kohlendioxidzunahme und Rolle des marinen Phytoplanktons. In: Warnsignal Klima. Hamburg 1998.

[75] Riesenberg, R.: Universität Jena: Treibhauseffekt von Wasserdampf bestimmt – Eine quantitative Abschätzung aus Infrarotspektren. In: Treibhaus-Kontroverse und Ozon-Problem. Tübingen:Europäische Akademie für Umweltfragen e. V. 1996.

[76] Roedel, W.: Institut für Umweltphysik, Universität Heidelberg: Physik unserer Umwelt: Die Atmosphäre. Zweite überarbeitete und aktualisierte Auflage. Berlin, Heidelberg, New York: Springer-Verlag 1994.

[77] Sächsische Zeitung, Dresden.

[78] Schönwiese, C. D.: Institut für Meteorologie und Geophysik der Universität Frankfurt a. M.: Global and Regional Climate Changes – Multiple Statistical Estimation of the Causes Taken from Observed Data. Energy & Environment. Volume 9, Number 6 1998. Brentwood, Essex: Multi-Science Publishing Co. Ltd. 1998.

[79] Schönwiese, C.-D. , Walter, A. und Meyhöfer, S.: Institut fü Meteorologie und Geophysik der Universität Frankfurt a. M.: Statistische Schätzung regional-jahreszeitlich differenzierter anthropogener sowie natürlicher Temperatursignale auf der Grundlage globaler Betrachtungsdaten. Vortrag auf der Deutschen Meteorologentagung 14. – 18. September 1998 in Leipzig.

[80] Schürer, H. J.: Die Mühlen mahlen – langsam. Zeitung für Kommunalwirtschaft, 10. Oktober 1998.

[81] Schumann, U.: Deutsches Zentrum für Luft- und Raumfahrt, Institut für Physik der Atmosphäre, Oberpfaffenhofen: Spurenstoffe und Wolken in der Tropopausenregion. Festvortrag anläßlich der Deutschen Meteorologen-Tagung 14.-18. September 1998 in Leipzig.

[82] Seiler, W., Hahn, J.: Fraunhofer Institut für Atmosphärische Umweltforschung, Garmisch-Partenkirchen: Der natürliche und anthropogene Treihauseffekt – Veränderung der chemischen Zusammensetzung der Atmosphäre durch menschliche Aktivitäten. In: Warnsignal Klima. Hamburg 1998.

[83] Shine, K.P. und Sinha, A.: Nature 354, 382 (1991).

[84] Stahl, W.: Bundesanstalt für Geowissenschaften und Rohstoffe: Die Klimaentwicklung aus geowissenschaftlicher Sicht. Manuskript eines Vortrages in der Sitzung des Ausschusses für Berg- und Rohstoffwirtschaft der Wirtschaftsvereinigung Bergbau am 24. November 1998

[85] Tetzlaff, G.: Meteorologisches Institut der Universität Leipzig: Wir wissen nicht schlüssig, wohin die Klima-Reise geht. Interview. Leipziger Volkszeitung, 7. Juli 1998.

[86] Thiede, J.: Alfred-Wegener-Institut für Polar- und Meeresforschung, Bremerhaven, und R. Tiedemann, Forschungszentrum für marine Geowissenschaften GEOMAR, Kiel: Die Alternative: Natürliche Klimaveränderungen – Umkippen zu einer neuen Kaltzeit? In: Warnsignal Klima. Hamburg 1998.

[87] Thüne, W. : Ministerium für Umwelt und Forsten, Rheinland-Pfalz: Eintausend Jahre Klimageschichte. In: Treibhaus-Kontroverse und Ozon-Problem. Tübingen: Europäische Akademie für Umweltfragen e. V. 1996.

[88] Thüne, W.: Die „Klimakatastrophe“ ist paradox. Brennstoffspiegel, Heft 7/97.

[89] Thüne, W.: Der Treibhaus-Schwindel. Saarbrücken: Wirtschaftsverlag Discovery Press 1998.

[90] Thüne, W.: Wettersatelliten widelegen Treibhaus-These. vdi nachrichten, Nr. 45/98 vom 6. November 1998.

[91] Tipler, P. A.: Physik. Aus dem Amerikanischen. Heidelberg, Berlin, Oxford: Spektrum Akademischer Verlag 1998.

[92] TK aktuell, Mitgliederzeitschrift der Techniker Krankenkasse.Nr.3/97.

[93] Voß, R. und U.: Cubasch: Einfluß der Variabilität der solaren Einstrahlung auf das Klima in einem gekoppelten Atmosphären-Ozean-Zirkulationsmodell. Vortrag auf der Deutschen Meteorologentagung 14. – 18. September 1998 in Leipzig.

[94] Wagner, E.: Vereinigung Deutscher Elektrizitätswerke VDEW: Nutzung erneuerbarer Energieträger durch die Elektrizitätswirtschaft – Stand 1997. Elektrizitätswirtschaft, Heft 24/1998.

[95] Weber, G.-R.: Welchen Hinweis gibt es auf den anthropogenen Treibhauseffekt? In: Treibhaus-Kontroverse und Ozon-Problem Tübingen: Europäische Akademie für Umweltfragen e. V. 1996.

[96] von der Weiden, S.: Die Klimakatastrophe – nur ein Irrtum? kosmos, Juli 1998.

[97] Wengner, M.: Kraftwerkseinrichtungen und –anlagen. 1. Lehrbrief. Berlin: VEB Verlag Technik 1954.

[98] Wiemer, K.: Fachgebiet Abfallwirtschaft und Recycling, Universität Kassel, und I. Tappen, Witzenhausen-Institut für Abfall, Umwelt und Energie, Witzenhausen: Abfallwirtschaft und Klimaschutz. Wasser und Abfall, Heft 1-2/1999.

[99] Witte, H.: Handbuch der Energiewirtschaft, Band 1. Leipzig: VEB Deutscher Verlag für Grundstoffindustrie 1965.

[100] Wittke, F. und Ziesing, H.-J.: Deutsches Insitut für Wirschaftforschung DIW, Berlin: Primärenergieverbrauch 1998 wiederum gesunken. Wochenbericht des DIW 5/99.

# 5 Strahlenbelastungsrisiken bei Brennelementtransporten deutscher Kernkraftwerke

Helmut Völcker

## 5.1 Vorbemerkung

Die Vorgänge vom Mai 1998 im Zusammenhang mit Grenzwertüberschreitungen bei Transporten bestrahlter Brennelemente in Deutschland, Frankreich und Großbritannien geben Veranlassung, die tieferliegenden Gründe für die unangemessenen deutschen Reaktionen auf nachweislich für die Gesundheit von Menschen irrelevanten Kontaminationen zu hinterfragen [1-3]. Es ist zu fragen: Wie ist es zu erklären, daß "soviel Lärm um Nichts" entstehen konnte und trotz der rasch erfolgten sachlichen Aufklärung die Aufgeregtheit in Medien und Öffentlichkeit anhielt und von politischem Aktionismus begleitet wurde.

Gestützt auf die radiologische Beurteilung der Meßergebnisse von Brennelementtransporten auf öffentlichen Verkehrswegen, wird die Irrelevanz der Strahlendosen für die Strahlenbelastung aller dabei möglicherweise betroffenen Menschen belegt [4, 5]. Dies geschieht durch Gegenüberstellung mit naturbedingt unabwendbaren Strahlenbelastungen des Menschen und solchen, denen er sich freiwillig durch Lebensgewohnheiten und Gesundheitsvorsorge aussetzt.

Es wird eine Deutung versucht, wie die öffentliche Behandlung der Vorgänge um die kontaminierten Brennelementtransportbehälter aus deutschen Kernkraftwerken in die Befindlichkeit der modernen Industriegesellschaft einzuordnen ist und welche Schlüsse daraus jenseits einer Zuordnung zu taktischen parteipolitischen Zielsetzungen für die Zukunft des Industriestandortes Deutschland zu ziehen sind.

## 5.2. Radioaktivität und Strahlenbelastung

Atomkerne, die sich ohne äußere Einwirkung durch Aussendung von Strahlung in Form von Teilchen oder Energiequanten umwandeln, bezeichnet man als radioaktiv. Die Radioaktivität einer Substanz wird durch die Zahl der Kernumwandlungen pro Zeiteinheit charakterisiert. Als Maßeinheit wurde das Becquerel (Bq) definiert, es entspricht einem Umwandlungsereignis pro Sekunde. Als Halbwertszeit, die für die Radioaktivität einer bestimmten Atomkernart charakteristisch ist, wird die Zeit bezeichnet, in der von einer ursprünglich vorhandenen Menge radioaktiver Atome die Hälfte zerfallen ist

Die Angabe der Aktivität einer Substanz in Becquerel erlaubt keine Aussage über die mit ihr verbundene Strahlengefährdung für den Menschen. Zur Gefahrenbeurteilung bedarf es der Kenntnis über die Energie, die durch die Strahlung in den menschlichen Körper eindringt und darin absorbiert wird. Als Energiedosis wird die pro Masseneinheit absorbierte Strahlenenergie definiert und in Joule pro kg gemessen, wobei die Maßeinheit Gray (Gy) einem Joule pro kg entspricht.

Auch diese Größe ist noch kein unmittelbares Maß für die Strahlenbelastung, weil die biologische Wirkung radioaktiver Strahlung auch noch von der Art der Strahlung abhängt. Sie ist für die verschiedenen Kernteilchen unterschiedlich, was durch einen dimensionslosen sogenannten Qualitätsfaktor berücksichtigt wird, der beispielsweise für Elektronen (die sogenannte Beta-Strahlung) 1 und für Helium-Kerne, die aus zwei Protonen und zwei Neutronen bestehen (die sogenannte Alpha-Strahlung) 20 beträgt. Das Produkt aus Energiedosis und Qualitätsfaktor bezeichnet man als Äquivalentdosis. Sie hat die gleiche Dimension wie die Energiedosis, wird aber in der Einheit Sievert (Sv) angegeben.
Die in der Zeiteinheit bei der Bestrahlung aufgenommene Äquivalentstrahlendosis wird als Äquivalentstrahlendosisleistung bezeichnet, die sich wahlweise, z.B. bezogen auf eine Stunde (Sv/h), einen Tag (Sv/d) oder ein Jahr (Sv/a), angeben läßt.

Da die verschiedenen Gewebearten des menschlichen Körpers unterschiedliche Empfindlichkeiten gegenüber Strahlung aufweisen, muß bei der Risikobetrachtung der Strahlenexposition genau beachtet werden, welche Organe und Gewebe, für die unterschiedliche Wichtungsfaktoren festgelegt worden sind, mit welcher Äquivalentdosisleistung belastet worden sind, um die sogenannte effektive Äquivalentdosis – angegeben in Sv – zu bestimmen. Die effektive Äquivalentdosis ist mit dem tatsächlichen Strahlenrisiko gleichzusetzen.

Zum Schutz der Bevölkerung gilt zur Zeit in der Bundesrepublik Deutschland als Grenzwert für die Ganzkörperbelastung durch radioaktive Ableitung aus kerntechnischen Anlagen über Luftpfad und Wasserpfad eine effektive Äquivalentdosisleistung von 0,3 mSv/a. Für beruflich strahlenexponierte Personen beträgt der entsprechende Grenzwert gegenwartig in Deutschland 50 mSv/a [4].

## 5.3 Naturbedingte Strahlenbelastungen des Menschen

Der Mensch ist auf der Erde ionisierender Strahlung aus mehreren Quellen, die in der Natur ohne menschliches Zutun vorkommt, permanent ausgesetzt: Aus dem Weltall erreicht uns sogenannte kosmische Strahlung direkt oder durch sie in der Erdatmosphäre erzeugte radioaktive Nuklide, die ionisierende Strahlen aussenden.

Die Intensität dieser Strahlung richtet sich nach der Höhe des Aufenthaltsortes über dem Meeresspiegel. Sie liegt beispielsweise in der Norddeutschen Tiefebene bei 0,3 mSv/a, in 1000 m Höhe (z.B. Garmisch-Partenkirchen) bei 0,4 mSv/a und auf der Zugspitze bei über 1,1 mSv/a.

- Auf der Erde kommen natürliche Radionuklide mit sehr langen Halbwertszeiten vor, die sich bei ihrem Zerfall direkt oder über mehrere Stufen in stabile Atome umwandeln und dabei ionisierende Strahlungen aussenden. Zu nennen sind hier besonders Kalium, Thorium und Uran. Kalium enthält zu 0,0117 % das radioaktive Isotop Kalium 40, das unter Aussendung ionisierender Strahlung mit einer Halbwertszeit von 1,3 Mrd. Jahren in ein stabiles Isotop zerfällt. Thorium und Uran mit ebenfalls sehr langen Halbwertszeiten (Th232 Halbwertszeit 16 Mrd a, U238 4,5 Mrd. a) zerfallen in mehreren Stufen in inaktive Isotope des Bleis. Dabei werden laufend Radionuklide mit z.T. sehr kurzen Halbwertszeiten gebildet. Zusammen mit weiteren, weniger wichtigen natürlichen Radionukliden verursachen diese eine Gesamtstrahlenbelastung durch die sogenannte äußere Bestrahlung mit einer durchschnittlichen Dosisleistung von 0,5 mSv/a [6].

- In den zuvor erwähnten Zerfallsreihen des Thoriums und Urans tritt auch das radioaktive Edelgas Radon auf, dessen Konzentration in geschlossenen Räumen von den verwendeten Baustoffen und den Luftwechseln abhängt und im Freien von geologischen und meteorologischen Gegebenheiten bestimmt wird. Seine Inhalation mit der Atemluft liefert den größten Einzelbeitrag zur inneren Strahlenbelastung des Menschen und führt im Bundesdurchschnitt bei Erwachsenen zu einer Dosisleistung von 1,3 mSv/a.

- Zur inneren Strahlenbelastung des Menschen trägt auch die Aufnahme natürlicher Radionuklide mit Nahrung und Trinkwasser bei. Der größte Einzelbeitrag geht auf das oben erwähnte Kalium zurück,. von dem ein erwachsener Mensch täglich etwa 3 g aufnimmt und 140 g in den aktiven Zellen bzw. der Muskulatur gespeichert hat, und das für Herz-, Muskel- und Nervenfunktionen lebensnotwendig ist. Die durch dieses und andere natürliche Radionuklide verursachte Dosisleistung beträgt beim Erwachsenen durchschnittlich 0,3 mSv/a.

In Summe ergibt sich daraus für den erwachsenen Menschen in Deutschland eine mittlere naturbedingte Belastung mit einer Dosisleistung von rd. 2,4 mSv/a. Sie liegt für höher gelegene Orte und in Gebieten mit erhöhten Gehalten an natürlichen Radionukliden im Boden, wie beispielsweise in Teilen des Schwarzwaldes, des Bayerischen Waldes und des Erzgebirges, um bis zu 1,5 mSv/a höher.

Eine Besonderheit zivilisationsbedingter Strahlenbelastung stellen Flugreisen in großen Höhen dar, weil die durch Höhenstrahlung verursachte Dosisleistung ionisierender Strahlung mit zunehmender Höhe über NN zunimmt und erst bei ca. 20.000 m Höhe ein Maximum erreicht. Bei den üblichen Durchschnittsflughöhen von ca. 10.000 m ergibt sich eine Dosisleistung von etwa 0,002 mSv/h. Diese Zusatzbelastung fällt erkennbar auch bei Fernreisen mit 10 Stunden Flugdauer und mehr gegenüber der naturbedingten Strahlenbelastung nicht ins Gewicht. Selbst Flugzeugbesatzungen, die bei jährlich veranschlagten 500 Flugstunden eine Zusatzdosisleistung von 1 mSv/a erhalten, gelten nach den Festlegungen der internationalen Strahlenschutzkommission nicht zu den beruflich strahlenexponierten Personen, weil ihre Gesamtbelastung im Rahmen der Schwankungsbreite der natürlichen Strahlenbelastung der Bevölkerung liegt [4].

## 5.4 Zivilisationsbedingte Strahlenbelastungen des Menschen

Neben der natürlichen Strahlenbelastung sind die Menschen auch zivilisatorisch bedingten, künstlichen Strahlenquellen permanent oder sporadisch ausgesetzt, die zu zusätzlichen Strahlenbelastungen führen. Im wesentlichen sind dies

- Strahlenanwendungen in der Medizin
  Für medizinische Diagnostik und Therapie angewendete Strahlenquellen führen bei durchschnittlich in Deutschland jährlich zwei Röntgenuntersuchungen zu einer mittleren effektiven Dosisleistung von im Mittel 1,5 mSv/a.
  Spezialuntersuchungen und Strahlentherapien, bei denen zum Teil wesentlich höhere Dosisleistungen verabreicht werden, bleiben hier außer Betracht. Sie tragen aber zu den Durchschnittswerten wegen ihrer geringen Anzahl nur vernachlässigbar zu den angegebenen statistischen Mittelwerten im Bevölkerungsdurchschnitt bei.

- Oberirdische Kernwaffenversuche (Fall out)
  Die Strahlung von freigesetzten Radionukliden aus oberirdischen Kernwaffenversuchen ist wegen der seit Jahren international vereinbarten Teststops - Großbritannien, USA und UdSSR verzichteten bereits 1963 auf solche Versuche - inzwischen weitgehend abgeklungen und nur noch auf die innere Bestrahlung von Menschen durch die inkorporierten Isotope Cäsium 137 und Strontium 90 zurückzuführen. Die durchschnittliche Strahlenbelastung Erwachsener in der Bundesrepublik Deutschland aufgrund dieser Ursache beträgt im Mittel weniger als 0,01 mSv/a und klingt laufend weiter ab.

- Beim Reaktorunfall in Tschernobyl freigesetzte Radionuklide
  Bei dem schweren Reaktorunfall am 26. April 1986 im Kernkraftwerk Tschernobyl in der Ukraine kam es zu einer erheblichen Freisetzung von Radionukliden in die Atmosphäre, die zum Teil vom Wind bis in weite Entfer-

nungen vom Reaktorstandort getragen und auf der Erdoberfläche abgelagert wurden. Von diesen Radionuklidablagerungen war auch Deutschland betroffen, wobei wetterbedingt starke regionale Schwankungen auftraten, als deren Folge der Süden des Landes am stärksten kontaminiert war. Durchschnittlich werden die Menschen in Deutschland aufgrund dieses Unfalls mit einer Zusatzdosisleistung von rd. 0,04 mSv/a belastet, die weitgehend auf das Radionuklid Cäsium 137 zurückzuführen ist, langsam abklingt, aber wegen dessen Halbwertszeit von rd. 30 Jahren noch längere Zeit andauern wird.

- Künstliche Radionuklide in Kernkraftwerken und anderen kerntechnischen Anlagen
  Die Strahlung der künstlich entstehenden Radionuklide in Kernkraftwerken und anderen kerntechnischen Anlagen wird nach den in Deutschland geltenden Genehmigungsvorschriften durch Abschirmung so begrenzt, daß an deren Zaun beim Daueraufenthalt die Dosisleistung max. 0,005 mSv/a beträgt.

- Transporte radioaktiver Stoffe, insbesondere bestrahlter Brennelemente und dafür verwendete Transportbehälter
  Die Strahlung von Transportbehältern für bestrahlte Brennelemente und hochradioaktive Abfälle wird nach den international gültigen Zulassungsvorschriften für Nukleartransporte durch die Behälterkonstruktion - im wesentlichen die Behälterwandstärke - soweit abgeschirmt, daß die Strahlendosisleistung in 2 m Abstand von der Behälteroberfläche weniger als 0,1 mSv/h beträgt. Die an den deutschen Castor-Behältern bei den Transporten in die Brennelement-Zwischenlager Ahaus und Gorleben gemessenen Dosisleistungen betrugen nur 1/3 dieses Zulassungswertes. Der Beobachter eines vorbeifahrenden Transportes würde demnach einmalig mit einer Zusatzdosis von ca. 0,0003 mSv belastet, eine Begleitperson während 6 Stunden in einem Abstand von 2 m vom Behälter (beispielsweise Polizisten) mit 0,2 mSv.

## 5.5 Kontaminationsbedingte Strahlenbelastungen von Brennelementtransportbehältern

Bei einer Reihe von Transporten bestrahlter Brennelemente aus deutschen Kernkraftwerken in den Jahren 1997 und 1998 zu Wiederaufarbeitungsanlagen in Frankreich und Großbritannien sind oberflächliche Verunreinigungen (radioaktive Kontaminationen) festgestellt worden, durch die die festgelegten Grenzwerte der Oberflächenkontamination teilweise deutlich überschritten wurden [5, 7, 8]. Alle Kontaminationen waren flächenmäßig eng begrenzt und befanden sich innerhalb der Schutzhauben der Transportfahrzeuge, Waggons oder Behälter. Als radioaktive Verunreinigungen wurden Cäsium 137 und Kobalt 60 identifiziert, die von Resten kontaminierten Wassers aus kleinsten Hohlräumen, Poren und unzugänglichen Stellen an der Außenseite der Behälter stammen. Zum Beladen werden die Behälter in die Abklingbecken der Kernkraftwerke abgesenkt (Naßbeladung). Die Dichtheit der Behälter war vor, während und nach den Transporten stets gegeben.

Die höchste Kontamination wurde an einem französischen Transportbehälter vom Typ TN gemessen und zur Risikobewertung den Berechnungen für die mögliche Strahlenbelastung für Begleitpersonal und Bevölkerung durch die deutsche Strahlenschutzkommission zugrundegelegt. Sie ergab im wesentlichen folgende Ergebnisse:
In 1 m Abstand betrug die Strahlungsdosisleistung weniger als 0,000005 mSv/h für Kobalt 60 bzw. weniger als 0,000002 mSv/h für Cäsium 137.

Hätte jemand, der mit den Behältern berufsmäßig in Kontakt kam, die Gesamtmenge dieser Verunreinigungen inhaliert, so wäre seine einmalige Strahlenbelastung max. 0,5 mSv gewesen. Hätte derjenige die Kontamination abgeleckt und verschluckt, so wäre seine max. Strahlenbelastung 0,2 mSv gewesen. Beide Verhaltensweisen sind jedoch praktisch als ausgeschlossen zu betrachten. Begleitenden Polizeischutz hat es bei den außenkontaminierten Behältern und Transportfahrzeugen auf dem Weg nach Frankreich bzw. Großbritannien nicht gegeben.

Die vorsorgliche Überprüfung der unter Polizeischutz in die Brennelement-Zwischenlager Ahaus und Gorleben transportierten deutschen Castor-Behälter ergab, daß nur in einem Fall eine geringfügige, über dem Grenzwert liegende Außenkontamination festzustellen war. Deren Strahlenwirkung lag um mehr als einen Faktor 1.000 unter der oben dargestellten für die höchste festgestellte Kontamination an einem französischen Transportbehälter.

## 5.6 Vergleichende Wertung der Strahlenbelastungen in Deutschland

Die Gegenüberstellung der hier zusammengefaßten Einzelbeiträge zur durchschnittlichen Strahlenbelastung der Bevölkerung in Deutschland erlaubt folgende Schlüsse:

- Die natürliche Strahlenbelastung in Deutschland schwankt zwischen 1,5 mSv/a und 4 mSv/a und beträgt im Mittel 2,4 mSv/a. Sie übersteigt die zivilisationsbedingte Strahlenbelastung deutlich und macht im Durchschnitt fast 2/3 der Gesamtbelastung aus. Der überwiegende Anteil von annähernd 60 % entfällt dabei auf die Strahlenwirkung von Radon.

Die zivilisationsbedingten Strahlenbelastungen in Deutschland sind weitestgehend auf Röntgendiagnostik zurückzuführen. Demgegenüber sind die Strahlendosen aus Kernwaffentests, dem Tschernobyl-Unfall und den Auswirkungen der friedlichen Nutzung der Kernenergie praktisch vernachlässigbar, weil sie weit unter der Schwankungsbreite der Strahlenbelastungen liegen, denen der Mensch natürlicherweise ausgesetzt ist.

Die festgestellten Kontaminationen von Brennelementtransportbehältern haben keine Erhöhung der Strahlenbelastung für die Bevölkerung und das Begleitpersonal der Transporte zur Folge gehabt, so daß eine Gesundheitsgefährdung ausgeschlossen ist

Für die deutschen Castor-Behälter hat sich wegen der vernachlässigbaren Kontamination in einem einzigen Fall eine Gefährdungsanalyse erübrigt, weil eine resultierende Strahlenbelastung vollständig ausgeschlossen werden konnte.

## 5.7 Reaktionen auf die Grenzwertüberschreitungen kontaminierter Brennelementtransportbehälter

Nachdem bei den Castor-Transporten nach Gorleben und Ahaus zuletzt im März 1998 Tausende von Polizisten für die Absicherung und Begleitung zum Schutz gegen Übergriffe von demonstrierenden, Schienen- und Straßen-blockierenden Kernkraftwerksgegnern aufgeboten werden mußten, konnten die Reaktionen seit Mai 1998 auf das Bekanntwerden von Grenzwertüberschreitungen bei ähnlichen Transporten nicht überraschen:
Heftige Kritik der Medien, öffentliche Empörung und schnelle Verurteilungen durch Politiker übertönten die Hinweise der an den Transporten Beteiligten, daß überhaupt keine Meldepflicht für die Vorgänge auch bei Grenzwertüberschreitungen bestand und keine Gesundheitsgefährdungen von Menschen eingetreten waren. Auch die Feststellung, daß es sich nicht um deutsche Castor-Behälter handelte, fand keine Beachtung.

In Abstimmung mit dem Bundesumweltministerium wurden seitens der beteiligten Unternehmen am 20 Mai 1998 weitere Brennelementetransporte bis zur vollständigen Aufklärung der Ursachen und der Umsetzung eines vom Bundesumweltministerium am 25 Mai 1998 öffentlich vorgelegten 10-Punkte-Maßnahmen-Planes gestoppt.

Die von Kernkraftwerksbetreibern danach an unabhängige Expertenkommissionen in Auftrag gegebene kritische Überprüfung der Vorgänge um die Außenkontaminierung der Brennelementtransportbehälter kamen übereinstimmend zu dem Ergebnis, daß die Verunreinigungen nicht meldepflichtig waren und keine Verstöße gegen rechtliche Handlungs-, Melde- und Informationspflichten vorgelegen haben. Es wurde von den Gutachtern lediglich empfohlen, eine Reihe von Maßnahmen zur Verbesserung des Informationsflusses zukünftig zu ergreifen.

Dessen ungeachtet haben die Kernkraftwerksbetreiber vorgeschlagen, die Behälter zukünftig durch einen Kunststoffüberzug gegen radioaktive Partikel aus dem Umgebungswasser bei der sogenannten nassen Beladung in den Kernkraftwerken zu schützen und so jegliche Außenkontamination auszuschließen. Die Gesellschaft für Anlagen- und Reaktorsicherheit (GRS) hat sich in einer abschließenden Stellungnahme zu den Verunreinigungen an Transportbehältern und dem Transportgerät diesem Vorschlag der Elektrizitatsversorgungsunternehmen angeschlossen [9].

## 5.8 Schlußfolgerungen

Die Behandlung des Themas in der Offentlichkeit liegt auf der Linie der ökologischen Dauerkrisenberichterstattungen unserer Medien, die durch ihre Maßlosigkeit Aufmerksamkeitsblockaden gegenüber den tatsächlichen Gegebenheiten hervorrufen und insoweit für die Massenhysterie verantwortlich zeichnen. Dabei steht die Kontamination der Brennelementbehälter nur als Einzelfall und Muster für die Darstellung vieler sogenannter Umweltkatastrophen. In dieser Art der Behandlung solcher Themen manifestiert sich zugleich der Bedeutsamkeitsverlust wissenschaftlich belegter Fakten für Öffentlichkeit und Politik [10].

Das Verhalten der Öffentlichkeit in diesem Fall ist durch ein Phänomen bestimmt, das Hermann Lübbe als den Kompetenzverlust des Common-Sense bezeichnet hat und das er als rationalitätskrisenträchtig einstuft [10]. Es ist vermutlich die schlüssige Antwort auf die von vielen Wissenschaftlern in der Fachpresse gestellte Frage, warum die radiologischen Fakten, die weiter oben zusammenfassend dargestellt sind, in der Debatte wenig, wenn nicht überhaupt keine Beachtung fanden. Exemplarisch steht dieser Vorgang für die Schwierigkeit erfahrbar gewordener Grenzen unserer Versuche, zivilisationsspezifische Kompetenzverluste des Common-Sense durch Aufbietung von Mitteln der Wissenschaft selbst zu kompensieren [10].

Die Reaktionen aus der Politik sind differenziert nach Positionen weit gefächert, aber in keinem Fall schlüssig und im Hinblick auf die Tatsachen weitgehend unbegründet. Sie reichen vom Aktionismus bis zur angsterzeugenden Übertreibung und zur Pauschalverdammung der friedlichen Kernenergienutzung. Ohne die Einzelheiten des vom Umweltministerium im Mai vorgelegten 10-Punkte-Maßnahmen-Plans zu erörtern, dessen Einhaltung die kernkraftwerksbetreibenden deutschen

Elektrizitätsversorgungsunternehmen akzeptiert haben, muß hier festgehalten werden, daß unter Gesichtspunkten des Strahlenrisikos und der Gesundheitsvorsorge das generelle Transportverbot in Deutschland eine unangemessene Maßnahme darstellte. Diese Bewertung gilt nachdrücklich für die Zeit nach Bekanntwerden der relevanten Meßdaten und deren Analyse durch die Strahlenschutzkommission der Bundesrepublik Deutschland. Konsequenterweise müßten die Behörden gegen vergleichbare und höhere zivilisatorische Strahlenbelastungen, denen sich Menschen freiwillig aussetzen, mit eindringlichen Warnungen oder gar Verboten vorgehen. Dies beträfe dann beispielsweise den Flugverkehr, um nur ein gravierendes Beispiel anzuführen, bei dem weit höhere Strahlendosisbelastungen als bei den Brennelementtransporten im allgemeinen und durch die Außenkontamination von Behältern im besonderen auftreten. Von der Strahlenanwendung in der Medizin, besonders der verbreiteten Röntgendiagnostik, ganz zu schweigen.

Für die auf den "Ausstieg aus der friedlichen Nutzung der Kernenergie" orientierten Politikgruppen gilt auch hier das Konzept der Faktenabwehr, das sich inzwischen als ein wesentliches Element politischer Auseinandersetzungen etabliert hat [10]. Die Auskünfte der wissenschaftlichen Sachverständigen, daß die Fakten des Falles in unangenehmem Widerspruch zu den mit politischer Zielsetzung behaupteten Gefährdungen stehen, werden durch Ignoranz abgewehrt oder zur Irritation mit unbelegten Gegenpositionen sogenannter kritischer Wissenschaftler konterkariert.

Die Stellungnahmen der an den Transporten beteiligten Unternehmen waren auf Schadensbegrenzung gerichtet und trugen der Tatsache Rechnung, daß durch die Wertung der Vorgänge in den Medien und in der Politik ein öffentlich wahrgenommener Vertrauensverlust eingetreten war. Diesen wollte man durch Selbstkritik am bisherigen Verhalten, größere Offenheit, mehr Information und noch peniblere Sorgfalt im Umgang mit der Technik wettzumachen versuchen, bis hin zu einem als freiwillig erklärten vorläufigen Verzicht auf alle geplanten Brennelementtransporte. Dabei ist anzumerken, daß nach Punkt 10 des Planes vom 25. Mai 1998 das Bundesumweltministerium den Stop von Transporten bestrahlter Brennelemente ins Ausland und im Inland verhängt hat [7].

Die Fakten, daß keine Informationspflichten verletzt wurden, keinerlei Gefährdungen der Bevölkerung und des Begleitpersonals eingetreten sind und die deutschen Castor-Behälter praktisch überhaupt nicht betroffen waren, traten in dieser Debatte leider deutlich in den Hintergrund.

Nach allem bleibt die eingangs zitierte Einschätzung, wonach in Deutschland "viel Lärm um Nichts" entstanden ist. Im Gegensatz dazu haben die Medien im ebenfalls beteiligten Nachbarland Frankreich sich mit den Vorgängen nur kurz beschäftigt

und sind in realistischer Einschätzung der Lage zur Tagesordnung übergegangen [3].
Es ist sicher keine Übertreibung, wenn man die Art der Behandlung dieser nachweislich für die Gesundheit von Menschen irrelevanten und sonst ohne Folgen gebliebenen Vorkommnisse als exemplarischen Ausdruck einer Krise der Industriegesellschaft in Deutschland bewertet. Diese Krise manifestiert sich in einer vielgestaltigen Ablehnung unserer gegenwärtigen technischen, industriellen und wirtschaftlichen Basis, auf die die evidenten Lebensvorzüge unserer Gesellschaft zurückzuführen sind. Die Überwindung dieser Krise setzt einen Grundkonsens in so lebenswichtigen Fragen wie beispielsweise der Energieversorgung voraus, der nur durch Vertrauen in die umfassende Kompetenz und das Verantwortungsbewußtsein der Handelnden in diesem Industriezweig erreichbar sein wird. Die Forderung nach Grundkonsens als krisenüberwindenden Schritt bleibt nicht auf das angeführte Beispiel beschränkt und wird mit der Zuversicht verbunden, daß sich die Einsicht in die Notwendigkeit, diesen Weg im Interesse des Gemeinwohls zu gehen, letztendlich durchsetzen wird.

## Literatur


[1] I.K. News Nr. 2/98, Informationskreis Kernenergie, Bonn (1998)

[2] Stromthemen Nr. 7, Juli 1998, Informationszentrale der Elektrizitätswirtschaft e.V., Frankfurt (1998)

[3] Stromthemen Extra Juli 1998, Nr. 63, Informationszentrale der Elektrizitätswirtschaft e.V., Frankfurt (1998)

[4] M. Volkmer: Radioaktivität und Strahlenschutz, Informationskreis Kernenergie, Bonn (1997)

[5] K. Heinloth und H. Paretzke: Castor-Kontamination aus radiologischer Sicht, Physikalische Blätter 54, Nr. 7/8 (1998)

[6] Ortsdosisleistung der terrestrischen Strahlung Bundesrepublik Deutschland, Bundesamt für Strahlenschutz, Salzgitter (1997)

[7] Atomwirtschaft - Atomtechnik, 43. Jg., Heft 7, S. 461-467 (1998)

[8] RWE-Energie AG informiert über Brennelemente-Transporte (1998)

[9] Stromthemen Nr. 10, Oktober 1998, Informationszentrale der Elektrizitätswirtschaft e.V., Frankfurt (1998)

[10] Hermann Lübbe: Der Lebenssinn der Industriegesellschaft, Springer-Verlag, Berlin, Heidelberg (1990)

# 6 Die Neue Braunkohle Ostdeutschlands – ein Garant für die Energieversorgung der Zukunft

Dieter Schwirten

## 6.1 Ausgangssituation 1989

### 6.1.1 Umfang der Förderung und Produktion

1989 wurden in den beiden deutschen Staaten insgesamt 410, 7 Mio. t Braunkohle gefördert, davon 109,9 Mio t in der Bundesrepublik und 300,8 Mio. t in der Deutschen Demokratischen Republik, nachdem in 1988 dort noch 310 Mio. t gefördert worden waren.[1] Hierfür wurden im Mitteldeutschen Revier 21 Tagebaue und 23 Brikettfabriken, in der Lausitz 18 Tagebaue, davon 10 in Brandenburg und 8 in Sachsen, und 26 Fabriken betrieben.[2]

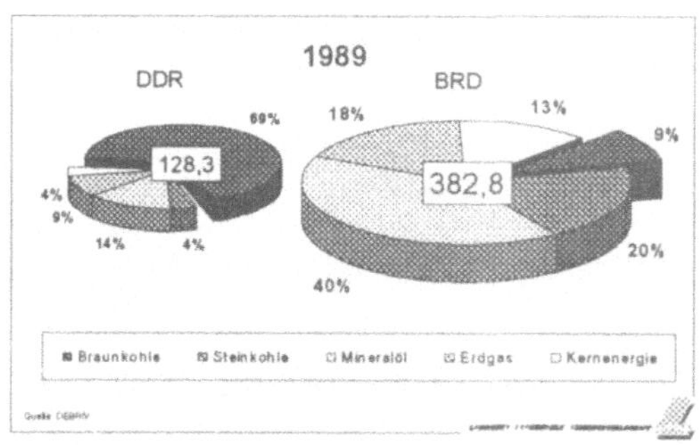


Bild 6.1: Primärenergieaufkommen 1998 im geteilten Deutschland in Mio t SKE

Im Weltvergleich wurde in keinem Land der Erde mehr Braunkohle gefördert; die ehemalige Sowjetunion und die damalige Tschechoslowakei folgten mit 164 Mio. t und 94,3 Mio. t auf den nächsten Plätzen.[3] Die Braunkohle hatte in der DDR einen Anteil von 69 % am Aufkommen an Primärenergie[4] und von 82 % an der Stromerzeugung.[5]

Während von der Förderung in der Bundesrepublik 91 %[6] in die Verstromung (öffentliche und industrielle Erzeugung) gingen, betrug dieser Anteil in der DDR 42%.[7] Neben der Versorgung der Haushalte mit Brikett, was ca. 27 % der Förderung ausmachte, wurden 10 % für die weitere Veredlung zu Koks und

---

[1] Deutscher Braunkohlen- Industrie-Verein e.V. (DEBRIV), Jahresbericht 1991: Anlage 4

[2] VE Braunkohlekombinat Senftenberg; Wirtschaftlicher Jahresbericht 1989 für den Braunkohlebergbau der DDR, Teil 1 Gewinnung S. 11/12, Teil 2 Brikettfabriken und 2. Veredlung S. 12/14

[3] Jahrbuch Bergbau, Öl und Gas, Elektrizität, Chemie, Glückauf-Verlag, 1992, S. 1028

[4] Deutscher Braunkohlen- Industrie-Verein e.V. (DEBRIV), Jahresbericht 1991: Anlage 1b

[5] Gesamtbilanz Energie 1990 – Wirtschaftsraum DDR; IfE Leipzig GmbH, S. 19

[6] Deutscher Braunkohle Industrieverein (DEBRIV), Jahresbericht 1991: Anlage 2

[7] Gesamtbilanz Energie 1990 – Wirtschaftsraum der fünf neuen Länder; IfE Leipzig GmbH, S 78

Stadtgas eingesetzt.[8] Das Gaskombinat Schwarze Pumpe in der Lausitz hatte allein für 100 % der Produktion an Hochtemperaturkoks, für 82 % der Stadtgaserzeugung und 29% der Briketterzeugung gerade zu stehen.[9]
Aus den obigen Zahlen wird ersichtlich, daß, im Gegensatz zur Bundesrepublik, die auf einen ausgewogenen Energiemix Wert legte, die DDR sich einseitig auf die Braunkohle im eigenen Lande abstützte, um von Energieimporten weitestgehend unabhängig zu sein, was neben dem angenommenen strategischen Vorteil seinen Grund in dem chronischen Devisenmangel der DDR hatte.
Die Leitlinie für diese Politik wurde bereits auf dem IV. Parteitag der SED im Jahre 1954 festgelegt.[10] Diese Auffassung prägte auch später die langfristigen Vorstellungen; so war für die 90er Jahre eine erneute Ausweitung des Fördervolumens auf 335 Mio. t/a für das Gebiet der DDR ins Auge gefaßt.[11]

### 6.1.2 Beschäftigung in der Region

Entsprechend der Bedeutung für die Energieversorgung waren in diesem Industriezweig auch entsprechend viele Menschen tätig. An der Braunkohle hingen 1988 im Bezirk Cottbus, einem Gebiet von 8.262 km² und 885.000 Einwohnern, in den Bereichen Bergbau, Veredlung und Stromerzeugung insgesamt 96.000 Arbeitsplätze, was 21% der Berufstätigen entsprach.[12] Im diesem Bezirk, dem sogenannten Energiebezirk der DDR, waren fast 50 % der Arbeitnehmer der Industrie in der Kohle- und Energiewirtschaft tätig[13]; über 75 % des sogenannten Grundmittelbestandes, das sind im wesentlichen die in Geld bewerteten Gebäude, Maschinen, Fahrzeuge, Ausrüstungsgegenstände etc. (hier für Tagebaue, Fabriken und Kraftwerke), konzentrierten sich in diesem Bezirk.[14] In Mitteldeutschland waren in der Braunkohlegewinnung und –verarbeitung weitere 50.000 Menschen tätig.
Für den planmäßigen Ausbau der Produktion in den Revieren Mitteldeutschland und Lausitz wurde seit den 50er Jahren im ganzen Lande für eine Tätigkeit in der Braunkohle geworben, wobei man als Lockmittel den Bezug einer Neubauwohnung einsetzte. Die Wirkung war beachtlich; so zogen zwischen 1950 und 1983 in Cottbus 60.000 neue Bürger zu, ebenso viele in Hoyerswerda, einem kleinen

---

[8] Gesamtbilanz Energie 1990 – Wirtschaftsraum der fünf neuen Länder; IfE Leipzig GmbH, S. 78/79
[9] Ministerium für Kohle und Energie, Abrechnung des Volkswirtschaftsplanes 1989, S. 52
[10] Chronik des Gaskombinats Schwarze Pumpe 1955 bis 1970, S.7
[11] Variantenuntersuchung des Büros für Territorialplanung des Rates des Bezirkes Cottbus
[12] Statistisches Jahrbuch der DDR 1989; S. 2 und 69
[13] Statistisches Jahrbuch des Bezirkes Cottbus 1990, S. 62; Ministerium für Kohle und Energie, Abrechnung des Volkswirtschaftsplanes 1989, S.85/86
[14] W. Pflug, Braunkohlentagebau und Rekultivierung; Springer Verlag, Berlin, 1998, S. 475

Städtchen mit damals knapp über 7.000 Einwohnern. Der Zuzug in Weißwasser betrug 20.000, in Lübbenau 15.000 Menschen[15], nur um die bedeutendsten Änderungen aufzuzeigen. Im Zuge dieser Kampagne entstanden z.B. die Neustadt von Hoyerswerda, die Ortsteile Sachsendorf und Schmellwitz in Cottbus und in Mitteldeutschland beispielsweise Leipzig-Grünau.
Doch nicht die Wohnung allein lockte, auch die im Vergleich zur übrigen Industrie mit Abstand höchsten Löhne im Braunkohlebergbau übten eine starke Anziehungskraft aus. So lagen die Arbeiterlöhne 14 % über dem Durchschnitt der DDR und noch 6 % über denen der Metallurgie; der Unterschied zwischen Arbeiter und Angestelltem war im übrigen unerheblich, wie aus der vorhergehenden Tabelle[16] zu ersehen ist.

| **1988** | **Produktions-Arbeiter in Mark /Monat** | **Angestellter und Arbeiter in Mark/Monat** | **Produktionsarbeiter zum Durchschnitt, in %** |
|---|---|---|---|
| Energiewirtschaft | 1.434 | 1.440 | 114 |
| Metallurgie | 1.362 | 1 375 | 108 |
| Lebensmittelindustrie | 1.222 | 1.223 | 97 |
| Textilindustrie | 1.164 | 1.195 | 92 |
| Leichtindustrie | 1.161 | 1.194 | 92 |
| **Durchschnitt** | **1.260** | **1.290** | **100** |

Tabelle 6.1: Durchschnittliches monatliches Bruttoarbeitseinkommen

Im Bezirk Cottbus erreichte die Energiewirtschaft im Vergleich zu anderen Regionen der DDR durch die politisch gewollte Vormachtstellung ein gravierendes Übergewicht, dem sich nahezu alles andere unterzuordnen hatte. So waren in der Lausitz Ende 1989 in den Braunkohlekombinaten etwa 89.000 Menschen, im Maschinen- und Fahrzeugbau ca. 27.000, in der Chemischen Industrie ca. 15.000, in der Textilindustrie etwa 6 500 und in der Lebensmittelindustrie etwa 11.600 Menschen tätig.[17]

Die Produktivität in der Lausitzer Braunkohle betrug 2.659 t/a je Mitarbeiter, wegen des größeren Veredlungsanteils lag sie in Mitteldeutschland bei nur 2.000 t/a je Mitarbeiter. Selbst wenn man berücksichtigt, daß einerseits wegen der gewollten Fertigungstiefe in den Kombinaten und andererseits wegen der von ihnen für die Bevölkerung zu leistenden, erheblichen allgemeinen Aufgaben der Personalbedarf nicht unmittelbar am westdeutschen Maßstab gemessen werden kann, so gibt ein Vergleich mit der Produktivität im Rheinland, wo der Wert damals bei

---

[15] Statistisches Jahrbuch der DDR, 1989, S. 9 ff
[16] Statistisches Jahrbuch der DDR, 1989, S. 156
[17] Statistisches Jahrbuch des Bezirkes Cottbus, 1990, S. 92

6.717 t/a je Mitarbeiter[18] lag, doch erheblich zu denken und läßt erahnen, welchen Umfang die absehbar notwendigen Änderungsmaßnahmen in den Unternehmensstrukturen annehmen würden.

### 6.1.3 Umweltbeanspruchung

Schon die unterschiedliche Flächenbeanspruchung zur Gewinnung der Braunkohle im Jahre 1989, in der Lausitz[19] 32.881 ha Betriebsfläche für 190,1 Mio. t, das sind 5.781 t/ha, im Rheinland[20] 8.833 ha für 104,2 Mio. t, das sind 11.797 t/ha, ist Indiz dafür, daß die Umwelt durch den Umfang der Inanspruchnahme der Landschaft bereits als belastet empfunden wurde. Zusätzlich warf der Sanierungsbedarf in Ostdeutschland[21] von etwa 60.000 ha Probleme hinsichtlich Nutzungsentzug, Erscheinungsbild und Staubbelästigung auf. Hierbei ist zu betonen, daß dieser Rückstand nicht etwa auf unzureichender Kenntnis der geeigneten Verfahrenstechnik oder mangelndem Willen des Bergbaus beruhte, sondern einer von den Staatsorganen anders festgelegten Prioritätensetzung geschuldet war. Von staatlicher Seite wurden die erforderlichen Investitions- und Betriebsmittel zur großflächigen Wiedernutzbarmachung bei weitem nicht zur Verfügung gestellt. Belastend wirkte sich ferner aus, daß in Gebieten künftigen Bergbaus, den Bergbauschutzgebieten, durch die Untersagung von Reparatur- und Instandsetzungsarbeiten, erst recht von Neubauten, keinerlei Entwicklungsmöglichkeit mehr gegeben war und somit die bauliche Substanz dem allmählichen Verfall anheimfiel. Wegen der Priorität der Erfüllung des Produktionsplanes hatte der Emissionsschutz nur einen geringen Stellenwert, was sich in unzureichendem Einbau von Minderungstechnik und dem nahezu sanktionslosen Überschreiten der gesetzlichen Grenzwerte festmachte Die Bevölkerung litt daher unter den bestehenden Immissionen von Staub, Gerüchen und Lärm zum einen wegen ihrer generellen, öfters sogar unerträglichen Höhe, zum anderen wegen ihrer Ohnmacht, diesen Mißstand mit Hilfe der Judikative oder Exekutive abstellen zu können. In besonderem Maße fühlte sich die Bevölkerung von der Art und Weise der praktizierten Umsiedlung betroffen. Ursache dafür war zum einen die Ausweisung von Bergbauschutzgebieten, die weite Gebiete einen ständig trostloser werdenden Eindruck ausüben ließen; zum anderen fühlten sich die Bürger im Falle einer Umsiedlung erheblich dadurch beschwert, daß ihnen zum ersten ohne wesentliche, eigene Mitwirkungsmöglichkeit Ersatzwohnraum zugewiesen war, daß zum zweiten des-

---

[18] errechnet aus: Deutscher Braunkohlen-Industrie-Verein e.V. (DEBRIV), Jahresbericht 1991, Anlagen 4 und 6

[19] DEBRIV, Rekultivierungsstatistik

[20] Deutscher Braunkohlen- Industrie-Verein e.V. (DEBRIV), Jahresbericht 1989, Anlage 17

[21] Lausitzer und Mitteldeutsche Braunkohle Verwaltungsgesellschaft (LMBV), Internet, http/www.lmbv.de 26.1.99, lmbv.de, Zahlen und Fakten

sen Qualität erhebliche Wünsche offen ließ und zum dritten die Entschädigungszahlungen als völlig unzureichend empfunden wurden.

### 6.1.4 Protestverhalten

Die Braunkohle war somit zum Synonym für Schmutz, Gestank, Umweltbelastung oder gar –zerstörung und problembehaftete Umsiedlung geworden. Da im Bereich des Gebietes Cottbus – Guben – Forst der Braunkohlebergbau erst in den 70er Jahren begonnen wurde, war man dort gegenüber seinen Auswirkungen besonders kritisch eingestellt. Speziell die Umsiedlungspraktiken erzeugten mehr oder weniger offen gezeigten Widerspruch, die Umsiedlung des Ortsteils Lakoma der damaligen Gemeinde Wilmersdorf war schließlich der Tropfen, der das Faß zum Überlaufen brachte und öffentliche Proteste zur Folge hatte. Während und unmittelbar nach der politischen Wende 1989/90 organisierten sich weitere regionale Bürgerinitiativen für eine veränderte Energiepolitik, z.B. im Raum Sallgast/Klingmühl gegen den Tagebau Klettwitz-Nord oder im Raum Heinersbrück/Guben gegen den Tagebau Jänschwalde. In einigen Vorgärten waren in der unmittelbaren Wendezeit Protestplakate gegen den Bergbau zu finden. Zu einer flächendeckenden organisierten Aktion ist es allerdings nicht gekommen.

Bei eventuellen Beschwerden war das örtliche Verwaltungsorgan bzw. die Kreisparteileitung die Ansprechstelle für die Bürger; von dort wurden die Eingaben an die zuständigen staatlichen Aufsichtsstellen weitergeleitet. Spürbare Reaktionen der Staatsorgane erfolgten erst bei massiven Eingaben; in der Regel erfolgten Beschwichtigungen und das Herausstellen der volkswirtschaftlich notwendigen Versorgungssicherheit, wirkliche Abhilfe wurde nur in den seltensten Fällen geschaffen. Rechtliche Schritte einzuleiten, war für die Bürger wenig erfolgversprechend.

### 6.1.5 Gesetze und Zuständigkeit

Die politische Festlegung der Ziele der Volkswirtschaft erfolgte durch Beschlüsse der Parteitage der SED und der darauf basierenden Beschlüsse des Ministerrates der DDR, so auch der Aufschluß eines Tagebaues. Mit der staatlichen Planung wurde das Abbauvorhaben in den „Staatsplan Investitionen“ aufgenommen und somit Teil der Volkswirtschaftsplanung.

Entsprechend dem Berggesetz der DDR[22] begann die rechtliche Umsetzung der Beschlüsse mit der Festlegung von Bergbauschutzgebieten für die abzubauenden Lagerstätten durch den Ministerrat der DDR und nachfolgend durch den Rat des Bezirkes. Danach erfolgte durch ihn gemäß den Vorschriften des Investitions-

---

[22] Berggesetz der DDR vom 12.5.1969 (GBl. I Nr. 5, S 29)

rechts[23] die Standortverteilung, d.h. die Zuordnung der Vorhaben auf das konkret vorgesehene Gebiet. Der Rat des Bezirkes legte ebenso den sogenannten Makrostandort fest; mit dieser Standortbestätigung war das eigentliche Abbaugebiet innerhalb des Bergbauschutzgebietes, die Markscheide, fixiert. Zugleich galt diese Bestätigung als Zustimmung dafür, daß dieser Standort volkswirtschaftlich günstig war. Durch die anschließende Genehmigung des Mikrostandortes erfolgte die endgültige Genehmigung des Standortes.
Zur Vorbereitung der Planung und Realisierung des Vorhabens erarbeitete der Bergbautreibende eine entsprechende Aufgabenstellung; dort war umfassend die Zielsetzung des Vorhabens, der Nachweis der Umweltverträglichkeit, die gerätetechnische Ausstattung des Tagebaus, sein Betrieb sowie Vorgaben zur sicheren Gestaltung der Arbeitsbedingungen dargelegt ebenso die abschließende Wiedernutzbarmachung. Damit lag eine Grobkonzeption für den Gesamtabbau der Lagerstätte vor, dazu Aussagen über die wichtigsten territorialen Auswirkungen der Arbeiten sowie eine Grobkonzeption für die Gestaltung der Bergbaufolgelandschaft. Nach der Investitionsverordnung[24] erfolgte mit der Bestätigung der Aufgabenstellung durch den Ministerrat oder den zuständigen Fachminister zugleich die endgültige Entscheidung über die Notwendigkeit der Investition. Als nächste Phase folgte die Erarbeitung der Dokumentation zur Grundsatzentscheidung; sie enthielt verbindliche Aussagen der technologischen Lösung zur Leistungsentwicklung sowie zu Realisierungs- und Inbetriebnahmeterminen und zu Maßnahmen zur Wiedernutzbarmachung des durch den Bergbau beanspruchten Terrains.
Neben dem dargestellten Weg der staatlichen Investitionsentscheidung waren nach dem Berggesetz der DDR technische Betriebspläne zu erstellen, die der Gewährung der sicheren Betriebsführung dienten und die durch die Bergbehörde zu genehmigen waren
Hinsichtlich der Aufgabenverteilung zwischen staatlichen Organen und Bergbautreibendem galt nach den Bestimmungen des Berggesetzes der DDR:

> Der private Grund und Boden, seien es bebaute Grundstücke, Äcker oder Wald wurde von dem Bergbautreibenden zugunsten des Volkseigentums erworben, er wurde durch den Kauf Rechtsträger der nunmehr volkseigenen Flächen. Die Entschädigungen für aufstehenden Wald erhielten im Regelfall die Landwirtschaftlichen Produktionsgenossenschaften (LPG) von dem Bergbautreibenden, da die meisten Waldflächen in die Genossenschaften eingebracht waren. Eigentümer, die keine LPG – Mitglieder waren, wurden für das Holz vom Bergbautreibenden direkt entschädigt. Die Abholzung oblag grundsätzlich dem Bergbautreibenden, konnte aber teilweise den staatlichen Forstwirtschaftsbetrieben übertragen werden.
>
> Die Kaufpreise wurden auf der Grundlage niedriger, staatlich festgelegter Sätze[25] vom Bergbautreibenden an die privaten Verkäufer bezahlt; bei Beträgen über 10.000 Mark

---

[23] Verordnung über die Standortverteilung der Investitionen vom 30.8.1972 in der Fassung der Zweiten Verordnung vom 1 2.1979 (GBl I S. 57)
[24] s. ebendort
[25] Ministerrat der DDR, Preisverfügung Nr. 3/87 – Bewertung von unbebauten und bebauten Grundstücken und Feststellung der Höhe der Entschädigung – vom 30.4.1987

konnten diese ihre Entschädigung bis 1986 nur in Raten von einem Sperrkonto abheben. Die niedrigen Entschädigungssätze, beispielsweise[26] 50 bis 60 Mark je m³ umbauten Raum, 0,50 Mark je m² für Grundstücke, 1 Mark je Altersjahr für einen Obstbaum und deren Auszahlung in Raten waren eine wesentliche Ursache für Unstimmigkeiten zwischen der betroffenen Bevölkerung und dem Bergbautreibenden. In den Jahren kurz vor 1989 gab es zwar Anfänge veränderter Handhabungen, die aber nicht zu entscheidenden und damit ausreichenden Verbesserungen führten. Hinsichtlich der Umsiedlung legte der Ministerrat mit dem Rat des Bezirkes den Umsiedlungsstandort fest, der Rat des Kreises führte die entsprechende Bauplanung durch, die Baubetriebe errichteten auf Staatskosten die Wohnungen, die Zuteilung der Wohnungen nahm die Kommune unter Berücksichtigung der Wünsche der Betroffenen, soweit dies möglich war, vor. Der Umzug war von den Betroffenen selbst zu organisieren, die anfallenden Kosten trug das Bergbauunternehmen. Die Zahlungen der staatlich festgelegten Entschädigungen für Grundstücke und Gebäude erfolgten durch die Bergbautreibenden. Nach Umzug der Bewohner, Abernten der Felder und Schlagen des Holzes übernahm das Bergbauunternehmen die weitere Vorfeldberäumung. Betreffend die Wiedernutzbarmachung der bergbaulich in Anspruch genommenen Flächen oblag die Wiederurbarmachung, das ist die Herstellung des Geländeprofils, dem Bergbaubetrieb, die Aufgabe der Rekultivierung, umfassend die Vorbereitungsarbeiten zum Einbringen der Pflanzen wie Kalken des Bodens und das Einbringen der Pflanzen selbst oblag dem staatlichen Forstbetrieb bei forstlicher und den landwirtschaftlichen Produktionsgenossenschaften bei landwirtschaftlicher Nachnutzung. Der Rat des Bezirkes wiederum legte fest, wo wieviel Fläche landwirtschaftlich, forstlich oder sonstwie genutzt werden sollte; wegen der Maxime der Eigenversorgung lag der Vorrang eindeutig trotz der, mindestens in der Lausitz, armen Böden bei der landwirtschaftlichen Rekultivierung.

Hinsichtlich der Gesetzgebung zum Umweltschutz war die DDR sehr fortschrittlich. Bereits im Landeskulturgesetz von 1970[27] waren als Aufgaben bei der weiteren Entwicklung der sozialistischen Gesellschaft in der DDR zu Papier gebracht worden.

- Rationelle Nutzung der Naturressourcen im Zusammenhang mit einer effektiven Landschaftsnutzung und –gestaltung,
- Rekultivierung bergbaulich genutzter Flächen sowie Erosionsschutz landwirtschaftlicher Nutzflächen,
- Reinhaltung der Gewässer und der Luft sowie Eindämmung des Industrie- und Verkehrslärms,
- Schaffung wissenschaftlicher und technischer Voraussetzungen zum wirksamen Schutz der Umwelt,
- Beseitigung und Verwertung von Müll und industriellen Reststoffen.

Gemessen an diesen hohen Ansprüchen war das Ergebnis der Umsetzung ins praktische Leben niederschmetternd. Im konkreten Fall eines Interessengegensatzes zwischen Umweltschutz und Produktion wurde, nicht nur von den Betrieben,

---

[26] Beispiel einer Umsiedlung in der Lausitz nach 1986
[27] Landeskulturgesetz vom 14.5.1970 (GBl. I Nr.12, S. 67)

sondern auch staatlicherseits geduldet oder gar angeordnet, der Erfüllung des Produktionsplans und der Versorgungspflicht der absolute Vorrang eingeräumt.

## 6.2 Die Wende

### 6.2.1 Politische Vorgaben für die Braunkohle

Entscheidend für die Zukunft der Braunkohle in den neuen Ländern war die Frage, welche Rangordnung sich in den energiepolitischen Vorgaben der Bundesregierung einerseits und der Bundesländer Brandenburg und Sachsen andererseits für die Braunkohle wiederfinden würde. Die Bundesregierung hat diese durch die Fortschreibung des schon in der Vergangenheit im Westen Deutschlands bewährten Energiemixes dokumentiert, in den Energieprogrammen von 1973 und 1986 wird die Braunkohle als unverzichtbarer, sicherer, kostengünstiger und heimischer Beitrag zur Energieversorgung bewertet. In der Schrift „Energiepolitik für das vereinte Deutschland“[28] wird im Zusammenhang mit den Stromverträgen die Braunkohleverstromung als „wichtiger Faktor für eine preisgünstige und sichere Stromversorgung“ definiert; hinsichtlich der Braunkohlenutzung in Ostdeutschland wird dort ausgeführt, daß ein breiter politischer Konsens zur Nutzung der heimischen Braunkohle im vereinten Deutschland besteht[29] und „Die Sicherung der Braunkohleverstromung ist unverzichtbare Voraussetzung für die soziale und regionale Beherrschbarkeit des gravierenden Anpassungsprozesses in den Braunkohlerevieren“.[30] Außerdem wurde die Braunkohle Ostdeutschlands neben der Chemieindustrie in Mitteldeutschland und der Werftenindustrie im Norden immer wieder von Politikern als einer der erhaltenswerten „industriellen Kerne“ benannt.
Neben der Regierung haben sich auch die beiden großen politischen Parteien ausgesprochen positiv zur Zukunft der Braunkohle in Ostdeutschland geäußert, so die CDU/CSU-Fraktion in ihren Leitlinien[31] und die SPD-Fraktion in einem Antrag an den Deutschen Bundestag.[32]
Auch die neuen Länder bekannten sich zu einer angemessenen Zukunft der Braunkohle innerhalb eines Energiemixes. So veröffentlichte Brandenburg seine Grundsätze und Ziele 1992 [33] und stellte in seinen „Leitentscheidungen zur Bran-

---

[28] Bundesministerium für Wirtschaft: „Energiepolitik für das vereinte Deutschland“, März 1992, S. 38

[29] ebendort, Kapitel 39

[30] ebendort, Kapitel 28

[31] „Energiepolitik für den Standort Deutschland“, Leitlinien der CDU/CSU-Fraktion des Deutschen Bundestages, beschlossen am 25.5.1993

[32] Bundestagsdrucksache 12/5251, 24.6.1993

[33] Grundsätze und Ziele der Brandenburgischen Energiepolitik, Minister für Wirtschaft, Mittelstand und Technologie, April 1992

denburgischen Energiepolitik“[34] die konkreten Maßnahmen zur Energiepolitik dar. Danach sollte am Kraftwerksstandort Jänschwalde das bestehende 3000-MW-Kraftwerk ertüchtigt, das heißt mit neuester Emissionsminderungstechnik nachgerüstet und gründlich in seinen Anlageteilen für einen weiteren Einsatz überholt werden. Am Standort Schwarze Pumpe sollte eine Kraftwerksleistung von 1600 MW neu errichtet werden; dafür entfielen die Alt-Kraftwerke an den Standorten Lübbenau, Vetschau und Schwarze Pumpe. Zur langfristigen Versorgung der obengenannten Kraftwerke sollte aus den Tagebauen Jänschwalde/Cottbus sowie Welzow-Süd insgesamt 60 Mio. t/Jahr an Rohkohle gefördert werden.

Ebenso setzte Sachsen in seinem „Energiepolitischen Konzept ...“[35] auf den bewährten Energiemix und definierte in seinen „Leitlinien ...“[36] die vorgesehenen Randbedingungen zur weiteren Braunkohlenutzung, wie das sozial und wirtschaftlich sinnvolle und umweltverträgliche Maß an Braunkohlenutzung am Standort Boxberg. Das dort bestehende Kraftwerk sollte mit 1000 MW nachgerüstet und um 1600 MW durch zwei neue Blocke erweitert werden. Zur Versorgung des Kraftwerks war eine Förderung von 25 bis 30 Mio. t/a aus den Tagebauen Nochten/Reichwalde vorgesehen. Für das mitteldeutsche Revier wurde für den in Sachsen gelegenen Teil von einer Jahresförderung von 13,4 Mio. t, hauptsächlich zur Versorgung des neuen VEAG-Kraftwerks in Lippendorf ausgegangen. Die Leitlinien Sachsen wurden abschließend im „Energieprogramm Sachsen“[37] vom August 1993 zusammengefaßt; dort ist ausgeführt: „... ist Braunkohle der einzige heimische Energieträger, der in ausreichender Menge zur Verfügung steht und ohne Subventionen wettbewerbsfähig ist. Kohleförderung und damit verbundene Stromerzeugung tragen wesentlich zur Wertschöpfung in den betroffenen Regionen bei ... Das aus der Braunkohle erzielte Steueraufkommen trägt wesentlich dazu bei, der Staatsregierung und den Gebietskörperschaften finanzielle Gestaltungsspielräume zu schaffen.“

Mit diesen eindeutigen Positionierungen war zugleich die politische Grundlage für die erforderlichen Planungsgremien gegeben und Planungssicherheit für die beabsichtigten Investitionen im Bergbau und der Stromwirtschaft geschaffen.

---

[34] Land Brandenburg: „Leitentscheidungen zur Brandenburgischen Energiepolitik“ am 10.4.1992, S. 13 ff.

[35] Sächsisches Staatsministerium für Wirtschaft und Arbeit: „Energiepolitisches Konzept für den Freistaat Sachsen“, Dezember 1991

[36] Freistaat Sachsen, Ministerium für Wirtschaft und Arbeit: „Leitlinien der Staatsregierung zur künftigen Braunkohlepolitik in Sachsen“, 1991

[37] Sächsisches Staatsministerium für Wirtschaft und Arbeit: Energieprogramm Sachsen, 6.4.1993, S. 70

### 6.2.2 Legislative Umsetzung

Seit dem 3.Oktober 1990 gilt auch in den neuen Bundesländern das Bundesberggesetz.[38] Sein Zweck ist es, „zur Sicherung der Rohstoffversorgung das Aufsuchen, Gewinnen und Aufbereiten von Bodenschätzen ...bei sparsamem und schonendem Umgang mit Grund und Boden zu ordnen und zu fördern, die Sicherheit der Betriebe ... zu gewährleisten, sowie Vorsorge gegen Gefahren, die sich aus bergbaulicher Tätigkeit für Leben, Gesundheit und Sachgüter Dritter ergeben, zu verstärken, und den Ausgleich unvermeidbarer Schäden zu verbessern."
Die Errichtung, der Betrieb und die Einstellung eines Bergwerksbetriebes bedürfen der Genehmigung entsprechender Betriebspläne. So enthält der Rahmenbetriebsplan die allgemeinen Angaben für die langfristige, das heißt meist über mehrere Jahrzehnte sich erstreckende, Nutzung und technische Durchführung des Abbaus der Lagerstätte. In den alle zwei Jahre neu zu erstellenden Rahmenbetriebsplänen werden die konkreten Durchführungsmaßnahmen auf Übereinstimmung mit den Anforderungen des Berggesetzes und der zu berücksichtigenden Landesgesetze geprüft Schließlich wird im Abschlußbetriebsplan der Abschluß der bergbaulichen Maßnahmen, die Herstellung der öffentlichen Sicherheit und die Wiedernutzbarmachung der Betriebsfläche und deren Rekultivierung genehmigt.
Neben das Bundesrecht tritt noch das jeweilige Landesrecht, speziell für die Belange der jeweiligen Landesplanung. So gilt im Land Brandenburg das „Vorschaltgesetz zum Landesplanungsgesetz ..."[39], ferner das „Gesetz über die Einführung der Regionalplanung ..."[40] und schließlich die „Verordnung über die Bildung des Braunkohleausschusses .. "[41]
Im Vorschaltgesetz sind die Grundsätze und Ziele der Raumordnung und Landesplanung festgelegt, auf deren Grundlage die Braunkohlenplanung des Landes überörtlich, fachübergreifend und zusammenfassend die jeweiligen Braunkohlenpläne aufstellt. Ziel dieser Pläne ist es, eine langfristig sichere Energieversorgung zu gewährleisten, dies aber unter umwelt- und sozialverträglichen Bedingungen. Dazu haben die Pläne unter Berücksichtigung sachlicher, räumlicher und zeitlicher Abhängigkeiten Informationen insbesondere zu folgenden Sachverhalten, Zielen und Maßnahmen darzustellen

---

[38] Bundesberggesetz vom 13. August 1980 (BGBl I S. 1310), zuletzt geändert durch Gesetz vom 12.2.1990 (BGBl I S.215)

[39] Vorschaltgesetz zum Landesplanungsgesetz und Landesentwicklungsprogramm für das Land Brandenburg vom 6.12.1991, Gesetz- und Verordnungsblatt für das Land Brandenburg I/91, S. 616

[40] Gesetz über die Einführung der Regionalplanung und der Braunkohlen- und Sanierungsplanung im Land Brandenburg vom 13 5 1993: Gesetz- und Verordnungsblatt für das Land Brandenburg I/93, S. 170

[41] Verordnung über die Bildung des Braunkohleausschusses des Landes Brandenburg vom 8.4.1992, Gesetz- und Verordnungsblatt für das Land Brandenburg II/92

- Gegenwärtiger Zustand von Siedlung und Landschaft, Bau- und Bodendenkmale,
- Minimierung des Eingriffs während und nach dem Abbau,
- Abbaugrenzen und Sicherheitslinien des Abbaus, Haldenflächen und deren Sicherheitslinien,
- unvermeidbare Umsiedlungen und Flächen für die Wiederansiedlung;
- Räume für Verkehrswege und Leitungen,
- Bergbaufolgelandschaft.

Zur Erarbeitung dieser Pläne hat die Landesplanungsbehörde eine gesonderte Planungsbehörde eingerichtet; diese erarbeitet im Auftrage des Braunkohleausschusses die Entwürfe für die Pläne, führt das Beteiligungsverfahren, z.B. mit Landkreisen, kreisfreien Städten, Gemeinden, kommunalen Spitzenverbänden, Nachbarländern und –staaten usw., durch und legt den Vorschlag dem Braunkohleausschuß zur Beschlußfassung vor.
Der Braunkohleausschuß des Landes Brandenburg – im Freistaat Sachsen ist der Verfahrensgang praktisch identisch, so daß auf eine weitere Beschreibung hier verzichtet werden kann – ist somit die maßgebliche Instanz, die über das Ob und das Wie der Braunkohlenutzung in der jeweiligen Region entscheidet. Er hat in Brandenburg 27 stimmberechtigte Mitglieder, von denen 15 von den betroffenen Landkreisen und der kreisfreien Stadt Cottbus gewählt werden; je ein weiteres Mitglied stellen:

- Der Bund für Umwelt und Naturschutz Deutschland (BUND),
- die Domowina, das ist die Dachorganisation der Sorben,
- die evangelische Kirche,
- der Förderverein Kulturlandschaft Niederlausitz,
- die Grüne Liga e V.,
- der Naturschutzbund Deutschlands,
- der Bauernverband Brandenburg,
- der Deutsche Gewerkschaftsbund,
- die Handwerkskammer,
- die Industriegewerkschaft Bergbau, Chemie, Energie,
- die Industrie- und Handelskammer,
- die Unternehmensverbände Berlin und Brandenburg.

Dieser Braunkohleausschuß berät über den von der Landesplanung vorgelegten Braunkohlenplan, beschließt ihn und stellt ihn damit fest. Die Landesplanungsbehörde legt durch den zuständigen Umweltminister den Braunkohlenplan dem Kabinett vor, mit dessen Beschluß der Plan als Rechtsverordnung verbindlich wird. Die rechtsverbindlichen Braunkohlenpläne sind bei allen weiterführenden Planungen durch die Behörden des Landes zu beachten. Auch die Bergbehörde ist bei

der Genehmigung der Rahmen-, Haupt- und Abschlußbetriebspläne an die Festlegungen des Braunkohlenplans gebunden, hat diese zu beachten und deren Umsetzung im Betrieb zu überwachen.
Mit der politischen Wende und der aufgezeigten geänderten Gesetzeslage entstand für den Braunkohlebergbau eine völlig geänderte Genehmigungssituation. Betriebliche und Produktionsvorgaben kamen nicht mehr „von oben", ebenso nicht die „Freischaltung" des betrieblichen Umfeldes. Über das Wohl und Wehe des Braunkohlebergbaus entscheidet nun die Öffentlichkeit in einem legitimierten, demokratischen Verfahren. Neben den institutionalisierten Interessengruppen, wie Naturschützer, Kirchen, Gewerkschaften usw. zählen hierzu vor allem die Kreise und Kommunen in der Nachbarschaft der Bergbaubetriebe. Hier sind es die jeweiligen Parlamente und politischen Parteien, die meinungsbildend und entscheidend für das Ob und Wie bergbaulicher Tätigkeit sind. Der Bergbautreibende selbst ist in den Entscheidungsprozeß lediglich in beratender Funktion, ohne Stimmrecht, eingebunden

### 6.2.3 Notwendige Akzeptanz

Eine Zustimmung zur Fortführung des Braunkohlebergbaus in den neuen Ländern ist daher nur zu erreichen, indem der Öffentlichkeit dessen Notwendigkeit, Vorteilhaftigkeit und Vertretbarkeit vermittelt wird. Eine sehr wesentliche Rolle in der Akzeptanzfrage spielen die Arbeitsplätze. Im Zuge des Zusammenbruchs ganzer Industriezweige nach der Wende ist der Erhalt industrieller Kerne zur Stabilisierung der kritischen Lage am Arbeitsmarkt von entscheidender Bedeutung. Hierfür bietet die Braunkohleindustrie wegen ihres großen heimischen Wertschöpfungsanteils eine besonders gute Chance. Mit einer Weiterführung auf einem den Marktverhältnissen angepaßten Niveau können in den Braunkohleunternehmen selbst, aber auch in den Zulieferbetrieben, Beschäftigungsverhältnisse in beachtlicher Höhe und auf lange Zeit abgesichert werden.

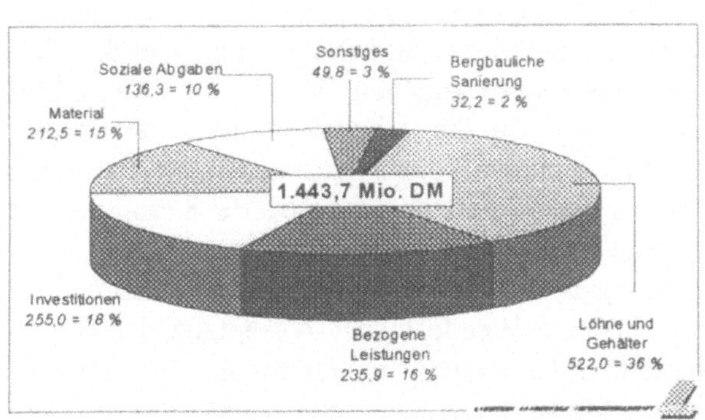


Bild 6.2: Regionalwirtschaftliche Bedeutung der LAUBAG (01.07.1997 bis 30.06.1998)

Allein das beispiellose Investitionsprogramm in der Ostdeutschen Braunkohleindustrie in Höhe von fast 40 Mrd. DM, davon 29 Mrd. DM für die Lausitz, sichert über einen Zeitraum von 15 Jahren seit seinem Beginn in 1991 über 250.000 Mannjahre Arbeit.

Neben den Investitionen induziert auch der laufende Betrieb erhebliche Beschäftigungswirkung, besonders in der heimischen Region. So tätigte zum Beispiel die LAUBAG im Geschäftsjahr 1997/1998 für insgesamt 1.444 Mio. DM Ausgaben, die zum größten Teil in Form von Zulieferaufträgen oder kosumtiven Ausgaben vornehmlich die lokale Wirtschaft stärkten, siehe Bild 6.2. Von dem Lieferantenumsatz in Höhe von 644 Mio. DM konnten 86 % alleine mit Unternehmen in den neuen Bundesländern getätigt werden, siehe Bild 6.3 Hierzu unterhielt sie Geschäftsbeziehungen zu insgesamt 3.318 Lieferanten, davon 64 % aus den neuen Bundesländern und Berlin, natürlich mit den Schwerpunkten in Brandenburg mit 1002 Lieferanten (30 %) und Sachsen mit 751 Lieferanten (23 %).[42] Nach einer Untersuchung von *Prof. Cézanne* für das Land Brandenburg[43] kann davon ausgegangen werden, daß die Braunkohleindustrie in der Lausitz für 16,5 % der Wertschöpfung des Unternehmenssektors steht. Einschließlich der durch ihre Tätigkeit induzierten Arbeitsplätze ist von einer Beschäftigungswirkung allein im brandenburgischen Teil der Lausitz von mindestens 25.000 Arbeitsplätzen auszugehen. Würde die Braunkohle dort ihren Betriebeinstellen müssen, so würde die Arbeitslosenquote um mindestens 6 %-Punkte über das gegenwärtig bereits hohe Niveau von 18,5 % hinaus ansteigen. Die Braunkohle ist damit tatsächlich der industrielle Kern, der für Wirtschaft und Wohlstand der Region entscheidende Bedeutung hat.

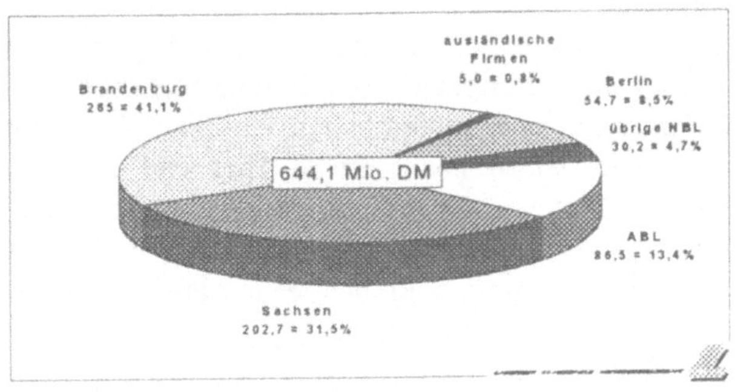


Bild 6.3: Lieferantenumsatz der LAUBAG nach Bundesländern (01 07 1997-30.06.1998)

Dennoch hätte diese positive Wirkung in der Beschäftigung, so willkommen sie auch sei, alleine niemals ausgereicht, eine Wende in der Akzeptanz der Braunkohle in der Öffentlichkeit zu bewirken. Unverzichtbar war ebenso die Rückführung des Abbaus auf ein vertretbares Maß als auch eine radikale Umkehr im Umgang mit den betroffenen Menschen und der in Anspruch genommenen Natur.

[42] Geschäftsunterlagen der LAUBAG

[43] W. Cézanne u.a., BTU Cottbus: Die volkswirtschaftliche Bedeutung des Braunkohlebergbaus für die Region Lausitz, 15.5.1996, S. 29

# 6.3 Die Neue Braunkohle

## 6.3.1 Markt- und Strukturanpassung

Bereits die Volkskammer der DDR hatte beschlossen, die einstigen Kombinate zur Vorbereitung auf marktwirtschaftlich arbeitende Unternehmen spätestens zum 1.7.1990 in Kapitalgesellschaften umzuwandeln.[44]

So entstanden aus den Braunkohlekombinaten die Vereinigten Mitteldeutschen Braunkohlenwerke AG (MIBRAG), die Lausitzer Braunkohle Aktiengesellschaft (LAUBAG), die Energiewerke Schwarze Pumpe Aktiengesellschaft (ESPAG) und die Braunkohleveredlung Lauchhammer GmbH (BVL). Entsprechend dem ebenfalls bereits durch die Volkskammer beschlossenen Vorhaben, die Unternehmen durch die Treuhandanstalt einer Privatisierung zuzuführen[45], war es zwingend, die in der Braunkohle tätigen Unternehmen in ihren überlebensfähigen Teilen zusammenzufassen und die Altlasten in eine in Staatsbesitz bleibende Verwaltungsgesellschaft, die spätere Lausitzer und Mitteldeutsche Bergbauverwaltungsgesellschaft mbH (LMBV), abzuspalten. Der Verlauf der Umstrukturierung ist aus Bild 6.4 zu ersehen. Parallel zu der internen Umstrukturierung hatten die Unternehmen die Anpassung an die Bedürfnisse der Marktwirtschaft zu leisten. Statt fester Produktionsvorgaben und fixierter Preise von oben bestimmte fast über Nacht der König Kunde über Kauf und damit auch Produktion der Güter, siehe Bild 6.5.

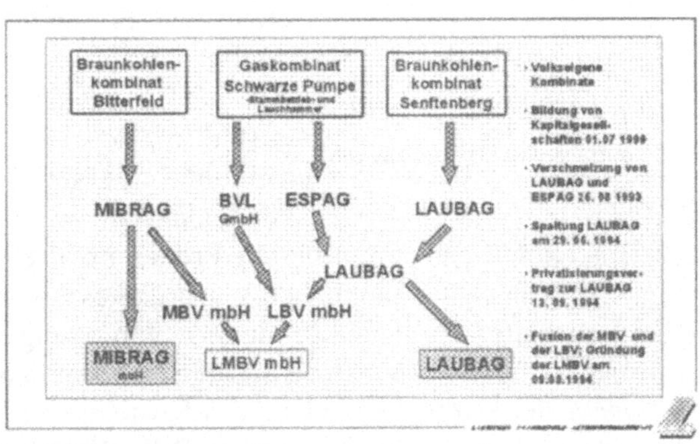


Bild 6.4: Umstrukturierung der Ostdeutschen Braunkohleindustrie

---

[44] Verordnung zur Umwandlung von volkseigenen Kombinaten, Betrieben und Einrichtungen in Kapitalgesellschaften vom 1. März 1990; GBl. I 1990 Nr. 14 S.107

[45] ebendort

Die Produkte der Braunkohle, ob Brikett, Koks, Stadtgas, Staub oder Strom unterlagen plötzlich einer kritischen Prüfung hinsichtlich Art, Preis, Qualität und Service. Wegen der mit Macht auf den Markt drängenden, preisgünstigen und vor allem bequemen Konkurrenzprodukte Öl und Erdgas verlor die „alte“ Braunkohle als erstes in ihrer veredelten Form erhebliche Marktanteile. Braunkohlehochtemperaturkoks war nach Wegfall der staatlichen Subventionen trotz seiner anerkannt guten Eigenschaften kein wettbewerbsfähiger Brennstoff mehr; die Produktion mußte bereits im April 1992 völlig eingestellt werden. Ebenso konnte die verfahrenstechnisch aufwendige Stadtgaserzeugung aus Braunkohle dem importierten Erdgas im Preiswettbewerb nicht standhalten; im Schrittmaß der möglichen Nachrüstgeschwindigkeit mit neuen Brennern in den Haushalten mußte die Produktion von Stadtgas kontinuierlich zurückgenommen und im Juni 1995 gänzlich eingestellt werden. Der Einsatz von Brikett für die Zwecke der Karbochemie kam aus Kostengründen ebenfalls zum Erliegen, so daß die Schwelereien und zugehörigen Brikettfabriken zu schließen waren.

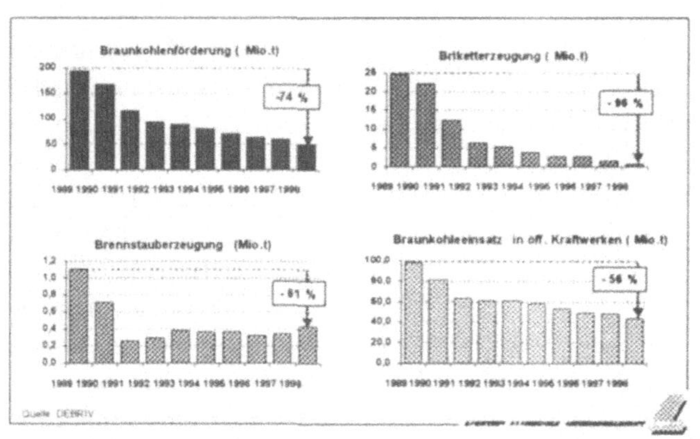


Bild 6.5: Entwicklung des Braunkohleeinsatzes in Ostdeutschland

Tabelle 6.2: Entwicklung der Tagebaue und Fabriken

| 1989 | 1996 | 2000 |
|---|---|---|
| 27 Tagebaue | 10 Tagebaue | 7 - 8 Tagebaue |
| 51 Fabriken | 4 Fabriken | 2 - 3 Fabriken |

Zusätzlich dämpfend auf den Absatz wirkte die steigende Sparsamkeit der Bürger, da sie hinsichtlich des Verbrauchs an Energie zunehmend individuell abgerechnet wurden und auch die Energiesubventionen für die privaten Haushalte, die 1990 noch 11 Mrd. Mark[46] betrugen, schrittweise und endgültig am 1.10.1991 aufgehoben wur-

46 Schrift des Bundeswirtschaftsministers, März 1992, „Energiepolitik für das vereinte Deutschland“, Kapitel 22

den. Entsprechend schnell folgte die Aufgabe von Fabrikstandorten und Tagebauen.
Im Verhältnis zu den Veredlungsprodukten verringerte sich der Strombedarf in den fünf neuen Ländern weit weniger schnell und stark, dem entsprach der Braunkohleeinsatz in den öffentlichen Kraftwerken, wie in Bild 6.5 bereits gezeigt wurde. Dadurch verschob sich das Verhältnis der Nutzung der Braunkohle mehr und mehr zum Einsatz in Kraftwerken, wie es in Westdeutschland schon längere Zeit üblich war, siehe Bild 6.6

Diese Verteilung wird auch in den nächsten Jahren in der derzeitigen Relation bleiben. Der Schwerpunkt der Braunkohlenutzung in der Lausitz, ebenso in ganz Ostdeutschland, und auch im Rheinland, wird daher in ihrer Nutzung zur Stromerzeugung liegen. Dies ist unter der Leitidee des nachhaltigen Wirtschaftens und der Ressourcenschonung auch geboten, da Braunkohle unter derzeitigen wirtschaftlichen Randbedingungen nur dafür einsetzbar ist. Sie ist, thermodynamisch ausgedrückt, nur "beschränkt umwandlungsfähig". Öl und Gas dagegen verfügen über eine höhere "Exergie", für sie gibt es noch andere, hochwertigere Nutzungen, wie als chemischer Grundstoff oder als bequeme Heizenergie. Würde man die bisherige Braunkohlestromerzeugung auf gas- oder ölgefeuerte Kraftwerke verlagern, so würden diese, am ehesten in der Zukunft knapp werdenden Rohstoffe noch schneller verbraucht werden, so daß ihre angestrebte, möglichst lang andauernde Nutzbarkeit für nachfolgende Generationen erheblich verkürzt werden würde.

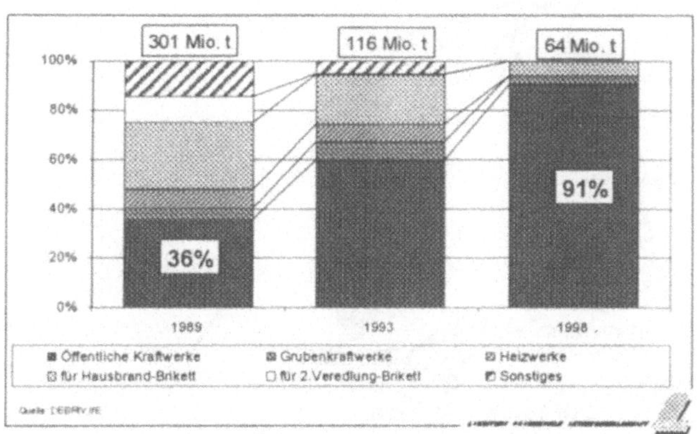


Bild 6.6: Entwicklung des Braunkohleeinsatzes in Ostdeutschland

Als Folge der Anpassung an den Markt werden derzeit im mitteldeutschen Revier von der MIBRAG mbH noch die Tagebaue Profen, im wesentlichen zur Versorgung des Kraftwerkes Schkopau, und die um Schleenhain, zur Versorgung des Kraftwerkes Lippendorf, sowie die Fabriken Deuben zur Erzeugung von Braunkohlestaub und Phönix zur Erzeugung von Brikett betrieben. Ende 1998 betrug der Belegschaftsstand der MIBRAG 2.560 Mitarbeiter

Im Lausitzer Revier betreibt die LAUBAG in Brandenburg den Tagebaubereich Jänschwalde/Cottbus-Nord zur Versorgung des Kraftwerkes Jänschwalde und den Tagebaubereich Welzow-Süd zur Versorgung des Standortes Schwarze Pumpe mit dem neuen VEAG Kraftwerk und der eigenen Brikettfabrik. In Sachsen beliefert der Tagebaubereich Nochten/Reichwalde das Kraftwerk Boxberg (Bild 6.7). Der Belegschaftsstand der LAUBAG betrug Ende 1998 ohne Auszubildenden 6.828 Mitarbeiter. Siehe hierzu auch Bild 6.9.
Alle übrigen Tagebaue, seien sie bereits ausgekohlt oder unmittelbar vor dem Auslaufen der Förderung, ferner alle nicht mehr für die langfristige Produktion

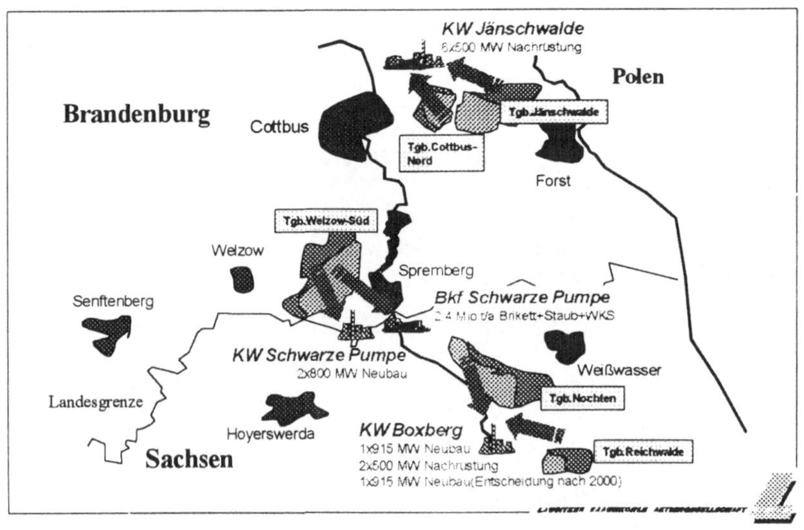


Bild 6.7: Lieferbeziehungen im Revier der Lausitz

notwendigen Fabriken und Einrichtungen, die geordnete Sanierung der ehemaligen Betriebsstätten sowie alle auf Bergbauflächen liegenden Altlasten stehen unter der Verwaltung der LMBV, siehe dazu Bild 6.4. Sie ist Eigentümer von ca. 95.000 ha Flächen unterschiedlichster Art und unterschiedlichsten Grades der Wiedernutzbarmachung, sie muß 235 Tagebaurestlöcher abschließend gestalten, ca 39.000 ha Öd- und Kippenflächen einer sinnvollen Nutzung zuführen, 844 km Böschungen, von denen 330 km wegen akuter Gefahr des Setzungsfließens nicht begehbar sind, sichern, 2.775 km Gleisanlagen zurückbauen, ferner 1.232 Altlastverdachtsflächen, von denen fast 1.100 zu sanieren sind, und schließlich das Grundwasserdefizit von 13 Mrd. $m^3$ vermindern.[47] Bis Ende 1997 konnte etwa die

[47] LMBV, Schrift "Portrait", März 1998

Hälfte der obigen Arbeiten erledigt werden, wobei der Herstellung der Sicherheit und der Gefahrenabwehr Vorrang eingeräumt wurde. Die wesentlichen Arbeiten werden bis Ende 2002 abgeschlossen sein. Für die Braunkohlesanierung ist ein Gesamtaufwand von 16 Mrd. DM erforderlich.[48] Bis Ende 1997 wurden davon ca. 7,8 Mrd. DM ausgegeben.[49]

Obwohl die Wendebeweise hinsichtlich eines geänderten Verhaltens des Bergbautreibenden gegenüber Öffentlichkeit, Nachbarschaft und Natur im mitteldeutschen Revier gleichermaßen vorliegen, wird im nachfolgenden die detailliertere Schilderung auf das Lausitzer Revier beschränkt. In Kenntnis der nach der Wende geänderten Anspruche an einen Bergbautreibenden sieht sich das dortige Unternehmen LAUBAG im Hinblick auf seine Umwelt in folgenden Bereichen in die Pflicht genommen

- Schonender, verantwortlicher und verantwortbarer Umgang mit den natürlichen Ressourcen,
- Schaffung einer lausitztypischen und vielfach nutzbaren Bergbaufolgelandschaft im Zuge der Rekultivierung,
- Einsatz modernster Technik zur Schonung der Umwelt,
- Einvernehmliche Lösungen bei unvermeidbaren Umsiedlungen,
- Forderung und Förderung von Umweltbewußtsein und Umweltwissen der Mitarbeiter,
- Offener und ehrlicher Umgang mit der Öffentlichkeit.

### 6.3.2 Kraftwerksneubauten

#### 6.3.2.1 Wirtschaftlichkeit des Braunkohlestroms

Hinsichtlich der zur Zeit intensiv diskutierten Frage eines möglichen Ausstieges aus der Kernenergie oder des Ablösens der Braunkohlestromerzeugung durch neue Erdgaskraftwerke ist es angeraten, sich die Anteile der einzelnen Energieträger in der Energiewirtschaft einmal vor Augen zu führen. Wie aus Bild 6.8 zu ersehen ist, liegt der Anteil der Braunkohle an der heimischen Energiegewinnung mit 39 % an der Spitze aller Energieformen und ihr Anteil an der Stromerzeugung bei über 25%

Sie stellt damit neben der Steinkohle und der Kernenergie eines der drei wesentlichen Standbeine der bundesrepublikanischen Stromerzeugung. Es ist nicht vorstellbar, daß, wie öfters behauptet wird, allein aus Sparbemühungen und dem Einsatz regenerativer Energien über 50 % der derzeitigen deutschen Stromerzeugung

[48] ebendort

[49] LMBV, Sanierungsbericht 1997, April 1998

in wenigen Jahren ersetzt werden könnten. Der erforderliche Einsatz neuen Kapitals und die wesentlich steigenden Erzeugungskosten würden die deutsche Wirtschaft in erheblichen Maße belasten, so daß für den vom Export abhängigen Standort Deutschland eine ernsthafte Gefahr entstehen würde. Zudem stellt sich die Frage, ob es aus Umweltgründen überhaupt hergeleitet werden kann, den Primärenergieträger Braunkohle auszugrenzen.

Doch sei zuvor kurz auf die Frage der Wirtschaftlichkeit eingegangen, da diese der Braunkohleverstromung ebenfalls öfters abgesprochen wird. Die Braunkohle hätte ihre bedeutende Stellung im Energiemix der Bundesrepublik nie erreichen können, wenn sie in der Vergangenheit nicht wirtschaftlich gewesen wäre. Auch der erst vor wenigen Jahren gefaßte Entschluß, die öffentlichen Kraftwerke Ostdeutschlands im wesentlichen auf der Brennstoffbasis Braunkohle zu erneuern, basierte auf der Gewißheit, daß, über die Lebensdauer der Kraftwerke gerechnet, Braunkohle die wirtschaftlichste Energiebasis ist. Wesentlich ist, daß bei Grundlastkraftwerken weniger die momentane Energiepreissituation oder die der nächsten drei oder vier Jahre maßgebend ist, sondern deren mittel- und langfristige Entwicklung. Die Stromversorgung lediglich unter kurzfristigen Bedingungen zu steuern, führt nach einiger Zeit zu einer nicht optimalen Zusammensetzung des Kraftwerksparks, wie die derzeitigen Schwierigkeiten in England zeigen.

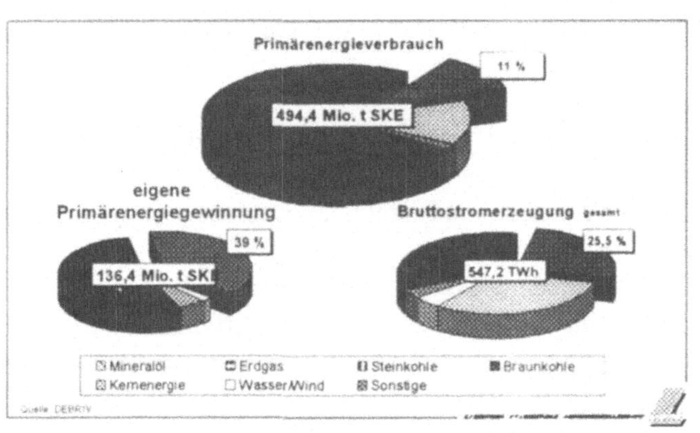


Bild 6.8: Stellung der Braunkohle in der Energiewirtschaft der Bundesrepublik 1997

Bereits bei der damaligen Entscheidung zu Gunsten der Braunkohle in Ostdeutschland war den Beteiligten klar, daß sie in den ersten Jahren auf keinen Fall gegenüber den Konkurrenzenergien günstiger liegen würde. Hierfür sind mehrere Gründe bestimmend. Durch den bereits dargestellten großen finanziellen Aufwand zur Erneuerung des Kapitalstocks, sowohl bei der Braunkohlegewinnung als auch bei der Stromerzeugung, die Investitionsphase hält noch bis in die Mitte des nächsten Jahrzehnts an, ist der Braunkohlestrom derzeit und auch noch in den nächsten Jahren von einer außergewöhnlichen Kostenbelastung betroffen. Da sowohl Bergbau als auch die Grundlaststromerzeugung hohe Anteile an fixen Kosten haben, ist das Einhalten der vorgesehenen Produktionsmengen von elementarer Bedeutung. Diese Sonderbelastung hat die Bundesregierung als berechtigt anerkannt und bei der Neuordnung des Elektrizitätsmarktes im Liberalisierungsgesetz[50] eine besondere Schutzklausel eingefügt, um das Aufkommen an Braunkohlestrom in den neuen Ländern zu sichern.

Des weiteren ist der notwendige Anpassungs- und Umstrukturierungsprozeß in der Braunkohlewirtschaft und den Kraftwerken derzeit noch nicht abgeschlossen. Aus wohlerwogenen Gründen hat man damals im Zuge der Privatisierung der Unternehmen davon abgesehen, absehbare Betriebsstillegungen und den notwendigen Personalabbau abrupt durchzuführen. Statt dessen konnte, über einen längeren Zeitraum gestreckt, der besonders belastende, enorme Personalabbau, der hinsichtlich Ausmaß und Geschwindigkeit in Westdeutschland in keinem Industriezweig eine Entsprechung hat, weitestgehend sozial verträglich vorgenommen werden. Für den Bereich des Lausitzer Bergbaus ist die zeitliche Entwicklung des Personalbestandes in Bild 6.9 wiedergegeben. Auch dieser Anpassungsprozeß dauert derzeit noch an.

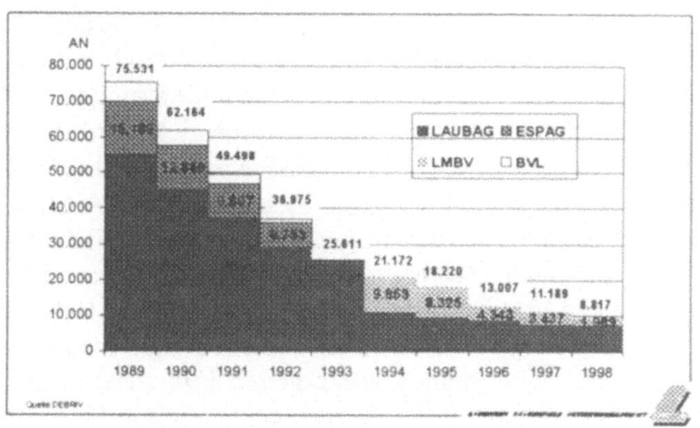


Bild 6.9: Mitarbeiterentwicklung im Lausitzer Revier (ohne Lehrlinge)

Aus den genannten Gründen kann die Braunkohle und der aus ihr erzeugte Strom augenblicklich noch nicht ganz mit den Konkurrenzenergien Importkohle und Erdgas konkurrieren. Diese beiden Importenergien haben derzeit den tiefsten Preisstand der letzten 25 Jahre erreicht. Es ist davon auszugehen, die Weltenergiekonferenz September 1998 in Houston hat dies ebenfalls zum Ausdruck gebracht[51], daß dieses niedrige Niveau nicht lange beibehalten werden kann und wird. Der stark steigende Energiebedarf in den Schwellenländern, der wegen des Bevölkerungsanstiegs vermehrte Bedarf der Dritten Welt und die Verbrauchssteigerungen durch die globalen Wachstumserwartungen werden zu den derzeit günstigen Konditionen nicht mehr deckbar sein. Bis zum Jahre 2020 werden über 5 Mrd. t SKE gegenüber dem

[50] Gesetz zur Neuregelung des Energiewirtschaftsrechts vom 24.4.1998, Artikel 4, § 3, BGBl I, S. 730

[51] Brennstoff, Wärme, Kraft, Band 50 (1998), Nr. 10, S. 12 bis 14

heutigen Bedarf zusätzlich erforderlich; dies ist mehr als die heutige Ölförderung der gesamten Welt. Es ist ausgeschlossen, daß der zusätzliche Bedarf aus den bestehenden kostengünstigen Lagerstätten gedeckt werden kann; neue Lagerstätten weisen deutlich höhere Gewinnungskosten aus. Abgesehen von diesem Problem bei Angebot und Nachfrage wird sich unter Umständen noch ein weiteres ergeben, das der Verfügbarkeit. Die bedeutendsten Vorräte an Öl und Gas, den bevorzugten Importenergien, liegen in politisch unruhigen Regionen. Diese Abhängigkeit wird sich noch weiter steigern, da die großen Verbraucher der Zukunft sowohl bei Gas als auch bei Öl nur geringe eigene Vorräte besitzen.
Hierauf verlassen sich jedoch weder die Bergbauunternehmen noch die VEAG als großes Kraftwerksunternehmen; in beiden Bereichen wurden bereits und werden auch weiterhin umfangreiche Programme zur Senkung der Erzeugungskosten abgewickelt. So haben beispielsweise in der LAUBAG die seit Jahren vorgenommenen Modernisierungsinvestitionen inzwischen erste Erfolge gezeitigt, indem die Standzeiten, d.h. die Betriebszeiten von Anlagenteilen zwischen zwei Instandsetzungsmaßnahmen, teils beachtlich, verlängert oder die Personalintensität verringert werden konnten. Zusätzlich stehen die Beschaffungskosten von jährlich über 600 Mio. DM auf dem Prüfstand; hier sind Einsparungen in zweistelliger Millionenhöhe bereits sicher. In den letzten Jahren konnten bereits durch Kostensenkung im Sektor Reparatur und Instandhaltung, der Fremdlieferungen und -leistungen und auch im Personalbereich merkliche Fortschritte erzielt werden, die in Form von Preissenkungen weitergegeben wurden. Diese Kostensenkungsprogramme erfordern mehrere Jahre bis zu ihrer vollen Wirksamkeit; alle Anstrengungen gehen dahin, und die Aussichten dazu sind gegeben, daß zum Ende der gesetzlichen Schutzfrist auch die volle Wettbewerbsfähigkeit der Braunkohlestromerzeugung in Ostdeutschland im liberalisierten Markt erreicht ist. Daß die eingeleiteten Maßnahmen Wirkung zeigen, ist aus dem aktuellen VIK-Industrie-Stromvergleich[52] zu erkennen. Gegenüber dem VIK-Vergleich I/98 weist er aus, daß das preisgünstigste Angebot im Osten um 9,9 %, das teuerste immerhin noch um 6,6 % reduziert werden konnte. Da die westdeutschen Nachlässe weit geringer waren, liegen inzwischen bereits 10 ostdeutsche Versorger günstiger als die teuersten westdeutschen.

#### 6.3.2.2 Verbesserung der Brennstoffausnutzung

In Diskussionen zur Vertretbarkeit der Stromerzeugung aus Braunkohle, speziell in Ostdeutschland, ist häufig festzustellen, daß die früheren Erzeugungstechniken hinsichtlich Kohlequalität, Feuerungssystem, Umweltschutzmaßnahmen und Wirkungsgrad gedanklich auch für die heutige Zeit weiterhin unterstellt werden. Die

---

[52] Verband der Industriellen Energie- und Kraftwirtschaft e.V. (VIK), Industrie-Strompreisvergleich I/99, 26.1.1999

Wende, so muß man glauben, hat zwar überall stattgefunden, nicht aber indessen in der Braunkohlenutzung. Das Gegenteil ist der Fall; es gibt wohl nur wenige Industriezweige, in denen der Wandel von alt nach neu so radikal und so schnell erfolgt ist. Allein die Entwicklung der Emissionen von Gasen und Stäuben, wie in Bild 6.10 dargestellt, muß den objektiv Urteilenden zu dem Schluß führen, daß die neue Art der Braunkohlestromerzeugung mit der alten in keiner Weise mehr verglichen werden kann.

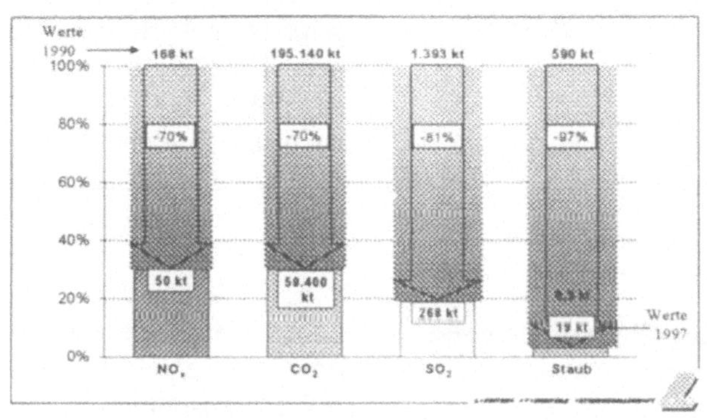

Bild 6.10: Emissionsentwicklung in der Lausitz (1997 zu 1990)

Dazu im einzelnen:

Die VEAG hat ihre Braunkohlekraftwerksleistung von einst 12.750 MW auf derzeit 6.690 MW reduziert [53] Mit der Inbetriebnahme des Blockes in Boxberg wird sich ein Wert von 7 590 MW ergeben Gegenüber der alten Leistung sind dies 40 % weniger.

Der Wirkungsgrad aller Kraftwerke wurde von einem durchschnittlichen einstigen Wert von 29 % auf inzwischen 35,7 % im Mittel über alle Standorte erhöht.[54] Dies entspricht einer Verbesserung um 27 %. Das neue Kraftwerk in Schwarze Pumpe weist einen Wirkungsgrad von 41 % aus[55], gegenüber den Kraftwerken Lübbenau/Vetschau eine Verbesserung um über 50 %. Die rasante Steigerung der Kraftwerkswirkungsgrade der Lausitzer Kraftwerke ist aus Bild 6.11 ersichtlich.

Alle Kraftwerke in der Braunkohle Ostdeutschlands arbeiten im Kraft-Wärme-Verbund, teils nur zur Deckung der Fernwärmeversorgung, teils zusätzlich zur Bereitstellung von Prozeßenergie. Hierdurch wird die Brennstoffausnutzung gegenüber dem dargestellten Wirkungsgrad nochmals erhöht. Beispielsweise wird bei voller Auskopplung im Kraftwerk Schwarze Pumpe (KSP) eine Brennstoffausnutzung von 51 % erreicht [56] Entsprechend günstig wirkt sich dies auf den Rohkohlebedarf aus, also im Sinne der Ressourcenschonung, als auch auf die Emission von Abgasen und damit auf den Immissionspegel in der Umgebung.

---

[53] VEAG, VDI, Vortrag Cottbus 23.2 1999
[54] wie vor
[55] wie vor
[56] wie vor

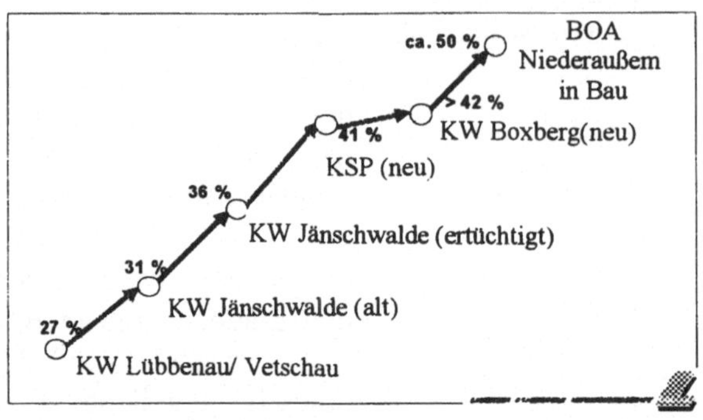


Bild 6.11: Wirkungsgraderhöhung der Braunkohlewerke der Lausitz

Durch die Reduzierung der Kraftwerksleistung einerseits und die höheren Wirkungsgrade andererseits ist der Braunkohlebedarf gegenüber früher sowohl in der Lausitz als auch in Mitteldeutschland wesentlich zurückgegangen; dadurch war es möglich, auf den Einsatz von Kohle mit besonders hohen Schwefelgehalten oder auf Salzkohle generell zu verzichten. Abgesehen von der Vermeidung des Einsatzes problematischer Kohle sind die Kraftwerke mit modernster Emissionsminderungstechnik sowohl auf der Feuerungsseite als auch durch den Einbau von Rauchgasreinigungsanlagen ausgerüstet. Hierdurch gelingt es, die von der Großfeuerungsanlagenverordnung[57] vorgegebenen Grenzwerte nicht nur einzuhalten, sondern sogar mit einigem Sicherheitsabstand zu unterbieten.

### 6.3.3 Emissionen/Immissionen

In der DDR galten ab 1987 Immissionswerte, die denen in Westdeutschland durchaus vergleichbar waren, siehe Bild 6.12. Um diese Werte zu erreichen, hätten auch auf der Emissionsseite entsprechende Werte verbindlich gemacht werden müssen; dies geschah jedoch nicht, wie der Vergleich der zulässigen Emissionsgrenzwerte zeigt, siehe

| Schadstoff | Immissionswert der DDR (gültig von 1987 bis 01.07.90) | | Immissionswert der BRD (gültig ab 01.07.1990) | |
|---|---|---|---|---|
| | $MIK_K$ 1) mg/m³ | $MIK_D$ 2) mg/m³ | IW2 3) mg/m³ | IW1 4) mg/m³ |
| $SO_2$ | 0,5 | 0,15 | 0,4 | 0,14 |
| $NO_2$ | 0,1 | 0,04 | 0,2 | 0,08 |
| Schwebstaub | 0,5 | 0,02 | 0,3 | 0,15 |

1) Max. Immissionskonzentration für Kurzzeitbelastung
2) Max. Immissionskonzentration für Langzeitbelastung
3) Immissionswerte z. Schutz vor erhebl. Nachteilen u. Belastungen f. Kurzzeitbelastungen
4) Immissionswerte z. Schutz vor erhebl. Nachteilen u. Belastungen f. Langzeitbelastungen

Bild 6.12: Vergleich der Immissionswerte DDR und BRD

[57] 13. Verordnung zur Durchführung des Bundesimmissionsschutzgesetzes (Verordnung über Großfeuerungsanlagen – 13. BimSchV) vom 22.6.1983; BGBl I S. 719

Bild 6.13. Da keinerlei Grenzwerte für die Gase $SO_2$, $NO_x$ und CO vorgeschrieben waren, gab es auch keine entsprechende Rückhaltetechnik in den Kraftwerken.

| Anlage | Schadstoff | Emissionsgrenzwert DDR (gültig ab 1987 bis 01.07.90) | Emissionsgrenzwert BRD (gültig ab 01.07.1990) |
|---|---|---|---|
| Brikettfabriken | Staub | 150 - 500 mg/m³ * | 75 - 100 mg/m³ |
| Kraftwerke | Staub | 200 - 4.500 mg/m³ ** | 80 mg/m³ |
| | $SO_2$ | keine | 2.500 - 3.200 mg/m³ |
| | $NO_x$ | keine | 200 mg/m³ |
| | CO | keine | 250 mg/m³ |
| Gaswerke/Kokereien | $H_2S$ | 50 mg/m³ bis 1.1.1994***<br>10 mg/m³ ab 1.1.1994 | 10 mg/m³ |

* in der 3. DB zur 5. DVO und TGL verankert, Ausnahmegenehmigung war möglich
** für Altanlagen galt einanlagenbezogener Emissionsgrenzwertbescheid
*** gültig nur für dieClausanlage im GSP-S laut Emissionsgrenzwertbescheid

Bild 6.13: Vergleich der Emissionsgrenzwerte DDR und BRD

Auch die zulässige Staubemission lag um ein Vielfaches höher als in Westdeutschland. So war es nicht verwunderlich, daß die Lausitz 1989 zu den lufthygienisch am stärksten belasteten Gebieten Mitteleuropas gehörte. Spitzenbelastungen, die den 5-fachen TA-Luft–Wert[58] überschritten, waren nicht selten.

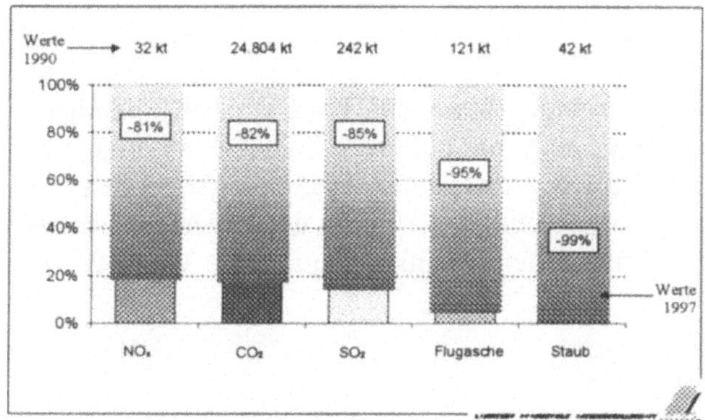


Bild 6.14: Emissionsentwicklung des Lausitzer Bergbaus (1997 zu 1990)

Entsprechend betrug die Immissionsbelastung des südost - brandenburgischen Raums 1989 im Vergleich zur Region Köln/Bonn z.B. bei $SO_2$ das 2,8–fache und bei Schwebstaub das 1,3–fache. Verantwortlich für die Überwachung der Luftemission und -immissionen war die Staatliche Umweltinspektion (STUI) des jeweiligen Bezirkes, für die Lausitz die in Cottbus

[58] Technische Anleitung zur Reinhaltung der Luft, (TA-Luft vom 27.2.1986; GMBl 1986, S. 95 und GMBl 1986, S. 202

Auf einer Fläche von 1750 km² wurden 1989 emittiert:[59]

- $SO_2$ 2.220.000 t
- Kohlenwasserstoffen 58.825 t
- Staub 647.800 t

Wegen der unzureichenden Ausstattung mit Meßtechnik war sie auf die Zuarbeit und die Meßdaten der ehemaligen Kombinate, speziell in Schwarze Pumpe, angewiesen. In Abhängigkeit vom Grad der Überschreitung legte die STUI die Zahlung von Staub- und Abgasgeld, das von den Betrieben in einen Fonds der STUI zu zahlen war, als Sanktion fest. Aus dem Fonds wurden „kosmetische“, sekundäre Umweltschutzmaßnahmen, wie Entschädigungen an betroffene Bürger, Grünanlagen, Baumpflanzungen etc., bestritten. Ähnlich war das Vorgehen auf der Wasserseite durch die Staatliche Gewässeraufsicht (SGA). Im Kombinat Schwarze Pumpe wurden z.B in 1987 ca. 4 Mio. Mark Sanktionszahlungen an die STUI und knapp 3 Mio. Mark an die SGA geleistet, in 1989 waren es insgesamt 4,6 Mio. Mark.

Nach der Wende erhielten das Bundesimmissionsschutzgesetz und in seiner Folge die Großfeuerungsanlagenverordnung, die TA-Luft, die TA-Lärm[60] und die entsprechenden Gewässerschutzvorschriften Gültigkeit. Infolge der Durchführung entsprechender Nachrüstungsmaßnahmen oder Ersatzbauten wirkte sich die damit verbundene Emissionsverminderung bereits in wenigen Jahren drastisch aus, siehe Bild 6.14.

Für die Stoffe $NO_x$, $CO_2$, $SO_2$, Flugasche und Staub die Werte von 1990 den heutigen aus dem Jahre 1997 gegenübergestellt und die prozentuale Minderung ausgewiesen. Es ist offensichtlich, daß solch gravierende Reduzierungen nicht ohne merkbare und merkliche Wirkung im persönlichen Umfeld der einzelnen Bürger blieben, was hinsichtlich der Akzeptanz der Braunkohlenindustrie eine Wende zum Positiven hin bewirkte.

### 6.3.3.1 Staub

Die in Bild 6.14 gezeigte, früher für unmöglich gehaltene, Verminderung der Staubemission um 99% hat ihre Ursache einerseits in der Tatsache, daß von den 1989 noch 22 in der Lausitz betriebenen Brikettfabriken samt Kraftwerken inzwischen nur noch eine einzige, die Fabrik Mitte in Schwarze Pumpe, in Betrieb

---

[59] Ökologischer Sanierungs- und Entwicklungsplan Niederlausitz, Kurzfassung, Dornier GmbH; Dezember 1993, S. 25 ff

[60] Technische Anleitung Lärm, (TA-Lärm), Bekanntmachung der Bundesregierung vom 16.7.1968 (Bundesanzeiger Nr. 137 vom 26.7.1968)

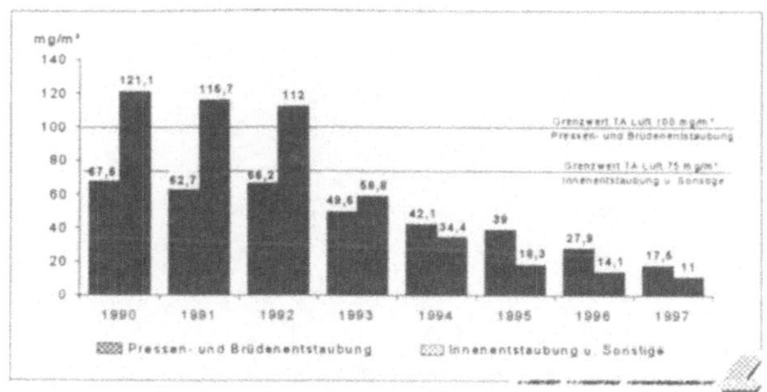


Bild 6.15: Entwicklung des Reingasstaubgehalts der LAUBAG-Fabriken am Standort Schwarze Pumpe

geblieben ist. Andererseits konnte durch den Einbau von Filteranlagen der spezifische Staubgehalt der Abluftströme auf weit weniger als die Hälfte des zulässigen Wertes abgesenkt werden, wie aus Bild 6.15 zu ersehen ist.

Diese Maßnahmen blieben im Revier nicht ohne Wirkung. Die Bevölkerung registrierte, daß im Winter der Schnee inzwischen auch in der Nachbarschaft von Schwarze Pumpe wochenlang weiß blieb und die Zeit der "grauen" Hühner der Vergangenheit angehörte. Der meßtechnische Nachweis dazu für den Standort ergibt sich aus Bild 6.16.

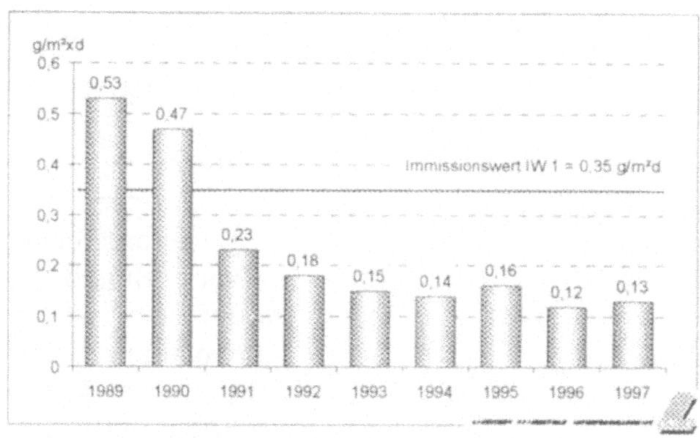


Bild 6.16: Entwicklung des spezifischen Staubniederschlages am Standort Schwarze Pumpe

Bereits ab 1991 konnte der zulässige Immissionswert unterschritten werden; inzwischen liegt er seit mehreren Jahren deutlich unterhalb der Hälfte des zulässigen Wertes.

Bild 6.17 beweist, daß, bezogen auf die Konzentration des Schwebstaubs, die Luftqualität in der Lausitz inzwischen derjenigen des Raumes Köln/Bonn gleichkommt.

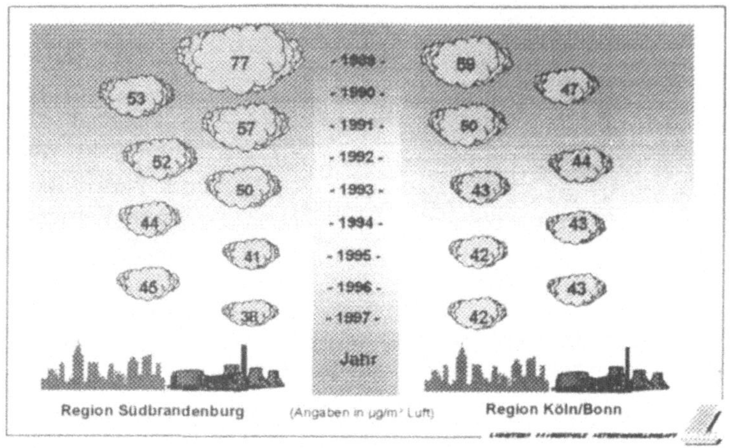


Bild 6.17. Vergleich der Schwefelstaubimmission Region Köln/Bonn - Südbrandenburg

### 6.3.3.2 $SO_2$

Eine ebenso drastische Reduzierung betraf das $SO_2$. Hierfür waren mehrere Gründe bestimmend. Zum ersten konnte durch die reduzierten Mengenanforderungen von Braunkohle auf den Abbau emissionsproblematischer Kohlefelder oder Feldesteile verzichtet werden. Zum zweiten reduzierte sich die absolute Emission entsprechend dem rückläufigen Verbrauch an Braunkohle in den in der Leistung geringer gewordenen, in der Brennstoffausnutzung aber wesentlich verbesserten Kraftwerken. Letztlich entscheidend für den Rückgang der Emissionen war allerdings die Ausrüstung mit Entschwefelungsanlagen,

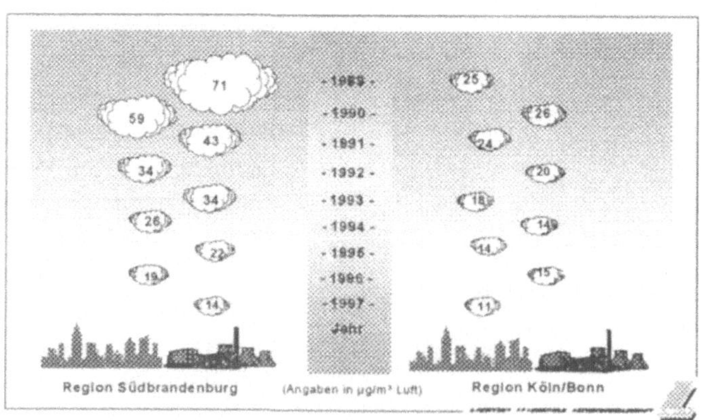


Bild 6.18. Vergleich der Schwefeldioxidimmission Region Köln/Bonn - Südbrandenburg

wodurch die spezifische $SO_2$-Konzentration der Abgase auf unter 5 % der ehemaligen reduziert werden konnte.[61]
Die entscheidend verminderten Emissionen führten zu einer entsprechenden Reduktion der Emissionen, so daß auch in dieser Frage inzwischen kein spürbarer Unterschied zu westdeutschen Vergleichswerten besteht, siehe Bild 6.18.

Eine vergleichbar positive Entwicklung nahmen die kritischen Gebiete um Böhlen und Borna im Mitteldeutschen Revier. Hier verminderte sich die $SO_2$-Immmissionsbelastung von 1989 auf 1997 um 90 % bzw. 95 % auf Werte um 15 $\mu g/m^3$.[62]

### 6.3.3.3 $CO_2$

Eine immer wieder im Zusammenhang mit der Nutzung der Braunkohle diskutierte Frage betrifft die Klimawirksamkeit des bei der Verfeuerung freigesetzten $CO_2$. Richtig ist, daß wegen des im Vergleich zu anderen Brennstoffen geringeren Heizwertes die spezifische $CO_2$-Emission bei der Verfeuerung der Braunkohle höher ist. Ob angesichts dieser Tatsache aber eine notwendige Einschränkung ihrer Nutzung oder gar ein generelles Verbot seine Rechtfertigung findet, bedarf zur Bildung eines fundierten Urteils des Einbezugs weiterer Sachinformationen.

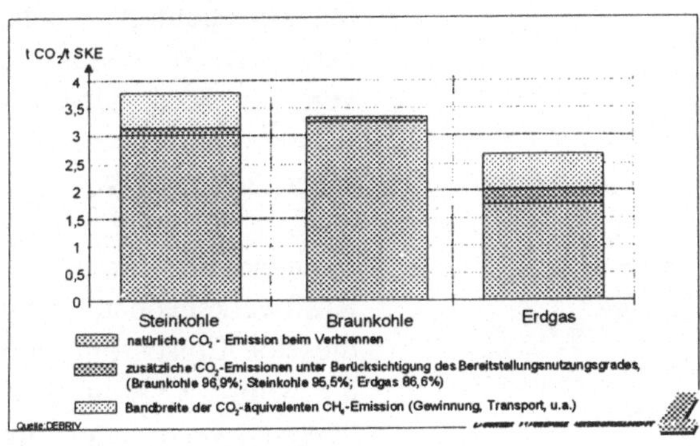


Bild 6.19: $CO_2$-Emission der Energieträger

Zum Ersten wird bei der Beurteilung der eventuellen Wirksamkeit die Betrachtung sehr häufig in wissenschaftlich unzulässiger Weise nur auf die Emission des einen Gases $CO_2$ verkürzt. Andere, ebenfalls klimawirksame Gase, wie beispielsweise das $CH_4$, das wegen seiner gegenüber $CO_2$ wesentlich längeren Verweilzeit in der Atmosphäre ebenfalls zu den wichtigen sogenannten

[61] VEAG Vereinigte Energiewerke AG; Informationsbroschüre „Die Braunkohlekraftwerke der VEAG – Kraftwerk Jänschwalde; Kraftwerk Boxberg“ 03/97

[62] Sächsisches Landesamt für Umwelt und Geologie, Kurzmitteilung vom 02.02.1999

Klimagasen zählt, bleiben außerhalb der Betrachtung. $CH_4$ wird bei der Gewinnung und dem Transport der Brennstoffe in unterschiedlichem Maße freigesetzt; bei Erdgas sind dies durch die Verluste bei der Gewinnung und beim Transport erhebliche Mengen, bei der Steinkohle sind es die bei der Gewinnung freigesetzten Grubengase, bei der Gewinnung der Braunkohle erfolgt keine Methanfreisetzung. Des weiteren muß bei einem Vergleich berücksichtigt werden, wieviel Energie auf dem Weg von der Gewinnung bis zum Einsatz beim Verbraucher als Eigenbedarf aufgewendet werden muß. Dies berücksichtigt der sogenannte Bereitstellungsnutzungsgrad, der von der TU München für unterschiedliche Brennstoffe ermittelt wurde.[63] Er beträgt bei Braunkohle 96,9 %, bei Steinkohle 95,5 % und bei Erdgas 86,6 %. Bei Zusammenfassung der angeführten Umstände ergibt sich für die genannten Brennstoffe das in Bild 6.19 dargestellte Emissionsverhalten; es wird offensichtlich, daß die betrachteten Brennstoffe hinsichtlich der Emission klimawirksamer Gase in etwa gleichwertig sind. Eine einseitige Bevorzugung oder Verdammung hat daher keine sachliche Berechtigung.

Zum Zweiten sollte vor einer Urteilsbildung die optimale Vermeidungsstrategie näher betrachtet werden. Durch den Neubau des Kraftwerkes in Schwarze Pumpe werden, gegenüber einem gleich großen Kraftwerk mit alter Technik, wegen des höheren Wirkungsgrades jährlich etwa 6,8 Mio. t $CO_2$-Emission vermieden; die darüber hinausgehende, an diesem Standort auf Grund dessen spezifischer Möglichkeit realisierte Einsparung aus Kraft-Wärme-Kopplung, blieb bei den nachfolgenden Berechnungen unberücksichtigt. Aus der Investitionssumme von 4,5 Mrd. DM errechnet sich ein spezifischer Aufwand von 660 DM je Tonne $CO_2$-Vermeidung durch den Kraftwerksneubau. Um dieselbe Einsparung von 6,8 Mio. t $CO_2$ im Jahr beispielsweise über die Installation von Windenergieanlagen zu verwirklichen, wären bei einem unterstellten spezifischen Investaufwand

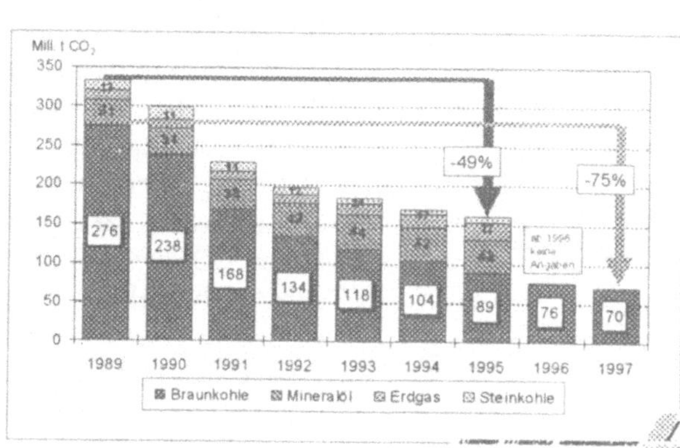


Bild 6.20: Energiebedingte $CO_2$-Emission durch die Braunkohle - Neue Bundesländer

[63] Bereitstellungsnutzungsgrade für Brennstoffe und für elektrische Energie in er Bundesrepublik Deutschland, Forschungsstelle für Energiewirtschaft der Gesellschaft für praktische Energiekunde e.V. München; Dezember 1994

von 2.500 DM/kW der Aufbau von knapp 7000 Windkraftanlagen mit je 1 MW Leistung erforderlich.

Zum Vergleich: Ende 1998 waren in Deutschland insgesamt 2.875 MW[64] Windkraft, also gerade mal 40 % des errechneten Bedarfs, installiert. Hinsichtlich des erforderlichen Kapitaleinsatzes wäre ein Betrag von 2.570 DM/t $CO_2$, also fast das Vierfache nötig. Ob diese Strategie angesichts der knappen Ressource Kapital, wie sie sich vor allem in den öffentlichen Haushalten manifestiert, zielführend sein kann, muß in Frage gestellt werden. Es wird ersichtlich, daß der Kraftwerksneubau aus ökonomischen und ökologischen Gründen die bei weitem günstigere Lösung darstellt. Sofern tatsächlich etwas zur Verringerung der weltweiten $CO_2$-Emissionen in effektiver und effizienter Weise unternommen werden soll, ist der Ersatz von alten durch neue Kraftwerke der Königsweg.

Deutschland verfügt seit langer Zeit und mit der nötigen Erfahrung auf diesem Feld über das nötige know how und hat die Chance, die Modernisierung des Kraftwerksparks in anderen Ländern anzustoßen und die Realisierung aktiv und maßgeblich zu unterstützen.
Zum Dritten ist nach dem Urteil vieler an der Frage der Klimabeeinflussung arbeitenden Wissenschaftler der kausale Zusammenhang zwischen $CO_2$-Emissionen, und hier besonders der vom Menschen verursachten, und der Klimaänderung keineswegs erwiesen; beispielhaft sei auf die schwankende Aktivität der Sonne als mögliche Ursache[65] hingewiesen oder auf die natürliche Schwankungsbreite des $CO_2$-Pegels in länger zurückliegenden Zeiträumen.[66]
Sollte jedoch tatsächlich ein kausaler Zusammenhang bestehen, so steht die Braunkohle, besonders die in Ostdeutschland, im Hinblick auf die Entwicklung der $CO_2$-Emissionen seit der Wende vorbildlich da. Die Nachrüstung oder Erneuerung der großen Kraftwerke der VEAG erbrachten bereits eine entscheidende Absenkung des Emissionspegels um 46%.[67] Allein hierdurch wäre das von der Bundesregierung zugesagte Emissionsminderungsziel für Ostdeutschland bereits erbracht; da im Rheinland vergleichbare Neubaumaßnahmen eingeleitet sind, wird sich in absehbarer Zeit auch dort ein ähnlicher Effekt ergeben.
Da zusätzlich in Ostdeutschland in den letzten Jahren auch im industriellen und gewerblichen Bereich die Feuerungen teils modernisiert, teils im Brennstoff umgestellt wurden, und des weiteren in den privaten Haushalten ebenfalls in drastischem Ausmaß ein Brennstoffwechsel weg von der Braunkohle vollzogen wurde,

---

[64] Umfrage des Bundesverbandes Windenergie, Zeitung Die Welt, 23.1.1999
[65] Nigel Calder: Die launische Sonne widerlegt Klimatheorien, Wiesbaden, 1997
[66] Vortrag Prof. W. Stahl, Bundesanstalt für Geowissenschaften und Rohstoffe, Vortrag Ausschuß Berg- und Rohstoffwirtschaft der Wirtschaftsvereinigung Bergbau am 24.11.1998 in Bonn
[67] E. Dubslaff, VEAG, Technik der Stromerzeugung aus Braunkohle; Vortrag bei VDI-Bericht 1456 S. 19 ff

ist die Emission von $CO_2$ aus Braunkohlenutzung um 75 % gegenüber 1990 geringer. Selbst unter Ansatz des gestiegenen Einsatzes von anderen Brennstoffen verbleibt bis 1995 „netto“ eine Reduktion um 49 %, die inzwischen sicherlich auf deutlich über 50% angestiegen ist; siehe hierzu Bild 6.20.

#### 6.3.3.4 Gerüche

Hinsichtlich der Emission von Geruchsstoffen stellten sich die Anlagen der Zweiten Veredlungsstufe, die Schwelereien in Espenhain und Böhlen, die Kokereien in Lauchhammer und Schwarze Pumpe sowie das Gaswerk in Schwarze Pumpe als besonders problematisch heraus. Als Zeichen dafür sei erwähnt, daß nach den Erfahrungen beim Betrieb der Kokerei in Lauchhammer bei der Festlegung des Standortes für das neue Wohngebiete für Schwarze Pumpe und Welzow bewußt die Ortslage Hoyerswerda gewählt wurde, da sie in 15 km Entfernung luvseitig zu dem geplanten Kombinat Schwarze Pumpe lag; so war wegen der vorherrschenden Windrichtung die Geruchsbelästigung so klein wie möglich gehalten. Die bereits bestehenden Orte Zerre, Spreewitz und Trattendorf lagen dagegen in Mitwindlage, ebenso wie in Mitteldeutschland die Orte Mölbis und Rötha; entsprechend stark war dort auch die Belästigung.

Ursächlich waren beispielsweise in Schwarze Pumpe einerseits die Teerseen, offene Erdbecken, in denen Teer-Phenol-Wasser als Rückstände der Vergasung gelagert wurden, andererseits etwa 600 Schlote, Stutzen, Not- und Betriebsfackeln, Ausblas- und Anfahrleitungen, Ventile, Schieber etc. , aus denen unterschiedliche Kohlenwasserstoffe einschließlich $H_2S$ und CO entwichen. Der typische „Pumpe“-Geruch war je nach Ausbreitungsbedingungen in bis zu 40 km Entfernung, zwar örtlich begrenzt, aber deutlich, manchmal den Atem nehmend, spürbar. Durch eine systematische Erfassung der Austrittsquellen und deren weitgehende Schließung konnte bereits sehr bald nach der Wende eine spürbare Verbesserung erreicht werden. Eine entscheidende Minderung konnte allerdings erst nach Abriß der Kokerei und Verkleinerung und Umbau des Gaswerks zu einem Sekundär-Rohstoff-Verwertungszentrum (SVZ) erreicht werden. Wegen der noch vorhandenen Teerseen und des Betriebs der Teerrückgewinnungs- und Beseitigungsanlagen sowie wegen Inbetriebsetzungsschwierigkeiten im SVZ sind die Belästigungen im unmittelbaren Nahbereich derzeit noch nicht vollständig beseitigt.

Eine weitere starke Geruchsquelle stellte die Verfeuerung von etwa 15 bis 18 Mio. t/a Brikett zur Beheizung von Wohnungen dar. Wegen unzureichender Technik in den Öfen, häufig unsachgemäßen Betriebs der Feuerstätten und der niedrigen Emissionshöhe der Wohnhauskamine machte sich der typische Schwelgeruch, besonders bei austauscharmen winterlichen Wetterlagen, unangenehm in Stadt und Land bemerkbar. Allein der Rückgang der Einsatzdichte im Gebiet der neuen Bundesländer von etwa 150 t/km² in 1985 auf etwa 10 t/km² in 1998 brachte eine starke Entlastung. Zusätzlich ist darauf hinzuweisen, daß inzwischen in großem Umfang moderne Feuerstätten zum Einsatz kommen und der Schwefelgehalt der Brikett gesetzlich auf unter 1% begrenzt wurde.

#### 6.3.3.5 Lärm

Hinsichtlich der Lärmbekämpfung zum Schutz der Nachbarschaft haben alle Bergbaureviere in den letzten Jahren erhebliche Anstrengungen unternommen, die Belästigungen, vor allem in den Nachtstunden, zu reduzieren. So ist es zum Beispiel in der Lausitz durch eine Vielzahl von Aktivitäten, seien sie planerischer, technischer oder organisatorischer Art, gelungen, den Immissionspegel um fünf bis sechs dB abzusenken, was fast einer Halbierung der Immission gleichkommt. In der Planungsphase, noch im Vorfeld der Tagebauentwicklung, werden Betriebsböschungen so gestaltet, daß sie für die Nachbarschaft zugleich einen wirksamen Schutzschild gegen Lärm darstellen. Demselben Zweck dienen umfangreiche Schutzpflanzungen, ferner wird der Standort lärmemittierender Anlagen so festgelegt, daß die Immission möglichst gering wird.

An technischen Maßnahmen wären beispielhaft zu nennen: Das Verschweißen von Schienenstößen, der Einbau überdrehter und ausgewuchteter Bandrollen in Bandanlagen, die automatische Schmierung der Eimerketten mit biologisch abbaubaren Ölen, die Einkapselung von Antrieben, die ausgekleideten Einhausungen von Antriebs- und Umlenkturassen und schließlich der umfangreiche Einsatz von Schallschluckwänden und Schalldämpfern, dies besonders in den Kraftwerken und Fabriken.

Organisatorisch war es wegen der reduzierten Leistungsanforderung möglich, nachts den Abraumbetrieb in unmittelbarer Nähe von Ortschaften zu vermeiden, was eine erhebliche Entlastung darstellte. Optische Signale ersetzten die früher üblichen akustischen. Die weithin klingelnden Eisenbahnwaggons auf den Gleisen zwischen Tagebau und Kraftwerk gehören ebenso der Vergangenheit an.

### 6.3.4 Landschaft

Der Umstand, daß bei der Gewinnung der Braunkohle zeitweilig Landschaft in Anspruch genommen wird, steigert sich öfters in den Vorwurf des Landschaftsverbrauchs oder gar des Raubbaus an der Natur. Korrekt besehen, handelt es sich bei dem Kohlegewinnungsprozeß jedoch nicht um einen Verbrauch, sondern um eine zeitweilige andersartige Nutzung der Landschaft; dies sei am Beispiel eines typischen Tagebaus der Lausitz näher dargelegt, siehe Bild 6.21.

Während auf der Gewinnungsseite (im Bild links) eines Tagebaus Flächen der früheren Nutzung als landwirtschaftliche oder Forst- oder Siedlungsfläche entzogen werden, entstehen gleichzeitig auf der Verkippungsseite (im Bild rechts) bei normalem Ablauf in demselben Maße Flächen, die wieder zur Nutzung an die Allgemeinheit zurückgegeben werden. Bei einer normalen Abbaugeschwindigkeit

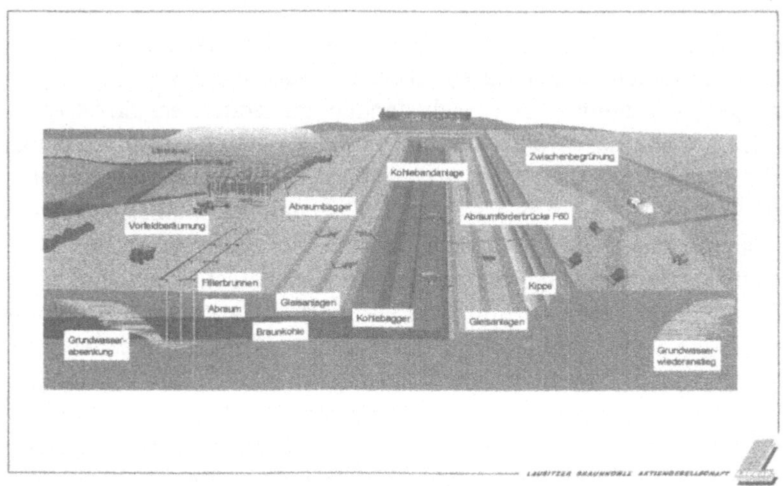


Bild 6.21: Tagebau Jänschwalde - Prinzipdarstellung

um 300 m/Jahr sind die etwa 1.400 Meter Betriebstiefe eines Tagebaus zwischen Gewinnungs- und Verkippungsseite nach höchstens fünf Jahren überbrückt, so daß eine definierte Grundstücksfläche nur für diesen Zeitraum für den eigentlichen bergbaulichen Zweck in Anspruch genommen wird. Nach der Überdeckung mit wuchsfähigem Bodensubstrat und einer Zwischenbewirtschaftungszeit von etwa fünf Jahren steht die Fläche spätestens nach zehn Jahren der Landwirtschaft als Produktionsfläche oder der Forstwirtschaft, dann schon mit respektablen Bäumchen bewachsen, wieder zur Verfügung. Im Gegensatz zu einemBraunkohletagebau wird durch das angeblich so umweltfreundliche Erdgas zum Beispiel in Sibirien die Landschaft wesentlich umfangreicher, nachhaltiger und nachteiliger beeinflußt. So ist für das Pipelinesystem zur künftigen Nutzung des dortigen Jamal-Erdgasfeldes, dessen Energievorrat übrigens nur etwa dreimal so groß ist wie der der Braunkohle in der Lausitz, eine um den Faktor 21 höhere Landinanspruchnahme als in der Lausitz erforderlich. Bei Betrachtung lediglich der Flächen in der sibirischen Tundra, wo durch den Bau der Leitungen die Vegetation auf sehr lange Sicht praktisch zerstört wird, falls sie sich überhaupt zu regenerieren imstande ist, so beträgt diese Fläche immer noch siebenmal mehr als die Betriebsfläche der produzierenden Tagebaue in der Lausitz.

### 6.3.4.1 Gestaltung

In der Gestaltung der späteren Oberfläche sind die Entscheidungsgremien wie der Braunkohleausschuß unter Berücksichtigung der Massenbilanzen und der geotechnischen Sicherheit in gewissem Maße frei. Durch diese Freiheit in der Modellierung der Oberfläche ergeben sich beachtliche Chancen, die spätere Landschaft mit einer vielgestaltigeren und interessanteren Morphologie zu schaffen als diese vorher, geprägt durch die nivellierende Wirkung der eiszeitlichen Gletscher, hatte. Damit kann zugleich die Basis für eine interessante, wirtschaftliche Tätigkeit nach Ende des Bergbaus in dem betroffenen Gebiet gelegt werden.

Entsprechend hat sich bereits in den letzen Jahren seit der Wende die Art der Bergbaufolgelandschaft gewandelt Während in der Vergangenheit eine einseitige Ausrichtung auf die landwirtschaftliche Nutzung erfolgte, steht heute die Schaffung einer zwar lausitztypischen, aber hinsichtlich der Nutzung interessanteren und vielgestaltigeren Landschaft im Vordergrund. Dies reicht von Hügeln über Hochkippen, Feuchtbiotope, Sukzessionsflächen, Auenlandschaften, artenreichere Wälder, große Seen bis hin zu Rodel- und Windgliderbergen, siehe Bild 6 22

Bild 6 22· Rodelberg

Dem ökologischen und dem touristischen Aspekt wird heutzutage gegenüber der Forcierung der Landwirtschaft der Vorzug eingeräumt. Wenn man die vielen monotonen Kiefernwälder, die seit dem letzten Jahrhundert gepflanzt wurden, mit dem heutigen, im Zuge der Rekultivierung wiederentstehenden, lausitztypischen Mischwald vergleicht, kann man durchaus davon sprechen, daß Bergbau eine wertvollere Landschaft zurückgibt, als er zuvor in Anspruch genommen hat

Selbst schwierige Aufgaben, wie beispielsweise das Einpassen der Außenkippe des Tagebaus Reichwalde in die dortige Binnendünenlandschaft, sind sehr gut gelungen; auch die auf den ersten Blick unmöglich erscheinende Wiederherstellung der Steinitzer Quelle einschließlich der Modellierung des Höhenzuges der Steinitzer Alpen im jetzigen Vorfeld des Tagebaus Welzow-Süd stellen für den Bergbau kein wirkliches Problem mehr dar.

Bereits im Jahre 1929 schrieb der Forstverwalter *Rudolf Heusohn*, der bei den Niederlausitzer Kohlenwerken für die Bergbaufolgelandschaft verantwortlich war und zur damaligen Zeit bereits wesentliche Grundlagen auch der heutigen forstli-

chen Rekultivierung legte, in seinem Buch:[68] "... Die Braunkohleindustrie vernichtet das Landschaftsbild; das ist der Kampfruf der Heimat- und Naturfreunde. . Nehmen wir aber die geschaffenen Tatsachen, wie sie sind, so schwellen die übriggebliebenen Tagebaue zu kleinen Seen an, die Hänge werden mit verschiedenen Holzarten aufgeforstet, ... und wir erhalten ein Landschaftsbild, das wir nicht mehr missen möchten. ... Der Bergbau vernichtet nichts, sondern schafft neue Kulturwerte".
Heutige Wanderer auf der Bärenbrücker Höhe, die rodelnden Kinder am Pulsberger Berg, die Segler auf dem Senftenberger See oder die Camper am Knappensee werden mit ihren Urteilen die 70 Jahre alte Aussage bestätigen.

### 6.3.4.2 Rekultivierung

Bevor nachstehend auf Einzelheiten zum Thema eingegangen wird, ist es vonnöten, eine Klärung der verschiedenen Bezeichnungen in diesem Zusammenhang vorzunehmen. In der früheren DDR wurde klar unterschieden zwischen Wiedernutzbarmachung als Oberbegriff, der Wiederurbarmachung und der Rekultivierung. Unter Wiederurbarmachung war die Herrichtung einer kulturfähigen Oberfläche, also Aufhalden, getrenntes Verstürzen von kulturfähigem und nicht kulturfähigem Boden, Einebnen und gegebenenfalls eine Grundmeliorierung der hergerichteten Fläche zu verstehen; alles dies war Pflicht des Bergbautreibenden. Zur Rekultivierung gehörten alle weiteren agrartechnischen, forstlichen und wasserwirtschaftlichen Arbeiten, wie Vorfruchtanbau, Aufforstung mit Pioniergehölzen, die spätere Dauernutzung und die Landschaftsgestaltung. Diese Tätigkeit oblag den LPG-Betrieben oder dem Forstbetrieb. Im Bundesberggesetz ist zwar auch nur von Wiedernutzbarmachung die Rede, aber im allgemeinen Sprachgebrauch hat sich inzwischen der Begriff „Rekultivierung" für die „ ... Wiederherstellung einer neuen Kulturlandschaft nach schwerwiegender Störung oder Zerstörung der alten Kulturlandschaft durch menschliche Eingriffe ..."[69] als umfassender Oberbegriff eingebürgert; üblicherweise wird er nur für die entsprechenden Tätigkeiten im Tief- und Tagebau angewandt. Nach dem Bundesberggesetz, § 55, ist der Bergbautreibende für die Wiedernutzbarmachung in Sinne einer Rekultivierung verantwortlich
Bis zum Jahre 1922 gab es keinerlei rechtliche Verpflichtung für den Bergbau, Rekultivierungsmaßnahmen durchzuführen; erst danach sollte, gemäß einem preußischen Erlaß an die Bergbehörden im Betriebsplanverfahren, dafür Sorge getragen werden, nach der Abschluß der Inanspruchnahme die Flächen wieder der

---

[68] Rudolf Heusohn: Praktische Kulturvorschläge für Kippen, Bruchfelder, Dünen und Ödländereien, 1929

[69] Wolfram Pflug: Braunkohlentagebau und Rekultivierung, Springer Verlag, 1998, Seite 3

einstigen Nutzung zuzuführen. So summierten sich beispielsweise in der Lausitz die Rückstände der Rekultivierung von 1880 bis 1934 auf ca. 15.000 ha; von insgesamt 25.262 ha in Anspruch genommener Fläche wurden 9.529 ha[70], das sind lediglich 37,7 % wiedernutzbar gemacht. 1940 folgte eine verbindliche Richtlinie für die Wiedernutzbarmachung der Tagebaue, sofern dies wirtschaftlich zumutbar war.[71] Der Zweite Weltkrieg setzte mit seiner Kriegswirtschaft andere Prioritäten, so daß eine kontinuierliche, dem Abbaufortschritt folgende Aufarbeitung unterblieb. In der DDR-Zeit diktierten die knappen Geldmittel die Geschwindigkeit der Rekultivierung. Während in der Zeit zwischen 1965 und 1979 noch eine recht ausgeglichene Bilanz zwischen neuer Inanspruchnahme und Rückgabe an die Natur bestand, öffnete sich in den Folgejahren die Schere immer mehr zum Negativen, der Rückstand wurde ständig größer, siehe Bild 6.23 Dennoch wurden in dieser Zeit von vielen „Einzelkämpfern“, manchmal im Geheimen, ohne Wissen der Bergbauleitung, mit äußerst bescheidenen Mitteln, für die äußerst schwierigen Bodenverhältnisse der Lausitz beachtliches und vor allem grundlegendes Wissen, z.B. zur Meliorationsforschung, zur Biotopgestaltung und zur Landschaftsarchitektur, geschaffen, das allerdings nicht flächendeckend umgesetzt werden konnte. Es sei als Beispiel nur an den großen Visionär Otto *Rindt* erinnert, der die Senftenberger Seenplatte, die erst in den nächsten Jahren entstehen wird, bereits 1965 vorgedacht und fast zu 100% zutreffend zu Papier gebracht hat.

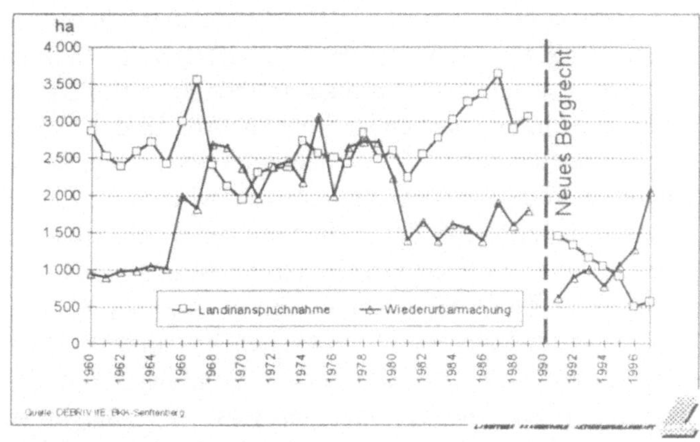


Bild 6.23: Flächeninanspruchnahme und -rückgabe durch den Bergbau in Ostdeutschland

1990, zum Zeitpunkt der Wende betrug der Rekultivierungsrückstand in der Brandenburgischen Lausitz ca 28.000 ha; von 52.200 ha Betriebsfläche waren 46,8 %, das entspricht 24.000 ha rekultiviert. Bei näherer Betrachtung stellte sich allerdings heraus, daß von diesen nur etwa 35 % mängelfrei waren.[72] In der säch-

70 ebenda, Seite 802
71 ebenda, Seite 802
72 ebenda, Seite 478

sischen Lausitz liegen die entsprechenden Werte bei 21.000 ha Sanierungsgebiet. In Mitteldeutschland kamen noch 20.000 ha Rückstand dazu. Insgesamt harrten somit zum Zeitpunkt der Wende Mitte 1990 etwa 70.000 ha der Sanierung.

Diese riesigen Flächen, ergänzt um Deponieflächen innerhalb der Bergbaugebiete mit problematischem, zum Teil unbekanntem Inhalt, weiterhin die setzungsfließgefährdeten Böschungen und auch die weitgehende Wiederauffüllung des Grundwasserdefizits stellten für die nach dem 3. Oktober 1990 in der Braunkohle tätigen, im Eigentum der Treuhandanstalt stehenden, Kapitalgesellschaften eine kaum zu bewaltigende Sanierungsaufgabe dar. Andererseits bot diese gewaltige Aufgabe eine hervorragende Chance zur sinnvollen Beschäftigung von Mitarbeitern der Betriebe, die wegen der Stillsetzungen infolge des Strukturwandels ansonsten keiner Beschäftigung mehr hätten nachgehen können. Alle in der Braunkohle tätigen Gesellschaften gründeten daher 1992 Tochtergesellschaften, in die solche Mitarbeiter übergeleitet wurden und die, aus eigenem Mittelaufkommen oder durch die Treuhandanstalt finanziert, mit der Aufarbeitung der Altlasten begannen Zum Jahresende 1992 waren in diesen Gesellschaften bereits 4.741 Personen, davon 4.026 in Arbeitsbeschaffungsmaßnahmen (ABM), beschäftigt.
Es ist unmittelbar einsichtig, daß im Zuge der vorgesehenen Privatisierung der Braunkohlegesellschaften die Aufarbeitung der Altlasten aus Kombinats- und früheren Zeiten, da sie die damaligen Regierungen, bzw. der Staat zu verantworten hatte, nicht den zu privatisierenden Unternehmen angelastet werden konnte. Konsequent dazu wurde diese Aufgabe im Zuge der Privatisierungsvorgänge durch Übertragung der entsprechenden Grundstucksflächen und der in der Sanierung bereits tätigen Tochtergesellschaften auf weiterhin in Staatseigentum verbleibende, neu geschaffene Sanierungsgesellschaften, siehe dazu Bild 6.4, übertragen; diese haben sich inzwischen am 1 1 1996 zu der heutigen LMBV zusammengeschlossen.
Sie hat im wesentlichen zwei Aufgaben.[73] Dies ist zum ersten, die Bergbauteile, die nicht privatisierbar waren, gezielt zu Ende zu führen und die Betriebsflächen für eine spätere Nutzungsmöglichkeit zu revitalisieren. Für die beiden Reviere Mitteldeutschland und Lausitz umfaßt dieser Teil derzeit u.a. 39 Tagebaue und 45 Brikettfabriken, die zwischen 1989 und 1997 stillgelegt wurden. Zum zweiten obliegt ihr die Bewältigung der Altlasten, d h die Sanierung stillgelegter Tagebaue und Veredlungsbetriebe, die Wiederurbarmachung ehemaliger Betriebsflächen und die Renaturierung und Revitalisierung von Landschaften.
Zur Wahrnehmung dieser Aufgaben wird sie aus öffentlichen Mitteln finanziert; hierzu wurden zwischen 1993 und 1997 je Jahr 1,5 Mrd. DM, für die Jahre 1998 bis 2002 werden 1,2 Mrd DM je Jahr an öffentlichen Mitteln bereitgestellt. Diese

[73] Internet: htpp//www.lmbv.de

bringen zu 75 % der Bund und zu 25 % die vom Braunkohlebergbau betroffenen Länder Brandenburg, Sachsen, Sachsen-Anhalt und Thüringen ein.
Somit konnte nach der Wende ein entscheidender Aufholprozeß zur Nachholung der mit Schwerpunkt in der Zeit von 1945 bis 1965 und erneut ab 1980 zurückgebliebenen Rekultivierungsarbeiten beginnen. In Bild 6.23 ist die Bilanz der Jahre 1960 bis 1998 für die neuen Länder insgesamt dargestellt. Bild 6.24 zeigt die entsprechende Bilanz für die Lausitz.

Es ist darauf hinzuweisen, daß dort 1993, erstmals nach 25 Jahren, die wiederhergestellte Fläche größer als die neu in Anspruch genommene Fläche war. In den kommenden Jahren wird sich diese positive Bilanz noch weiter verbessern, nachdem der Schwerpunkt der LMBV-Tätigkeit sich zunehmend von der Herstellung der notwendigen Sicherheit in den Sanierungsflächen der eigentlichen Rekultivierung zuwendet. Auch die Betriebsfläche der LAUBAG wird in einigen Jahren nur noch 30 % der heutigen betragen. Inzwischen erkennt die Bevölkerung an, daß die Lausitz und auch das Mitteldeutsche Revier in dieser Hinsicht im wörtlichen Sinne ergrünt sind. Das Pflanzen von über 60 Mio. Bäumen trägt inzwischen erste Früchte.
Maßgeblich zu diesem Eindruck beigetragen hat die gegenüber früher veränderte Prioritätensetzung in der Ausrichtung der Rekultivierung. Die Herstellung landwirtschaftlicher Flächen steht nicht mehr im Vordergrund, sondern eine abwechslungsreichere Landschaft mit einem deutlichen Anstieg der Wasserflächen. Siehe Bild 6.25.

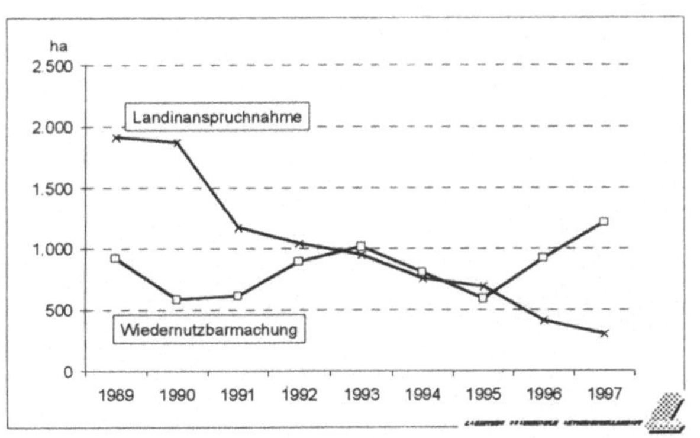


Bild 6.24: Rekultivierungsbilanz der Lausitz 1998 - 1997

Die forstlich genutzten Flächen sind in ihrem Anteil in etwa gleich geblieben, doch hat sich hier in der Qualität ein Wandel vollzogen. Mit der notwendigen umfangreichen Aufforstung ergab sich zugleich die Chance, einen lausitztypischen, naturnahen und vielfältig nutzbaren „neuen“ Wald zu schaffen. Er soll sich durch große Artenvielfalt auszeichnen und für die heimische Pflanzen- und Tierwelt ein geeignetes Refugium bilden Gleichzeitig kann mit einer geeigneten Wahl der Baumarten der übergroßen Waldbrandgefahr – hier hat die Lausitz die in Deutschland höchste Vorkommenshäufigkeit – entgegen getreten werden. Die Verteilung auf Nadel- und Laubwald soll etwa 50 % / 50 % betragen. Unter den

Nadelbäumen wird die Kiefer, wie bisher auch, überwiegen, doch statt mit dem bisherigen Anteil von 87 % in den Lausitzer Wäldern mit künftig 38 %. Trauben- und Stieleichen werden bei den Laubbäumen mit 22 % Anteil neben Linden, Buchen und anderen den größten Anteil ausmachen.[74]

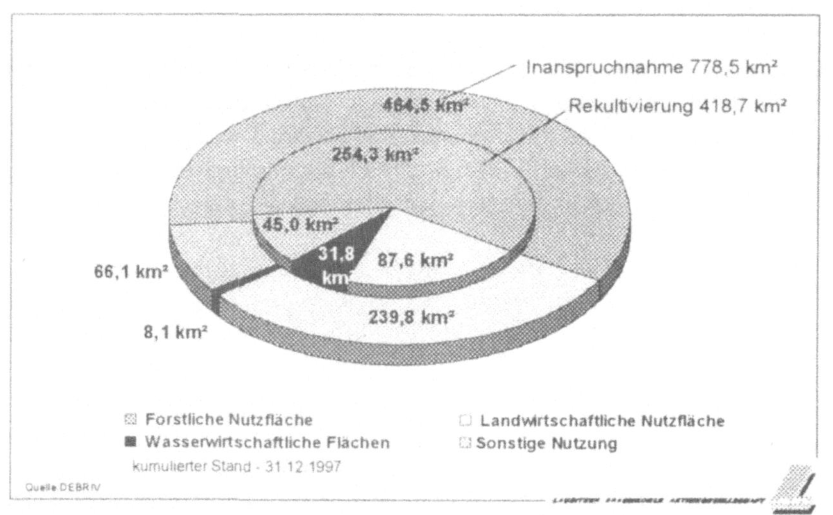


Bild 6.25 Flächenbilanz des Lausitzer Reviers (kumulierter Stand - 31 12 1997)

### 6.3.4.3 Wasserhaushalt

Zum sicheren Betrieb der Tagebaue ist das Trockenhalten der Böschungen und der Tagebausohle unverzichtbar; dazu wird über Tauchmotorpumpen im Umfeld der Tagebaue das Grundwasser aus den wasserführenden Grundwasserhorizonten abgepumpt. Hierdurch bildet sich ein Absenkungstrichter mehr oder minder großen Ausmaßes um die Tagebaue herum. Als Resultat der jahrzehntelangen Braunkohleförderung beispielsweise in der Lausitz in bis zu 18 gleichzeitig betriebenen, und somit trocken zu haltenden Tagebauen nahm dieser Absenkungstrichter im Jahre 1991 eine Fläche von 2.100 km² ein; das gesamte Defizit betrug 13 Mrd. Kubikmeter; im mitteldeutschen Revier entstand eine weitere Trichterfläche von 1 100 km²

Wegen der Stillegung von Tagebauen und der Reduzierung der gehobenen Wassermengen auf das unbedingt nötige Maß konnte sich in den letzten Jahren der Trichter bereits teilweise wieder füllen Dies trifft besonders auf den südlichen

[74] Pflug. Braunkohlentagebau und Rekultivierung, Springer Verlag, 1998, Seite 604

Teil des Lausitzer Reviers zu. Ende 1998 betrug das Ausmaß des Lausitzer Trichters noch 1.940 $km^2$, das Defizit 10,8 Mrd. $m^3$.
Aus Bild 6.26 ist zu ersehen, daß die gehobenen Wassermengen seit 1990 von 1,2 Mrd. $m^3$ auf heute ca. 650 Mio. $m^3$ jährlich zurückgeführt werden konnten; auch in der Zukunft wird sich die Förderung auf konstant niedrigem Niveau bewegen. Die Einleitung in das Flußsystem der Schwarzen Elster wird in Kürze eingestellt, so daß nahezu vollständig über die Spree abgeleitet wird.

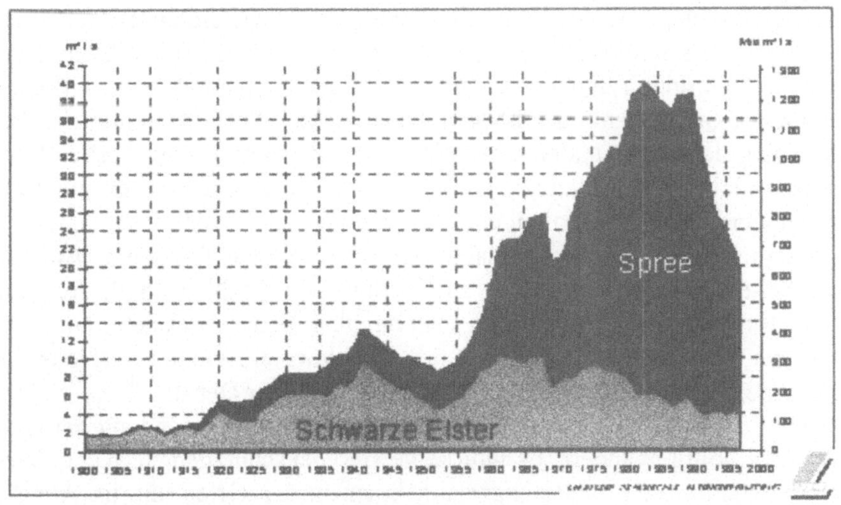


Bild 6.26: Sümpfungsmengen im Lausitzer Braunkohlenrevier

Durch die aufgezeigte Halbierung der bergbaubedingten Wasserhebung kann die erforderliche Wasserführung zur Versorgung des Naturreservats Spreewald nicht zu allen Zeiten des Jahres gesichert werden.
Um ein Austrocknen zu verhindern und auch am Unterlauf der Spree, z.B. für Berlin, eine ausreichende Wasserversorgung sicherzustellen, werden ehemalige Tagebaue im Rahmen der Sanierungsarbeiten der LMBV im Gebiet des Oberlaufes der Spree, nämlich Burghammer, Lohsa, Dreiweibern und Bärwalde, als Wasserspeichersystem ausgebaut.[75] So kann künftig in Zeiten großer Wasserführung der Spree und ihrer Nebenflüsse Überschußwasser abgenommen und gespeichert werden, damit es in Zeiten drohender Austrocknung dosiert wieder abgegeben werden kann. Insgesamt wird ein Speicherraum für 63 Mio. $m^3$ Wasser entstehen, die Wasserfläche wird mit 1 600 ha doppelt so groß wie der Müggelsee bei Berlin sein. Die Arbeiten dazu werden voraussichtlich in 2000/2001 abgeschlossen sein.

---

[75] LMBV, Schrift: Nach der Braunkohle kommt das Wasser, November 1997

### 6.3.4.4 Umsiedlung

In der DDR-Vergangenheit konzentrierte sich die Kritik am Braunkohlebergbau ganz besonders auf die angewandte Umsiedlungspraxis. Die betroffenen Bürger fühlten sich durch die vom Staat festgelegte Ausweisung der Bergbauschutzgebiete in eine Zwangslage gedrängt, da in diesem Gebiet Modernisierungsmaßnahmen, Reparaturen an Dächern, Fassaden etc. oder gar Ausbauten nicht gestattet waren; die Folge war ein allmählicher Verfall der Bausubstanz und des Umfeldes in solchen Gebieten. Die Festlegung des Umsiedlungsstandortes erfolgte ebenfalls von staatlicher Seite über die bezirkliche und gemeindliche Ebene, ebenso die Anordnung und Form der Ersatzbauten, ohne daß eine wirkliche Mitgestaltungsmöglichkeit für die Bürger gegeben war. Die Errichtung der Ersatzbauten oblag der kommunalen Gebäudewirtschaft, so daß individuelle Wünsche praktisch nicht berücksichtigt werden konnten. Schließlich waren die Vergütungszahlungen für das verlorengehende Eigentum der Höhe und Art nach ebenfalls staatlicherseits mit unakzeptabel niedrigen Werten festgelegt. Auf die psychische Seite der Betroffenen, wie auf Verlust von Nachbarschaft, Aufgabe der Heimat, Bruch in Traditionen, nahm man denkbar wenig Rücksicht, eine Anerkennung oder Kompensation für das individuell vom einzelnen Umsiedler im Interesse des Gemeinwesens erbrachte Opfer stand nicht zur Debatte.
Diese alte Umsiedlungspraxis hat sich inzwischen durch die Anwendung der neuen Gesetzeslage völlig geändert: Es gibt keine Bergbauschutzgebiete mehr, Verschönerung, Sanierungs-, Erweiterungsmaßnahmen in den Orten, die im Abbaugebiet liegen, sind möglich, auch Neubauten. Über den Standort der neuen Ortschaft entscheiden die betroffenen Bürger selbst, ebenso wie über die Form ihres Dorfes, der Häuser und die gemeindlichen Einrichtungen. Die Eigenheimbesitzer errichten ihr Anwesen in eigener Regie, die Mieter haben bei der Gestaltung des Wohnungszuschnitts Möglichkeiten zur eigenen Einflußnahme. Die Entschädigungszahlungen richten sich nach den objektiven Ermittlungen und Berechnungen von Gutachtern, die der betroffene Bürger sich auswählen kann. Zusätzlich werden finanzielle Hilfen bereitgestellt.
Eine entscheidende Hilfe, die psychischen, mit einer Umsiedlung verbundenen Belastungen, die sich einem finanziellen Ausgleich weitgehend entziehen, zu vermindern, besteht in der Realisierung einer sozialverträglichen Umsiedlung. Sie ist durch folgende Eigenschaften charakterisiert:

- An der Umsiedlung beteiligen sich möglichst viele Bewohner des aufzugebenden Standortes; hierdurch kann es gelingen, die sozialen Strukturen, die Nachbarschaftsbeziehungen, das Vereinsleben, den Gemeindebezug etc. zu erhalten.
- Die Umsiedlung erfolgt möglichst gemeinsam und zügig, damit das Gefühl, „zwischen Baum und Borke“ zu hängen, nicht übermächtig wird.

- Der eigentliche Umzug aller Bewohner erfolgt in möglichst kurzer Zeit, um den trostlosen Eindruck der leer werdenden und des noch leer scheinenden Gemeinwesens zeitlich so klein wie möglich halten zu können.
- Die Lebensfähigkeit des umzusiedelnden Ortes soll bis kurz vor der Umsiedlung erhalten bleiben

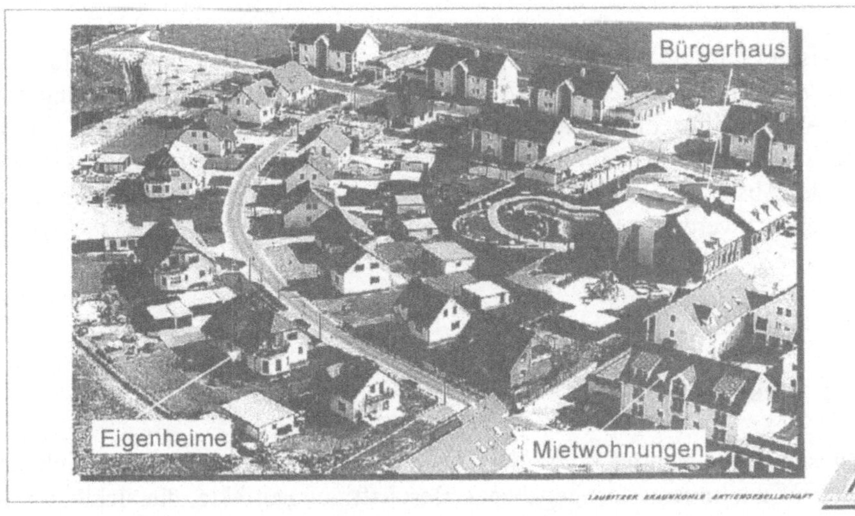


Bild 6.27: Luftbild "Neu Kausche"

- Die materielle Entschädigung für Haus und Hof muß dem tatsächlichen Werte entsprechen; die Verfügung über die Entschädigung muß sichergestellt sein.
- Die Umsiedlungsmaßnahme wird durch Fördermaßnahmen des Landes und des Bergbauunternehmens materiell und ideell unterstützt. Diese Leistungen berücksichtigen nicht nur den neuen, sondern, falls erforderlich, auch den alten Ort.
- Die betroffenen Bürger werden frühzeitig und umfassend über den Ablauf der Umsiedlung informiert und aktiv zur Mitgestaltung des gemeinschaftlichen, aber auch des individuellen Bereichs, einbezogen.
- Der neue Standort ist attraktiv, er bietet, falls gewollt die Chance zu einem Neuanfang. Gewerbebetriebe siedeln mit um oder siedeln sich am neuen Standort neu an. Charakteristika des aufgegebenen Ortes finden sich am neuen Standort wieder. Der Bürger kann sich so mit dem neuen Ort wieder identifizieren, er erhält eine persönliche Note. Dank besserer technischer Möglichkeiten kann sich am neuen Ort das Gemeinschaftsleben verstärken.

- Durch die Umsiedlung entsteht keine wirtschaftliche Notsituation; auch Altbaubesitzer sind in der Lage, mit der Entschädigung und den verschiedenen Fördermaßnahmen einen familiengerechten Neubau zu finanzieren.
- Mietern ist durch eine fixierte, moderate Miete ein Umzug ohne wirtschaftliche Nachteile zu sichern.
- Die in der Braunkohle beschäftigten Umsiedler erwarten die Zusage eines sicheren Arbeitsplatzes und die Bereitstellung von Ausbildungsplätzen für ihre Kinder.

Als Beispiel für eine gelungene Umsiedlung gilt der Ort Kausche; in Bild 6.27 ist in einem Luftbild ein Teil des Ortes kurz nach Abschluß der Umsiedlung dargestellt. An der Umsiedlung nahmen 350 Bewohner des alten Ortes, das sind über 70 %, teil. Die Vertragsunterzeichnung zur Umsiedlung erfolgte im Dezember 1993, der Abschluß der Umsiedlungsmaßnahme konnte am neuen Ort im Oktober 1996 gefeiert werden.

### 6.3.5. Öffentlichkeitsarbeit

#### 6.3.5.1 Maßnahmen

Die positive Imageentwicklung der Braunkohleindustrie in der Öffentlichkeit ist primär auf die unverändert gegebenen Beschäftigungseffekte, die sichtbaren Umweltschutzerfolge und die sozialverträglich gestalteten Umsiedlungen zurückzuführen. Mehr als nur flankierende Wirkung hat in diesem Kontext die Öffentlichkeitsarbeit der Braunkohle. Die sachliche und dialogorientierte Informationspolitik des ostdeutschen Bergbaus hat hierbei einen wesentlichen Anteil an der seit der Wende kontinuierlich steigenden öffentlichen Akzeptanz der Branche. Womit bereits zwei der Kernaufgaben der PR-Arbeit genannt sind: Information und Dialog Die Öffentlichkeitsarbeit verfolgt hierbei u.a. die Ziele:

- Die Unternehmensphilosophie und –ziele den Medien, der Politik, der Bevölkerung und nicht zuletzt den eigenen Mitarbeitern zu vermitteln,
- die Kontakte zu den unternehmensrelevanten internen und externen Zielgruppen kontinuierlich zu pflegen und zu intensivieren,
- Informationsdefizite, die im Rahmen von repräsentativen Umfragen erkannt wurden, zu beseitigen und
- insbesondere bei Problemfeldern den konstruktiven und sachlichen Dialog mit Betroffenen zu führen.

Maxime der Unternehmenskommunikation ist hierbei generell der offene und ehrliche Umgang mit der Öffentlichkeit.

Zur Erreichung der o.g. Ziele steht der Öffentlichkeitsarbeit ein breites Instrumentarium an PR-Maßnahmen zur Verfügung; u.a. sind dies: Imagekampagnen, wie z.B. die auf Bundesebene, vom Deutschen Braunkohlen-Industrie-Verein e.V. für alle deutschen Braunkohlereviere getragene Anzeigenreihe „Unsere Braunkohle"[76]

- Pressekonferenzen und –mitteilungen, sowie Hintergrundgespräche zur Unterstützung der allgemeinen Presse- und Medienarbeit. Gerade angesichts ihrer wirtschaftlichen und arbeitsmarktpolitischen Bedeutung ist die Braunkohle häufig im Focus der Medien.
- Tage der Offenen Tür. So öffnet beispielsweise die LAUBAG an einem Tag des Jahres in einem Betrieb ihre Pforten für die Bevölkerung, seien es die Angehörigen der Mitarbeiter, die Nachbarschaft des jeweiligen Betriebes, die politischen Vertreter der Revierkommunen oder interessierte Bürger. Seit 1991 finden diese Tage in der Lausitz regelmäßig statt; das Interesse ist ungebrochen hoch, was sich in Besucherzahlen von jeweils 4.000 bis 5.000 ausdrückt.
- Betreuung von Besuchergruppen. Auch außerhalb des Tages der Offenen Tür können interessierte Kreise in Gruppen nach Anmeldung die Betriebsanlagen besichtigen. Die Nachfrage hat sich in den letzten Jahren ständig erhöht, inzwischen sind es rd. 17.000 Besucher im Jahr. Einen Schwerpunkt bilden hierbei die Schulen der Region, die nicht nur bevorzugt bedient werden, sondern gegebenenfalls auch noch zusätzlich in ihren Schulen besucht und speziell in geeigneter Form informiert werden. Mehr als 50% aller Besucher gehören dem Bereich Schüler/Studenten/Auszubildende an.
- Internetpräsentation. Auch die modernen Kommunikationsmedien werden genutzt und bieten den Besuchern der Webseiten der Braunkohle nicht nur tagesaktuelle Informationen, Hintergrundberichte und Fakten, sondern per e-mail auch die Möglichkeit des interaktiven Dialogs.
- Infozentren und Begegnungsstätten. Auch vor Ort ist die Braunkohle präsent. So kann sich beispielsweise im Laubag Informationscenter Cottbus der Besucher des Bundesgartenschaugeländes über vielfältige Themen der Braunkohle in seiner unmittelbaren Umgebung informieren oder eine der vielen Ausstellungen und Veranstaltungen in der Begegnungsstätte Gut Geisendorf besuchen.
- Broschüren. Zu fast allen Bereichen der Unternehmenstätigkeit stehen der Öffentlichkeit themenbezogene Publikationen zur Verfügung. Die Bandbreite reicht von einfachen Faltblättern bis hin zu aufwendigen Unterrichtsmaterialien und Büchern.
- Schüler- und Lehrerfortbildung. Die Braunkohleunternehmen pflegen einen engen Kontakt und Informationsaustausch mit Schulen, Universitäten und Bildungseinrichtungen. Dies schließt u.a. Lehrerfortbildungen, Vorträge, Projektwochen oder auch Informationsveranstaltungen im Rahmen von Dampflokfahrten ein. Über die Mitarbeit im Rahmen der AG Schule/Wirtschaft erfolgt auch eine sachgerechte Darstellung der Braunkohle in Schulbüchern und dem Unterricht.
- Kulturelle Unterstützung der Reviere. Als regional verankerter Industriezweig übernimmt die Braunkohle auch gesellschaftliche Aufgaben in den Revieren. Eine Vielzahl von Ausstellungen und Veranstaltungen, von Musik- und Kunstpräsentationen bis hin zu Streetball-Turnieren unterstreichen die diesbezüglichen Aktivitäten für die unmittelbar vom Bergbau betroffenen Regionen.

---

[76] DEBRIV, Unsere Braunkohle, Juli 1998. (Anläßlich einer bundesweiten Befragung war festgestellt worden, daß die Kenntnis um wesentliche Elemente der Braunkohle, wie heimisch, sicher, kalkulierbar, subventionsfrei und wettbewerbsfähig, ökologisch vertretbar, verantwortlich für 1/3 der Stromerzeugung etc. ungenügend verbreitet war.)

### 6.3.5.2 Entwicklung der Akzeptanzwerte

Entgegen der eingangs für das gesamte Bundesgebiet dargestellten Kenntnis um die Braunkohle ist zum einen das Wissen um die Bedeutung der Braunkohle und zum anderen ihr Bekanntheitsgrad im regionalen Umfeld deutlich besser. Wie aus Bild 6.28 zu erkennen ist, war 1993, im dritten Jahr nach der Wende und der „Geburt" der LAUBAG, deren Name noch recht unbekannt. Dies konnte mit den o.a. Maßnahmen in den Folgejahren deutlich verbessert werden. Der letzten Untersuchung des Wickert Instituts[77] ist ferner zu entnehmen, daß 65 % der Bürger Brandenburgs wissen, daß ein Drittel des Stroms in Deutschland aus Braunkohle erzeugt wird; das Informationsdefizit bei den restlichen 35 % gilt es noch zu beseitigen. In der unmittelbaren Nachbarschaft der Lausitzer Tagebaue besteht diese Wissenslücke hingegen nur bei 9 %

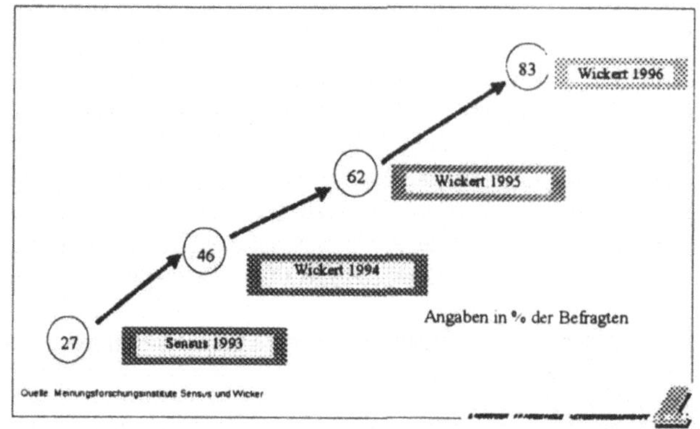


Bild 6.28: Entwicklung Bekantheitsgrad der LAUBAG

Auch die Einschätzung der Bevölkerung bezüglich der Umweltverträglichkeit der Braunkohle verzeichnet seit der Wende gewaltige Fortschritte. Laut der Wickert-Studie halten 48 % der Brandenburger und 51% der unmittelbaren Nachbarn mittlerweile den Abbau von Braunkohle für umweltgerecht. Dennoch zeigen die Zahlen, daß in den nächsten Jahren hier noch weitere Überzeugungsarbeit zu leisten ist. Auch die besonders kritische Frage der Umsiedlung hat sich grundlegend in der Beurteilung gewandelt. Zwar haben 57 % der Brandenburger noch nichts von der Umsiedlung des Ortes Kausche gehört, aber für weit über 90 % der unmittelbaren Nachbarn des Tagebaus ist Kausche inzwischen ein Begriff. Bei der entscheidenden Frage, ob Menschen letztlich zufriedenstellend umgesiedelt werden können, antworteten 37 % der Brandenburger und 63 % der unmittelbaren Nachbarn mit Ja. Auch hier wird wegen der Schwere des Problems in den kommenden Jahren die Akzeptanz noch verbessert werden müssen.

[77] Wickert Institut Illereichen, Projekt Nr. 74.067.058 vom 13.08.97

Parallel zum Bekanntheitsgrad wurde in der Umfrage auch nach dem Image der LAUBAG gefragt. Die Ergebnisse und die Entwicklung in den letzten Jahren sind aus Bild 6.29 zu entnehmen; beachtlich ist, daß es offensichtlich gelang, das alte, negativ besetzte Image, das sich in der Bewertung von 1993 noch deutlich bemerkbar macht, inzwischen durch ein neues, zunehmend positives, Image zu ersetzen. Gleichzeitig hat der Anteil der schlechten Beurteilung offensichtlich nach dem Rückgang seit 1993 inzwischen einen stabilen „Bodensatz" bei wenigen 6 oder 7 % erreicht.

Diese durchaus positive Beurteilung zeigt, daß es der Braunkohle offensichtlich

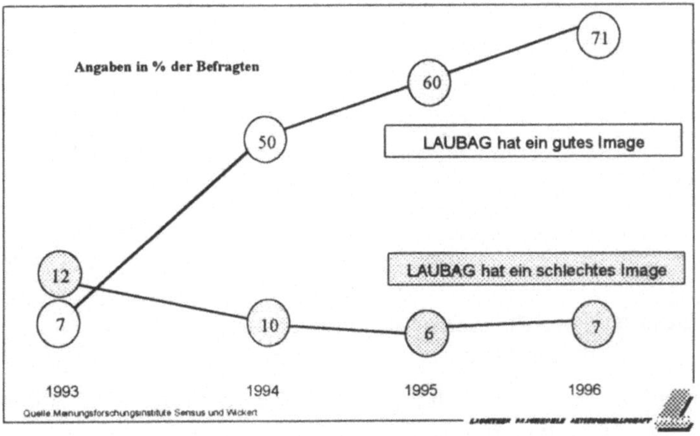


Bild 6.29: Image-Entwicklung der LAUBAG

gelungen ist, die neue Unternehmensphilosophie des Bergbaus in den ostdeutschen Revieren auch in die Öffentlichkeit zu transportieren. Ohne eine Übereinstimmung von „Wort und Tat" wäre diese Entwicklung jedoch nicht möglich gewesen. Diese Einschätzung deckt sich auch mit dem Ergebnis der Frage: „Welche Schulnote würden Sie der LAUBAG geben?"; der weit überwiegende Teil der Befragten vergab die Noten 3 und 2, während die Noten 5 und 6, ebenso wie die 1, nur in Einzelfällen erteilt wurden.

Image und die Akzeptanz eines Unternehmens sind jedoch kurzlebige Werte. Insofern ist ein kontinuierlicher Einsatz der Öffentlichkeitsarbeit und die Pflege des Unternehmensumfeldes auch in Zeiten guter Umfrageergebnisse unverzichtbar.

## 6.4 Blick in die Zukunft

Wie aus Bild 6.30 hervorgeht, verfügen wir in der Bundesrepublik über reichliche Vorkommen an Braunkohle; im Energieinhalt entsprechen sie z.B. allen bekannten Erdölvorkommen in der Nordsee.[78]
Die Reichweite, das Verhältnis zwischen derzeitigem Verbrauch und den wirt-

| | | Braunkohle | | | Steinkohle |
|---|---|---|---|---|---|
| | | Mitteldeutschland | Lausitz | Rheinland | gesamt |
| Geologische Vorräte | Mrd. t | 10,0 | 13,0 | 55,0 | 230 |
| wirtschaftl. gewinnbareVorräte | Mrd. t | 2,3 | 6,0 1) | 35,0 2) | 24,0 |
| erschlossene/geplante Gruben | Mrd. t | 0,8 | 2,7 3) | 7,0 4) | k.A. |
| Reichweite (wirtsch. gew. Vorräte) | Jahre | 166 | 119 | 359 | 500 |

1) wirtschaftlich gewinnbare Vorräte unter Berücksichtigung der derzeitigen ökologischen u. sozialen Verträglichkeit = 4,5 Mrd. t
2) A/K = < 10:1
3) nutzbare Vorratsmenge laut genehmigten Braunkohleplänen beträgt ab 96/97 2,0 Mrd. t
4) davon: Garzweiler II 1,3 Mrd. t, Hambach II 2,0 Mrd. t
Quelle: DEBRIV, Gesamtverband des deutschen Steinkohlebergbaus

Bild 6.30: Lagerstättenvorräte der großen deutschen Braunkohlereviere

schaftlich gewinnbaren Vorräten, liegt in allen Revieren bei über 100 Jahren, im Mittel bei 232 Jahren (s. Bild 6.31).

Dies ist im Verhältnis zu den Reichweiten von Öl und Gas, sowohl auf Deutschland als auch auf die Welt bezogen, eine sehr günstige Ausgangsposition. Angesichts des absehbar stark steigenden Energiebedarfs der Welt in der Zukunft, siehe Bild 6.32, kann die heimische Energie Braunkohle daher langfristig, wie gezeigt,auch unter Wettbewerbsbedingungen, genutzt werden; ihre Gewinnung und Nutzung ist in der dargelegten Form der „Neuen Braunkohle“ auch verantwortbar. Sie stellt damit einen wirklichen Boden“schatz“ dar, dessen un“schätzbarer“ Wert erst in der Zukunft allgemein bewußt werden wird. Deutschland ist daher gut beraten, wenn es die Nutzung der Braunkohle als einen der wesentlichen Grundpfeiler seiner Energieversorgung akzeptiert und deren Position im bewährten Energiemix sichert. Es widerspricht im Hinblick auf den Vorsorgegedanken für unsere Nachfahren dem Prinzip der „nachhaltigen Entwicklung“ und wäre daher

[78] DEBRIV, Unsere Braunkohle, Juli 1998, S. 6

nicht zu verantworten, durch einen politisch erzwungenen Ausstieg aus der Braunkohle die nachfolgende Generation und viele weitere von dieser günstigen Energiequelle aus kurzsichtigen Überlegungen abzuschneiden.
Noch nie war die Braunkohle, speziell die in den neuen Ländern, so wertvoll wie heute, und morgen erst recht!

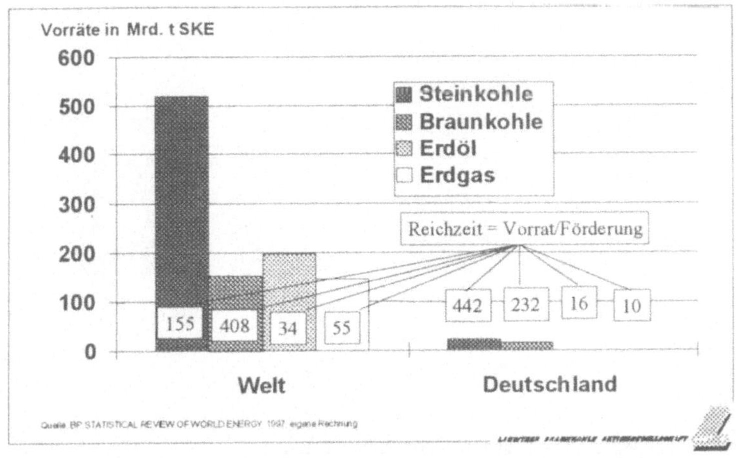


Bild 6.31: Vorräte und Reichzeiten der fossilen Energieträger

Mit ihren positiven Wirkungen hinsichtlich Arbeitsplätzen und Wirtschaftsimpulsen in der regionalen Industrie und im Gewerbe stellt sich der industrielle Kern Braunkohle als erster Bodenschatz, wiederum in besonderem Maße in den neuen Ländern, dar. Im Zusammenhang mit der Braunkohlegewinnung wird jedoch noch ein zweiter regionaler Bodenschatz nutzbar, die Landschaft selbst.
Bereits in wenigen Jahren werden die Rekultivierungsrückstände aufgeholt sein und zig-tausende ha Fläche neuer Wälder, Wiesen und Äcker entstanden sein. Zusätzlich wird die Attraktivität der Landschaft entscheidend angehoben durch die Tagebauseen, wovon in der Lausitz 27 in den nächsten Jahren, in Mitteldeutschland 18, entstehen. In ihnen werden bei einer Wasserfläche von über 23.500 ha 4,2 Mrd. m³ Wasser gespeichert[79], eine kaum vorstellbare Menge; sie entspricht dem Volumen aller deutschen Talsperren.
Das Braunkohlerevier um Leipzig herum wird als Erholungspark, Freibad und Spielwiese der Bevölkerung im Ballungsraum Leipzig/Halle dienen; die dortigen

---

[79] LMBV, Schrift: Nach der Braunkohle kommt das Wasser, November 1997

Tagebauseeen Goitsche und Geiseltal werden mit je 2.000 ha Seefläche dann zu den 15 größten Seen Deutschlands zählen.[80] In der Lausitz wird eine Kombination aus Mecklenburger Seenplatte und Lüneburger Heide entstehen. Dies wird im Spannungsfeld der in der Nachbarschaft gelegenen Hauptstadt Berlin und des

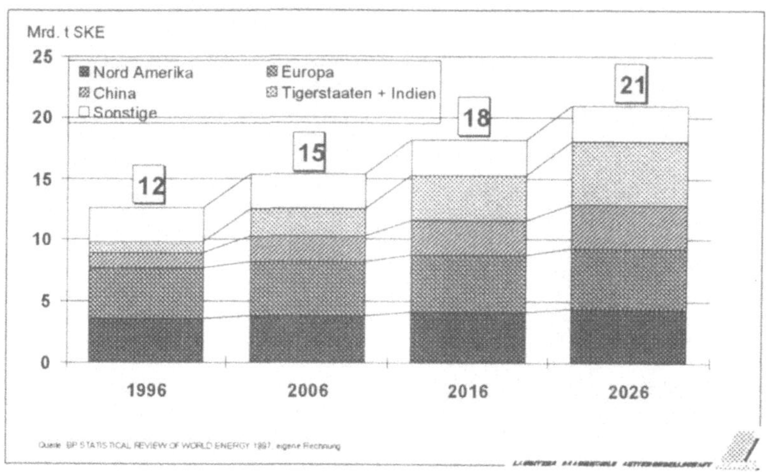


Bild 6.32: Weltenergieverbrauch nach Regionen

Kulturzentrums Dresden eine ungeheure Attraktivität ausüben. Sofern die Region durch die verantwortlichen Planungsträger für eine Vielzahl von Besuchern mit ihren unterschiedlichsten Interessen einer intelligenten, touristische Nutzung geöffnet wird, können erhebliche, positive, wirtschaftliche Effekte angestoßen werden, die zu einer spürbaren Verbesserung der Arbeitsmarktsituation beitragen.

So wird das einst geschundene, von den Bürgern mit Recht mißbilligte Umfeld der ostdeutschen Braunkohlewirtschaft diesen künftig in gewandelter Form als willkommener Freizeit- und Erholungsraum zur Verfügung stehen; und dies in guter, dauerhafter Nachbarschaft mit der Braunkohleindustrie.

---

[80] Schröder, 1989, Interessen- und Förderverein Geiseltal e.V.

# 7 Über die Langzeitinvarianz der Energieintensität der Wirtschaft

Wolfgang Brune

## 7.1 Evolutionsstufen des Energieverbrauchs

Langzeitinvarianz der Energieintensität der Wirtschaft heißt, daß über genügend lange Zeiträume Wirtschaft und Energieverbrauch parallel verlaufen, das heißt daß zwischen ihnen ein festes Wechselverhältnis besteht, daß sie sozusagen linear miteinander gekoppelt sind.
In der Arbeit „Energie als Indikator und Promotor wirtschaftlicher Evolution“ [3] war aus empirischem Datenmaterial eben auf diese Parallelität von universalwirtschaftlicher und grundsätzlicher energiewirtschaftlicher Entwicklung und damit auf die Langzeitinvarianz der Energieintensität der Wirtschaft geschlossen worden. Diese Schlußfolgerung ist sehr grundsätzlich und weitreichend, darunter auch wegen der Bedeutung der Kenngröße Energieintensität für wirtschaftliche Trenduntersuchungen. Sie soll daher im folgenden näher betrachtet werden.

Der Energieverbrauch ist in [3] als gesamter Pro-Kopf-Verbrauch an *Verteilungsenergie* $\varepsilon$ (annähernd gleich der *Endenergie*) je Jahr identifiziert worden.
Quantitativ entwickelt er sich nach einer geometrischen Progression wie folgt:

$$\varepsilon = a \cdot x^{i-1} \qquad (1)$$

mit $a \approx 500$ kWh
$x \approx 4$ (3...5)
i = 1,2,3,4,5 - diskrete Evolutionsstufen

Danach können fünf grundsätzliche Stufen der Evolution des Energieverbrauchs unterschieden werden, s. Tabelle 7.1.
Zwischen diesen fünf grundsätzlichen Evolutionsstufen liegt jeweils eine charakteristische Zwischenstufe. Sie ist in [3] numerisch explizit nur für die Zwischenstufe zwischen 4 und 5 ausgewiesen worden (Anlage 2).
Nachfolgend sollen die Zwischenstufen vollständig angegeben werden; sie werden jeweils mit dem Zusatz „z“ zur Bezeichnung der Hauptstufe versehen, s. Tabelle 7.2.
Sie werden analog der Verfahrensweise im Anhang 2 von [3] für die Zwischenstufe 4 z aus den jeweiligen Werten für die zugehörigen Hauptstufen errechnet. Voraussetzung dafür ist, daß 1 die Entwicklung zwischen den diskreten Punkten der

Tabelle 7.1: Grundsätzliche Evolutionsstufen des Energieverbrauchs

| Stufe | Gesamter Pro-Kopf-Verbrauch an Verteilungsenergie [kWh] | charakteristische Energie |
|---|---|---|
| 1 | 500 | [Naturenergie] |
| 2 | 2000 | gebundene Muskelkraft |
| 3 | 8000 | Dampf |
| 4 | 32000 | Strom |
| 5 | 128000 | (Wasserstoff ?) |

Tabelle 7.2: Evolutionäre Zwischenstufen des Energieverbrauchs

| Zwischenstufe | gesamter Pro-Kopf-Verbrauch an Verteilungsenergie [kWh] | Charakteristische Energie (=der vorhergehenden Hauptstufe) |
|---|---|---|
| 1 z (zw. 1 u. 2) | 800 | [Naturenergie] |
| 2 z (zw. 2 u. 3) | 3200 | Gebundene Muskelkraft |
| 3 z (zw. 3 u. 4) | 12800 | Dampf |
| 4 z (zw. 4 u. 5) | 51200 | Strom |

Hauptstufen nach einer Sättigungskurve, und zwar näherungsweise nach einer symmetrischen Sättigungskurve, verläuft und 2. daß der in einer Zwischenstufe erzielbare Zuwachs nur etwa das 1,6-fache des Ausgangswertes beträgt, während er in einer Hauptstufe in etwa das 2,5-fache ausmacht. Im Produkt ergibt sich wieder der Faktor 4 von Hauptstufe zu Hauptstufe ($1{,}6 \cdot 2{,}5 = 4$). Damit ist festzuhalten, daß im Unterschied zu den Werten der Hauptstufen die der Zwischenstufen lediglich unter bestimmten Annahmen abgeleitete Werte darstellen.
Ohne an dieser Stelle auf nähere Begründungen einzugehen, sei angemerkt, daß die gegenwärtige universale Entwicklungsetappe, die wir alle persönlich durchleben, am Ende der Hauptstufe 4 und damit am Beginn der Zwischenstufe 4 z liegt.

Die einzelnen Stufen der Evolution werden als *Zustand* bezeichnet. Das bedeutet nicht, daß sich der Energieverbrauch in diesem Zustand nicht verändert, sondern daß ein wesentlicher innerer Zustandsparameter (hier die „Bindung" der Wirtschaftssubjekte, s. [3], Anhang 1) konstant bleibt. Der Energieverbrauch ändert sich innerhalb eines solchen Zustands in charakteristischer, berechenbarer Weise (nämlich in Form einer Sättigungskurve) und nimmt an einem Entwicklungspunkt innerhalb dieses Zustands einen charakteristischen Wert an, nämlich den in den Tabellen 7.1 und 7.2 ausgewiesenen Wert.

Mit Hilfe dieses Festwerts und der Sättigungskurve ist prinzipiell jedem Entwicklungspunkt innerhalb eines Zustands ein konkreter Wert des Energieverbrauchs zuzuordnen.

Im Modell sollen die aufeinanderfolgenden Zustände der universalen wirtschaftlichen Evolution wie in Tabelle 7.3 bezeichnet werden.

Tabelle 7.3: Grundzustände und Zwischenzustände der universalen wirtschaftlichen Evolution und die Korrespondenz mit den Evolutionsstufen des Energieverbrauchs

| Grund-zustand | Zwischen-zustand | Stufe d. Energie-Verbrauchs | Zeitzuordnung |
|---|---|---|---|
| *A* | | 1 | [Urzeit] |
| | *AB* | 1 z | vor –200 |
| *B* | | 2 | –200 bis 400 |
| | *BC* | 2 z | 400 bis 1800 |
| *C* | | 3 | 1800 bis 1870 |
| | *CD* | 3 z | 1870 bis 1930 |
| *D* | | 4 | 1930 bis 1990 |
| | *DE* | 4 z | 1990 bis 2050 |
| *E* | | 5 | nach 2050 |

In der rechten Spalte ist in Übereinstimmung mit [3] eine zeitliche Zuordnung der einzelnen universalen Wirtschaftszustände vorgenommen worden.

Den diskreten Evolutionsstufen für den Energieverbrauch bzw. den universalen Evolutionszuständen kann man relativ zwanglos Namen von realen historischen Zeitabschnitten zuordnen. Eine solche Zuordnung ist teilweise in [3] vorgenommen worden. Sie spielt jedoch im vorliegenden Zusammenhang keine wichtige Rolle.

## 7.2 Korrespondierende Evolutionsstufen der Wirtschaftskraft

Ist es schon schwierig, einigermaßen brauchbares Datenmaterial über den Energieverbrauch in geschichtlicher Vergangenheit zu erhalten, so gestaltet sich die Suche nach solchem Datenmaterial für die geschichtliche Entwicklung der *Wirtschaftskraft* noch viel schwieriger. Daher muß zwangsläufig versucht werden, wenigstens in Teilen – und da vorrangig aus der jüngeren Vergangenheit – solches Material zu finden und auszuwerten und dann Plausibilitätsbetrachtungen anzustellen, um zu einem geschlossenen Modell zu kommen. Die Plausibilität der Ausgangsannahmen muß dann durch die Aussagekraft des Modells an überprüfbaren Tatbeständen verifiziert werden. Um an die Wirtschaftskraft heranzukommen, wird zunächst die *Energieintensität der Wirtschaft* untersucht. Beispiele für Langzeit-Entwicklungen der Energieintensität sind in den Bildern 7.1 und 7.2 wiedergegeben.

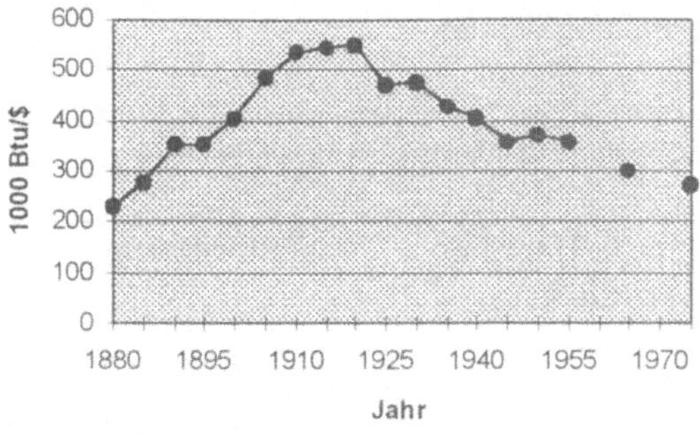


Bild 7.1. Entwicklung der Energieintensität der USA
Quelle nach [19]

Beiden Bildern kann entnommen werden, daß die Entwicklung der Energieintensität der Wirtschaft über einen genügend langen Zeitraum eine ganz charakteristische Form annimmt: aus einem relativ konstantem Ausgangsniveau steigt sie innerhalb kurzer Zeit deutlich an, um sich danach in einem langen Auslaufprozeß wieder in etwa dem Ausgangsniveau zu nähern.

Ähnliche Verläufe können für andere Länder ebenfalls ausgemacht werden [18], hier beispielsweise für Deutschland, Frankreich und Japan, letzteres nach rechts zeitverschoben, weil später in die Industrialisierung gestartet.

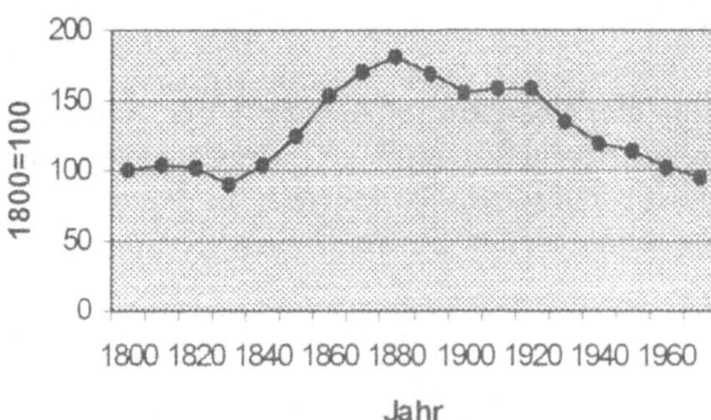


Bild 7 2: Entwicklung des Indexes des Energieverbrauchs pro Einheit des industriellen Outputs im Vereinigten Königreich
Quelle nach [13]

Darüber hinaus ist in beiden Bildern eine eigentümliche „Unterbrechung" des ansonsten relativ gleichförmigen Verlaufs der Auslaufkurve festzustellen. Sie fällt bei den USA mit der Weltwirtschaftskrise 1929-1934 zusammen. Der Kurvenverlauf für das Vereinigte Königreich ist in etwa um 30 Jahre nach links verschoben, was offenbar mit dem früheren Start von England in das Industriezeitalter zusammenhängt.

Die nächsten beiden Bilder 7.3 und 7.4 geben die Entwicklung der der Energieintensität zugrundeliegenden Basisgrößen, des Bruttoinlandsprodukts (bzw. des industriellen Outputs) und des Energieverbrauchs, jeweils pro Kopf der Bevölkerung betrachtet, wieder.
Die Weltwirtschaftskrise ist in den Kurven sowohl der Wirtschaftskraft als auch des Energieverbrauchs – im Vereinigten Königreich erwartungsgemäß früher als in den USA – deutlich ausgepragt

Die grafischen Darstellungen, insbesondere in den Bildern 7.1 und 7.2, legen die Vermutung nahe, daß die Entwicklung nach 1960 wieder in eine Sättigung führt.
In den Bildern 7.5 und 7.6 soll – beispielhaft für Deutschland – die Zeit um 1990 untersucht werden.

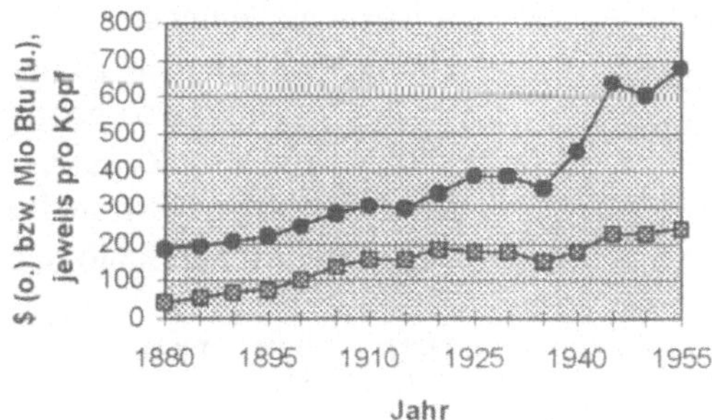


Bild 7.3 Entwicklung des Bruttoinlandsprodukts und des Energieverbrauchs, jeweils pro Kopf, der USA
Quelle nach [19]

Der Endenergieverbrauch pro Kopf zeigt eine deutliche Sättigung an, etwa bei 4100 kg SKE. Nicht so deutlich ausgeprägt ist die Situation beim Bruttoinlandsprodukt pro Kopf; hier könnte jedoch durchaus ein Sättigungswert bei etwa 43000 DM ausgemacht werden. Diese Annahme muß mit den tatsächlich erreichten Wirtschaftsergebnissen der nächsten Jahre kritisch verglichen werden
Es gibt durchaus Annahmen für eine bevorstehende wirtschaftliche Rezession [24], auffällig ist ein Absinken wirtschaftlicher Wachstumsraten [12] bzw. des durchschnittlichen globalen Bruttoinlandsprodukts [10], aber selbstverständlich kann das alles noch nicht als Nachweis betrachtet werden. Bezüglich der unmittelbar vergangenen Jahre sei die Entwicklungsreihe des Bruttoinlandsprodukts pro Kopf für Deutschland ohne weiteren Kommentar angegeben [5]:

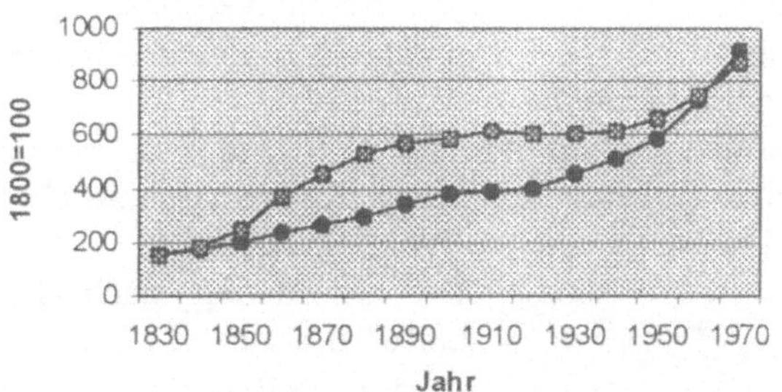


Bild 7.4: Entwicklung des Indexes des Energieverbrauchs (obere Kurve) und des industriellen Outputs, jeweils pro Kopf, im Vereinigten Königreich
Quelle nach [13]

von 1991 bis 1997 nacheinander 35700 DM; 36200 DM; 35500 DM; 36400 DM; 36000 DM; 37300 DM; 38000 DM

Wir nehmen im folgenden an, daß im Zeitraum 1990 bis 2000 tatsächlich ein Sättigungszustand der universalen wirtschaftlichen Evolution erreicht wird. Eingeleitet wurde dieser Prozeß durch den totalen wirtschaftlichen Zusammenbruch des Sowjetimperiums, aber er weitet sich – wenn zutreffend – deutlich über den Bereich Osteuropas hinaus aus und erreicht eine weltwirtschaftliche Dimension.

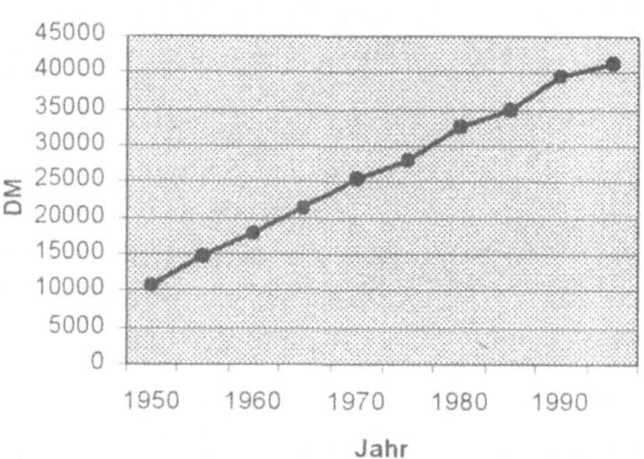


Bild 7.5: Entwicklung des Bruttoinlandsprodukts pro Kopf für Deutschland (alte Bundesländer) Quelle nach [6]

Damit wird aus den Bildern 7.1 bis 7.6 auf die folgenden herausragenden Zeitpunkte der universalen wirtschaftlichen Evolution geschlossen:

**1870 – 1930 – 1990**

(Bei England ist ein Zeitversatz um etwa 30 Jahre zu berücksichtigen.)
Das gilt für die Wirtschaftskraft gleichermaßen wie für den Energieverbrauch, beides pro Kopf der Bevölkerung. Damit wird eine Entsprechung zu den Zuständen, die in Tabelle 7.3 wiedergegeben sind, hergestellt.
Weiterhin wird geschlossen, daß in den Jahren *1870 bis 1930* und dann wieder von *1930 bis 1990* je ein definierter *Zustand* der universalen wirtschaftlichen Evolution herrschte.

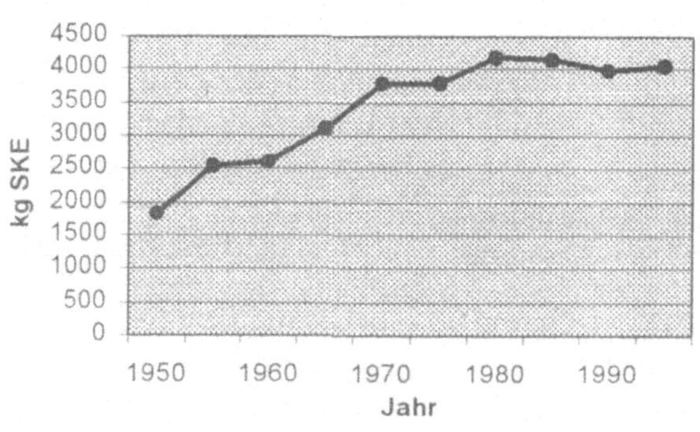


Bild 7.6: Entwicklung des Endenergieverbrauchs pro Kopf für Deutschland (alte Bundesländer) Quelle nach [6]

Die Zuordnung nach Tabelle 7.3 ergibt

- für 1870 – 1930 den Zwischenzustand ***CD***
- und für 1930 – 1990 den Grundzustand ***D***.

Ihnen schließt sich nach vorn

- für 1990 – 2050 der Zwischenzustand ***DE***

und nach hinten

- für etwa 1800 – 1870 der Grundzustand ***C***

an.

Der Zwischenzustand ***DE*** ist damit der Zustand, in den gegenwärtig die universale wirtschaftliche Evolution eintreten wird.

Auch wird ohne weiteren Kommentar die Folge der jährlichen Endenergieverbräuche pro Kopf für Deutschland angegeben [5]:

von 1991 bis 1997 nacheinander
in GJ: 116; 112; 113; 111; 114, 117
in t SKE: 4,0, 3,8; 3,8, 3,8; 3,9, 4,0

Um die Schlußfolgerung der – weltweiten - Sättigung in den Jahren 1990/2000 zu verdeutlichen, seien tabellarisch einige weitere Entwicklungstendenzen hinzugefügt (Tabelle 7.4) Dabei wird die Sättigung beim Bruttoinlandsprodukt und beim Energieverbrauch von unten her erreicht, bei der Energieintensität von oben her.

Tabelle 7.4: Zeitliche Entwicklung von Bruttoinlandsprodukt und Energieverbrauch pro Kopf sowie der Energieintensität für einige Länder [11]

| | 1985 | 1988 | 1990 | 1992 | 1993 | 1994 |
|---|---|---|---|---|---|---|
| Bruttoinlandsprodukt [ECU, Preisbasis 1985] | | | | | | |
| UK | 10670 | | 12380 | 11970 | 12180 | 12610 |
| EU | 10400 | 11350 | 11920 | 11990 | 11890 | 12180 |
| Energieverbrauch [kg Öläquivalent] | | | | | | |
| UK | 3594 | 3690 | 3662 | 3693 | 3747 | 3764 |
| EU | 3456 | 3577 | 3625 | 3623 | 3600 | 3607 |
| USA | 7400 | | 7700 | 7700 | 7800 | 7800 |
| Energieintensität [t Öläquivalent/Mio ECU, Preisbasis 1985] | | | | | | |
| D | 398,5 | 375,9 | 346,2 | 313,9 | 315,5 | 305,0 |
| UK | 336,9 | 303,8 | 296,0 | 308,4 | 307,7 | 298,5 |
| EU | 332,3 | 315,1 | 304,2 | 302,1 | 302,8 | 296,1 |
| USA | 336,6 | | 317,4 | 317,9 | 315,3 | 307,7[1)] |

Sättigungstendenzen in den 90er Jahren sind unverkennbar, im Bruttoinlandsprodukt (erwartungsgemaß) weniger ausgeprägt als im Energieverbrauch. In der Energieintensitat artikulieren sie sich merklich, wobei ein Umstand besonders ins Gewicht fällt, der noch zu untersuchen sein wird, namlich daß sich die Energieintensitäten fortgeschrittener Industrieländer einander signifikant annähern ([1)] allerdings wird der Wert für die USA 1994 in anderen Quellen noch etwas höher angegeben als in der zitierten Quelle)
Daß der Energieverbrauch der USA aus dem Rahmen fällt, ist bekannt. Dieser Energieverbrauch kann nicht als charakteristisch für ein Industrieland in unserer Zeit angesehen werden.

Außer den in dieser Arbeit explizit betrachteten Kenngrößen gibt es selbstverständlich weitere Indikatoren für eine Sättigungsphase der Wirtschaft, wie beispielsweise anhaltende Preisstabilität, niedriges Zinsniveau, Lohnstagnation. Im wirtschaftlichen Kontext sprechen sie eher für Rezession als für Prosperität.

Nunmehr wird ein Blick auf das Ausgangs- und das Endniveau der Entwicklung der Wirtschaftskraft bzw. des Energieverbrauchs anhand der Bilder 7.3 und 7.4 geworfen (genau müßten die Jahre 1990 und 1870 miteinander verglichen werden). Grundsätzliche Annahme dabei ist, daß sich „rechts" wieder ein Sättigungswert einstellt, s. dazu auch Tabelle 7.4.
Das Ergebnis gibt Tabelle 7 5 wieder

Tabelle 7.5: Vergleich der Steigerungsfaktoren zwischen Ausgangs- und Endniveau nach den Bildern 7.3 und 7.4, nach [19; 13; 11]

| | Bild 3 (BIP) | Bild 3 (En.) | Bild 4 (Outp.) | Bild 4 (En.) |
|---|---|---|---|---|
| Ausgangsniveau | 186 | 43 | 176 | 170 |
| Endniveau | >676 | 306 | 834 | 964 |
| Faktor | >3,6 | 7,1 | 4,7 | 5,7 |

Daraus kann nur ein sehr allgemeiner Schluß gezogen werden: bei aller Unsicherheit der Daten – bei der Energie handelt es sich mit ziemlicher Sicherheit um die Primärenergie, nicht um die Endenergie, und bestimmte Teile der Energie (zum Beispiel Muskelkraft oder Holz) sind gar nicht mitgerechnet; bei der Wirtschaftskraft sind neben ungenauer Erfassung mit Gewißheit wichtige Teile, beispielsweise unversteuerte Heimarbeit, die aber durchaus gegen Geld verrichtet wurde, nicht erfaßt – ist das Ergebnis mit dem oben in Gleichung (1) genannten Faktor x nicht grundsätzlich, das heißt in der Größenordnung, in Widerspruch.

Nunmehr kommen wir auf die Bewegung der Energieintensität zurück (Bilder 7.1 und 7.2; Tabelle 7.4 unten). Der Umstand, daß die Energieintensität der Wirtschaft einem Sättigungswert zusteuert und dieser Sättigungswert offenbar für alle fortgeschrittenen Industrieländer annähernd die gleiche Größe annimmt, erlaubt die Schlußfolgerung zu ziehen, daß das kein Zufall, sondern wirtschaftliche Gesetzmäßigkeit ist Dieser Sättigungswert soll nunmehr als repräsentative Größe bestimmt werden.
Entnimmt man Tabelle 7.4 unten einen wahrscheinlichen Sättigungswert um 290 t Öläquivalent je Mio ECU (Preisbasis 1985), so ergibt sich umgerechnet eine Energieintensität von etwa 3,4 kWh/ECU.
Dieser Wert soll noch etwas „repräsentativer" bestimmt werden, indem die USA mit ihrem abnorm hohen Energieverbrauch pro Kopf und auch einige heute noch nicht als repräsentativ einzustufende europäische Länder aus der Bestimmung eliminiert werden. In Tabelle 7.6 sind die als repräsentativ eingeschätzten euro-

päischen Länder mit ihrem Bruttoinlandsprodukt 1990 aufgeführt (gleichzeitig wurde die neue Einheit € eingeführt).
Als repräsentativ wird ein mittlerer Wert der Sättigungs-Wirtschaftskraft etwa für die 90er Jahre des 20. Jahrhunderts von $w = 16000$ € angesehen.

Tabelle 7.6: Pro-Kopf-Bruttoinlandsprodukt fortgeschrittener Industrieländer im Jahr 1990 (Preisbasis: 1985) nach [11]

| **Land** | **BIP [€]** |
|---|---|
| Deutschl (alte BL) | 20000 |
| Frankreich | 14000 |
| Großbritannien | 12000 |
| Niederlande | 13000 |
| Italien | 11000 |
| Schweden | 17000 |
| Dänemark | 16000 |
| Finnland | 17000 |
| Belgien | 12000 |
| Österreich | 13000 |

Setzt man diesen nunmehr ins Verhältnis zu dem in Tabelle 7.1 genannten repräsentativen Wert des (End-)Energieverbrauchs pro Kopf von 32000 kWh („theoretischer" Sättigungswert für die energetische Evolutionsstufe 4 gleich dem Grundzustand ***D*** der universalen wirtschaftlichen Evolution), so ergibt sich der gesuchte Wert für die Energieintensität der Wirtschaft (Preisbasis 1985, ein möglicher Wertunterschied zwischen ECU – 1985 - und EURO – 1999 - spielt im vorliegenden Zusammenhang keine Rolle) am Ende des Grundzustands ***D*** näherungsweise zu

$$I_0 \approx 2 \text{ kWh /€}$$

mit

$$I = \frac{\varepsilon}{w} \qquad (2)$$

Was den Zahlenwert angeht, das heißt hier beispielsweise 2 oder wie oben 3,4, so kann bei der verwendeten Datenbasis ohnehin nur die Größenordnung und nicht der exakte numerische Wert, der zudem eine Wahrscheinlichkeit verkörpert, abgeleitet werden. Wichtig ist jedoch im vorliegenden Fall, daß aus der Analyse der vergangenen universalen wirtschaftlichen Evolution überhaupt eine solche Intensitätskonstante $I_0$ bestimmt werden kann. Als Anhaltspunkt für die Genauigkeit dieser Intensitätskonstante werden die Extremwerte aus Tabelle 7.6 gewählt (20000 bzw. 11000 anstelle von 16000 €). Damit ergibt sich ein Spektrum von 1,6 bis 2,9 kWh/€ Für Deutschland heißt das zum Beispiel, daß tatsächlich annähernd der Sättigungswert der Energieintensität (der Endenergieintensität) erreicht ist.

Wir betrachten an dieser Stelle noch einmal die Bilder 7.3 und 7.4. Beiden Bildern ist zu entnehmen, daß – im Vereinigten Königreich stärker ausgeprägt als in den USA – anfänglich die Wachstumsrate des Energieverbrauchs größer ist als die der Wirtschaftskraft (folgerichtig steigt die Energieintensität an). Im späteren Verlauf der Entwicklung ist es umgekehrt: die Wachstumsrate der Wirtschaftskraft ist nunmehr größer als die des Energieverbrauchs (die Energieintensität sinkt wieder ab). Das stimmt überein mit den Kurvenverläufen der Energieintensität in den Bildern 7.1 und 7.2.

Nunmehr wird ein entscheidender gedanklicher Schritt vollzogen.
Zu Beginn des Betrachtungsprozesses, der den Bildern 7.1 bis 7.4 zugrunde liegt - also etwa um das Jahr 1870 herum – haben wir einen Entwicklungsstand in der universalen wirtschaftlichen Evolution vor uns, der mit dem der Jahre 1990/2000 korrespondiert. Ein Grundzustand der Evolution, nämlich *C*, geht zu Ende; die Entwicklung tritt in einen Zwischenzustand (***CD***) ein. Dieser Zwischenzustand markiert den Übergang vom Grundzustand *C* in den Grundzustand ***D***. Betrachtet man ausschließlich die historische Folge der Grundzustände, dann folgen *C* und ***D*** aufeinander. Sie sind als Grundzustände benachbart.
Das Ausgangsniveau, von dem aus sich die Energieintensität der Wirtschaft mit dem Eintritt in einen Zwischenzustand der Evolution nach dem Beispiel der Bilder 7.1 und 7.2 extensiv entwickelt hat, hat offensichtlich zahlenmäßig die gleiche Größe, wie das Sättigungsniveau, dem die Energieintensität am Ende des nachfolgenden Grundzustands zustrebt. Das heißt, die Energieintensität war 1870 zahlenmäßig in etwa die gleiche wie im Jahr 1990. Und sie wird nach dieser Schlußfolgerung am Ende des Durchlaufens des nächsten Zwischenzustands – also etwa 2050/2060 – und des anschließenden nächsten Grundzustands, das heißt etwa um 2110/2120, wieder den gleichen Wert annehmen wie bereits 1990/2000 und vorher in den Jahren 1860/1870. Wenn man die universale wirtschaftliche Evolution weiter zurückverfolgt, hatte danach die Energieintensität der Wirtschaft etwa um das Jahr 400 wieder den gleichen Wert – und davor wieder etwa um die Zeit der ägyptischen Pharaonenreiche.
Das bedeutet die weitreichende und sehr grundsätzliche Schlußfolgerung, daß die Energieintensität der Wirtschaft über Zeiträume, die länger als ein Zyklus von Zwischenzustand und nachfolgendem Grundzustand reichen, von der gleichen Größe ist. Oder mit anderen Worten: **die Energieintensität der Wirtschaft ist langzeitinvariant.**
Zwischen den ausgezeichneten Evolutionspunkten, an denen die Energieintensität immer wieder den gleichen Wert annimmt, bewegt sie sich in charakteristischer Form – wie es beispielhaft in den Bildern 7.1 und 7.2 zum Ausdruck kommt – über diesen Langzeitwert hinaus, zunächst mit einem raschen Anstieg, dann

Durchlaufen eines Maximums und anschließend eine lange Rückbildung bis zum Erreichen des Ausgangswertes

Mit dieser empirischen Schlußfolgerung, daß sich die Größe Energieintensität über lange Zeiträume als annähernd konstant erweist, wird nun mit ihrer Hilfe eine dem Energieverbrauch analoge Reihe für die stufenweise Evolution der Wirtschaft ausgewiesen.

Dabei wird nach [3] (Anlage 1) als charakteristisch für den Entwicklungsstand der Wirtschaft die Wirtschaftskraft $w$ identifiziert. Zeitgemäße Maßgröße der Wirtschaftskraft ist das jährliche Bruttoinlandsprodukt (zu vergleichbaren Preisen), bezogen jeweils auf die Bevölkerungszahl des betrachteten Wirtschaftsorganismus.

Ersetzt man mit der Größe Energieintensität $I$ – definiert nach Gleichung (2) als Quotient des gesamten spezifischen Verbrauchs an Verteilungsenergie $\varepsilon$ und der Wirtschaftskraft $w$, bezogen jeweils auf den gleichen Zeitraum – den Energieverbrauch $\varepsilon$ in Gleichung (1), entsteht die folgende Gleichung für die Evolutionsstufen der Wirtschaftskraft.

$$w = \frac{a}{I_0} \cdot x^{i-1} \qquad (3)$$

Mit ihrer Hilfe läßt sich formal eine Reihe von Evolutionsstufen der Wirtschaftskraft ableiten, die jeweils den Evolutionsstufen des Energieverbrauchs entsprechen, s. Tabelle 7.7.

Die Werte für die Zwischenstufen wurden nach der gleichen Verfahrensweise aus den Werten für die Hauptstufen errechnet wie bei Tabelle 7.2 für den Energieverbrauch.

Das grundsätzliche Fazit der angestellten Überlegungen aus der Analyse der wirtschaftlichen Vergangenheit lautet: **Energieverbrauch und Wirtschaftskraft entwickeln sich stufenförmig und synchron.** Mit anderen Worten, wenn diese These auch für die künftige Entwicklung gilt, das heißt wenn sich an ihren Grundlagen nichts substantiell ändert:
**Energie und Wirtschaft lassen sich prinzipiell nicht entkoppeln.** Sie sind – über lange Zeiträume betrachtet – linear miteinander gekoppelt.

An dieser Stelle sei bereits darauf hingewiesen:
Ursache dieser Kopplung ist der Umstand, daß die Energie ein grundlegender, zugleich eigentümlicher Produktionsfaktor ist.
Das bedarf selbstverständlich noch weiterer Diskussion, die weiter unten erfolgt.

Tabelle 7.7: Evolutionsstufen der Wirtschaftskraft

| Stufe | Annähernde Pro-Kopf- Wirtschaftskraft [€]; PB: 1985 | |
|---|---|---|
| 1 | 250 | |
| 1 z | | 400 |
| 2 | 1000 | |
| 2 z | | 1600 |
| 3 | 4000 | |
| 3 z | | 6400 |
| 4 | 16000 | |
| 4 z | | 25600 |
| 5 | 64000 | |

## 7.3 Rechnerische Nachbildung der Energieintensität

Die Langzeitinvarianz der Energieintensität ist punktuell begründet. Sie schließt ein, daß sie kurzperiodisch gewissen Schwankungen unterliegt. Diese sind im übrigen jedem vertraut, der wirtschaftliche Entwicklungstrends untersucht. Dabei dient beispielsweise die erwartete Bewegung der Energieintensität der Wirtschaft dazu, den künftigen Energieverbrauch aus dem Trend der wahrscheinlichen Wirtschaftsentwicklung abzuschätzen. Das setzt natürlich voraus, daß die betrachteten Schwankungen der Energieintensität eben nicht – oder nicht nur – stochastischer Natur sind, sondern einen regelmäßigen Verlauf nehmen, wie er grundsätzlich in den Bildern 7.1 und 7.2 zum Ausdruck kommt.

Im folgenden wird dieser Prozeß mathematisch nachgebildet.

Ausgangspunkt der Überlegungen ist, daß sich sowohl der Energieverbrauch als auch die Wirtschaftskraft zwischen den Evolutionsstufen, die ihrerseits einer geometrischen Progression folgen und damit einen exponentiellen Charakter haben, in Form von **Sättigungskurven** bewegen, wobei die Sättigungskurven von Energieverbrauch und Wirtschaftskraft zwar ähnlich, aber eben nicht deckungsgleich sind.

Die Annahme von Sättigungskurven für Energieverbrauch und Wirtschaftskraft ist in Auswertung des Datenmaterials plausibel.

Geht man davon aus, daß sich eine Population $N(\mathrm{t})$ ungebremst entwickeln kann, dann ist die Wachstumsrate $dN/dt$ häufig proportional der Populationsgröße:

$$\frac{dN(t)}{dt} = \alpha\, N(t) \tag{4}$$

Das ist exponentielles Wachstum ohne Wachstumsgrenzen. Die Lösung der Differentialgleichung ergibt eine *Exponentialfunktion.*
Werden Grenzen wirksam, das heißt, werden Rückkoppelungseffekte wirksam, dann nimmt im weiteren Verlauf die Wachstumsrate ab, bis sie schließlich gegen Null läuft:

$$\frac{dN}{dt} = \alpha\, N(t)\, [1- \frac{N(t)}{\kappa}] \tag{5}$$

Der Gleichung (4) ist ein Rückkopplungsterm [15] hinzugefügt worden. Die Lösung dieser Differentialgleichung ist eben gerade die *Sättigungskurve* [15].

Rückkopplungseffekte im Energieverbrauch bestehen in der ständigen Verbesserung der Effektivität der Energienutzung und damit der Senkung der spezifischen Kosten, und zwar bei allen bekannten und beherrschten Arten der Energienutzung. Beim Wirtschaftswachstum werden Rückkopplungseffekte ebenfalls in der besseren Nutzung der Werkstoffe, in der Verbesserung der angewandten Technologien und in der Verkürzung der spezifischen Arbeitszeit wirksam.

Um einen vollständigen Zyklus der Energieintensität abzubilden, müssen je zwei Sättigungskurven für den Energieverbrauch und die Wirtschaftskraft durchlaufen werden, vergleiche dazu die Bilder 7.1 bis 7.4.
Die Ausgangspunkte (Ordinatenwert der ersten S-Kurve, links) und die Endpunkte (Ordinatenwert der zweiten S-Kurve, rechts) stimmen mit der geometrischen Evolutionsreihe überein und liegen daher auf einer gedachten exponentiellen Kurve. Dazwischen weicht die Kurve der Energieintensität in charakteristischer Form von der zugehörigen Exponentialkurve ab.

Um das pinzipielle Herangehen zu demonstrieren, werden die Kurven des Bildes 7.3 benutzt, obwohl die Verhältnisse der USA nicht als charakteristisch angesehen werden; dafür liegt jedoch geeignetes Datenmaterial vor.
Daß sich auch bei den USA eine Sättigung in den 90er Jahren des 20. Jahrhunderts einstellt, zeigt die Entwicklung der in Tabelle 7.4 enthaltenen Größen, auch wenn explizit die Daten des Bruttoinlandsprodukts das noch nicht ausweisen. Die Daten für den Energieverbrauch und die Energieintensität weisen jedoch nachdrücklich auf die sich anbahnende Sättigung hin.
Mit Hilfe der Loglet Lab-Software des Programms für eine menschliche Umwelt der Rockefeller-Universität [14] werden aus den statistischen Daten die Parameter der zugehörigen Sättigungskurven bestimmt. Das Ergebnis wird in Tabelle 7.8 zusammengefaßt.

Die Werte für die rechte Kurve des Bruttoinlandsprodukts sind in eckige Klammer gesetzt, weil sie am wenigstens mit dem Datenmaterial verifiziert sind.
Die Werte für den Energieverbrauch wurden nach einer neuen Statistik [11] ergänzt.
Daß bei den jeweiligen Sättigungswerten jeweils *zwei* Zahlenwerte ausgewiesen sind, hat den einfachen Grund, daß zur Parameterbestimmung die Ordinaten jeweils von Null an gezählt worden sind. Um die richtigen (und mit den statistischen Werten vergleichbaren) Zahlenwerte zu erhalten, muß dann jeweils der „Nullwert", das heißt der Sockelbetrag, hinzugezählt werden. Dieser Nullwert ist zahlenmäßig die Differenz der jeweils angegebenen zwei Werte.

Tabelle 7.8: Parameter der Sättigungkurven für Bruttoinlandsprodukt und Energieverbrauch der USA mit den in Bild 7.4 enthaltenen Werten

| | **Linke S-Kurve** | **Rechte S-Kurve** |
|---|---|---|
| Bruttoinlandsprodukt | | |
| Sättigungswert $\kappa_2$ | 185 $;369 $ (Preisbasis 1900) | [863 $;1246 $ (Preisb. 1900)] |
| Mittenzeit $t_{m2}$ | 1906 | [1960] |
| Wachstumszeit $\Delta t_2$ | 34,4 a | [41,4 a] |
| Wachstumsrate $\alpha_2$ | 0,128/a | [0,106/a] |
| Lageparameter $b_2$ | 99,5 | [24,5] |
| Energieverbrauch | | |
| Sättigungswert $\kappa_1$ | $146 \cdot 10^6$ Btu; $181 \cdot 10^6$ Btu | $137 \cdot 10^6$ Btu; $317 \cdot 0^6$ Btu |
| Mittenzeit $t_{m1}$ | 1900 | 1960 |
| Wachstumszeit $\Delta t_1$ | 29,9 a | 44,8 a |
| Wachstumsrate $\alpha_1$ | 0,147/a | 0,098/a |
| Lageparameter $b_1$ | 81,5 | 18,2 |

Zur Bedeutung der weiteren in der Tabelle angegebenen Parameter siehe weiter unten.
Vergleichen wir zunächst die *Wachstumsraten*. Wie erwartet, ist die Wachstumsrate des Energieverbrauchs bei der linken S-Kurve höher als die des Bruttoinlandsprodukts; die Energieintensität steigt über den Langzeitwert hinaus an, vergl. Bild 7.1. Ebenso erwartet ist, daß diese Verhältnisse bei der rechten S-Kurve gerade umgekehrt sind. die Wachstumsrate des Bruttoinlandsprodukts ist höher als die des Energieverbrauchs; die Energieintensität sinkt, und zwar etwa auf einen Wert, der dem des Ausgangswerts nahe kommt (und wenn man die Geldentwertung von 1900 zu 1985 in Betracht zieht, in der Größe des Wertes von 2 kWh/$ - wie erwartet - liegt).
Betrachtet man zum Vergleich eine neuere Darstellung der Langzeitentwicklung der Energieintensität der amerikanischen Wirtschaft, beispielsweise in [9], so sieht nicht nur qualitativ die Kurve ähnlich der in dieser Arbeit untersuchten ent-

sprechend Bild 7.1 aus, sondern es befindet sich damit auch der identifizierte Wert von etwa 2 kWh/$ (Preisbasis 1990) für die Zeit um 1870 und um 1990 in einer relativ guten Übereinstimmung

- aus Kurve für USA (kommerzielle Energie) des Bildes 4.5
  für etwa 1870 0,3 kg oe/$
  für etwa 1990 0,38 kg oe/$;

- umgerechnet liegen diese Werte bei rund 4 kWh/$

Diese Übereinstimmung muß angesichts der Datenverfügbarkeit und –genauigkeit und angesichts des Umstands, daß es sich hier um Primärenergie und nicht um die eigentlich richtige Endenergie (oder gar um die Nutzenergie) handelt, als durchaus zufriedenstellend eingeschätzt werden.

An dieser Stelle ist es erforderlich, noch eine Anmerkung zur gewählten Art der Darstellung des Primärenergieverbrauchs für die USA zu machen. Nach [9] war bezüglich der Energieintensität die Kurve für „kommerzielle Energie" ausgewählt worden. Das trifft auch für die Datenreihe zu, die dem Bild 7.1 zugrundeliegt. Holz ist in dieser Betrachtung bewußt ausgeschlossen worden (und die Muskelkraft von Mensch und Tier, die gar nicht erfaßt und angeboten wurde, natürlich auch). Die Begründung für diese Verfahrensweise liegt darin, daß auf die Primärenergie anstelle der Endenergie (und eigentlich der Nutzenergie) zurückgegriffen werden mußte, weil sonst keine geeigneten Zahlenreihen zur Verfügung standen. Das ist aber nur dann annähernd gerechtfertigt, wenn zwischen der Umwandlung von Primärenergie in Endenergie bei den berücksichtigten Brennstoffarten und ihren Umwandlungsgeräten annähernd der gleiche Wirkungsgrad angesetzt werden kann. Das ist aber zwischen Holz und den neuen „kommerziellen Energien" wie Kohle, Öl oder Gas ganz und gar nicht der Fall. Häufig liegt beinahe eine Größenordnung Unterschied bei der Nutzung von Holz in offenen Feuerstellen oder primitiven Öfen und der Nutzung „kommerzieller Energie" vor. Ähnliche Überlegungen gelten für die Muskelkraft mit ihrer Darstellung aus Nahrungsmitteln.
Wenn man also die Kurven der Energieintensität am linken Ende betrachtet, haben sie ihren Ursprung keineswegs etwa bei Null, wie es einsichtig wäre, wenn nur Kohle, Öl und Gas, die vordem praktisch keine Rolle gespielt haben, berücksichtigt würden, sondern sie gehen aus einem „Sockel" genutzter Endenergie hervor, die sich aus den Primärenergien Holz und Nahrungs- bzw. Futtermitteln darstellen, allerdings eben mit einem niedrigeren Wirkungsgrad. Nur unter Berücksichtigung dieses Umstands ist es im übrigen verständlich, daß es einen immerfort gleichbleibenden *unteren Grenzwert* für die Endenergieintensität gibt.
Betrachtet man unter diesem Aspekt das Bild 7.2 für das Vereinigte Königreich, dann drückt es in etwa diesen Sachverhalt aus.

Auch in [2, S. 3 ] geht man indirekt vom Vorhandensein eines solchen Sockelbetrags aus, indem das Minimum des Holzeinsatzes um das Jahr 1885 herum festgestellt wird.

Die Gleichungen für die beiden Sättigungskurven werden nach [3] in gewöhnlicher Form

$$\varepsilon(t) = \frac{\kappa_1}{1 + b_1 e^{-\alpha_1 t}} \tag{6}$$

$$w(t) = \frac{\kappa_2}{1 + b_2 e^{-\alpha_2 t}} \tag{7}$$

und in normierter Form

$$\varepsilon^*(t) = \frac{\varepsilon(t)}{\kappa_1} = \frac{1}{1 + b_1 e^{-\alpha_1 t}} \tag{8}$$

$$w^*(t) = \frac{w(t)}{\kappa_2} = \frac{1}{1 + b_2 e^{-\alpha_2 t}} \tag{9}$$

geschrieben.

Dabei sind
$\kappa_1$ , $\kappa_2$ - die jeweiligen Sättigungswerte für $t \to \infty$
$b_1$ , $b_2$ und $\alpha_1$ , $\alpha_2$ - charakteristische Konstanten der Sättigungskurven

Die Energieintensität $I(t)$, nunmehr als zeitabhängige Funktion, wird als Quotient aus $\varepsilon(t)$ und $w(t)$ gebildet:

$$I(t) = \frac{\varepsilon(t)}{w(t)} \tag{10}$$

Das ergibt in gewöhnlicher Form

$$I(t) = \frac{\kappa_1}{\kappa_2} \cdot \frac{1 + b_2 e^{-\alpha_2 t}}{1 + b_1 e^{-\alpha_1 t}} \tag{11}$$

und in normierter Form

$$I^*(t) = I(t) \cdot \frac{\kappa_2}{\kappa_1} = \frac{1 + b_2 e^{-\alpha_2 t}}{1 + b_1 e^{-\alpha_1 t}} \tag{12}$$

Gleichung (11) - bzw. Gleichung (12) - beschreibt die kurzperiodische Bewegung der Energieintensität in Abhängigkeit von der Zeit. Sie nimmt für bestimmte Werte von $b$ bzw. $\alpha$ eine charakteristische Form an.

Zunächst wird der Wert für **t** $\rightarrow \infty$ betrachtet:

$$I^*(\infty) = 1 \text{ bzw. } I(\infty) = \frac{\kappa_1}{\kappa_2}$$

Dieser Wert ist zeitunabhängig und entspricht damit - und das gilt naturgemäß für jede Evolutionsstufe - dem bereits in Abschnitt 2 ermittelten Wert von annähernd

$I = 2$ kWh/€,

wie leicht durch Einsetzen der zueinandergehörigen Wertepaare von $\varepsilon$ und $w$ bestätigt werden kann.

Als nächstes wird **t** $\rightarrow$ **0** betrachtet. Dabei ergibt sich

$$I^*(0) = I(0) \cdot \frac{\kappa_2}{\kappa_1} = \frac{1 + b_2}{1 + b_1}$$

$I(0)$ unterscheidet sich von $I(\infty)$ durch den Faktor $\frac{1 + b_2}{1 + b_1}$.

Wenn die Zahlenwerte von $b_1$ und $b_2$ in der gleichen Größenordnung liegen, liegt der Wert dieses Faktors in der Größenordnung von 1. In diesem Fall ist

$$I(0) \approx I(\infty) = \frac{\kappa_1}{\kappa_2}$$

Das bedeutet: die Energieintensität ist am Anfang und am Ende eines jeden Zyklus - auf jeder Stufe der universalen wirtschaftlichen Evolution - gleich dem konstanten Langzeitwert. Dazwischen weicht sie von diesem Wert ab.

Es ist jedoch zu beachten, daß die Kurven in der Praxis nur in den Grenzen von 10 % bis 90 % des jeweiligen Sättigungswertes relevant sind; insofern haben die Ausblicke nach Null und Unendlich lediglich orientierenden Charakter.
Diese Definitionsgrenzen von 10 bzw. 90 % des Sättigungswertes bedeuten auch, daß bereits das Erreichen des 90 %-Werts als praktischer Eintritt in die Sättigung des Prozesses angesehen wird. Damit korrespondieren diese Werte mit den in den Tabellen 7.1 und 7.2 (für den Energieverbrauch) sowie 7 (für die Wirtschaftskraft)

ausgewiesenen diskreten Werten für jede Evolutionsstufe von Wirtschaft und Energiewirtschaft.

Die Parameter $\alpha_1$ und $\alpha_2$ stellen die Wachstumsraten des jeweiligen Entwicklungsprozesses dar; sie bestimmen daher im wesentlichen den Kurvenverlauf (die Form) der Sättigungskurve. Der Parameter $b_1$ bzw. $b_2$ stellt einen Lageparameter dar, der die Kurve horizontal, das heißt zeitlich, verschiebt, jedoch nicht ihre Form verändert [15].
Die unterstellte Symmetrie der zugrundeliegenden Sättigungsprozesse impliziert, daß der Wendepunkt (die sogenannte Mittenzeit) bei ½ $\kappa_1$ bzw. ½ $\kappa_2$ zum Zeitpunkt $t = t_m$ liegt:

$$N(t_m) = \tfrac{1}{2}\,\kappa$$

Der Lageparameter $b$ kann wie folgt umgeschrieben werden [15]:

$$b = e^{\beta} \text{ mit } \beta = t_m\,\alpha$$

Damit wird der Zusammenhang mit der Mittenzeit der Sättigungskurve hergestellt.

Darüber hinaus ist es üblich, das Zeitintervall $\Delta t$, das zwischen dem 10 %-Wert und dem 90 %-Wert des Sättigungsprozesses vergeht, explizit zu definieren [3]:

$$\Delta t = \frac{4{,}3944}{\alpha} \tag{13}$$

Damit wird die Wachtumsrate mit einer charakteristischen Zeit des Sättigungsprozesses verknüpft.

Den Zusammenhang (11) erhält man, wenn man in die Gleichungen (4) bzw. (5) die Ordinatenwerte 0,9 $\kappa$ bzw. 0,1 $\kappa$ für die Zeitpunkte $t_e$ und $t_a$ (mit $\Delta t = t_e - t_a$) einsetzt und nach Logarithmieren nach $\Delta t$ auflöst.

Damit nehmen die Gleichungen (6) und (7) die folgende Form an:

$$\varepsilon(t) = \frac{\kappa_1}{1 + e^{-\alpha(t - t_m)}}$$

$$w(t) = \frac{\kappa_2}{1 + e^{-\alpha(t - t_m)}}$$

Die beiden genannten Ausdrücke für $\alpha$ und $b$ erhöhen nicht nur die Anschaulichkeit, sondern gestatten vor allem, die Kurvenparameter der Sättigungskurve aus realen statistischen Zeitreihen und deren grafischer Darstellung zu schätzen.
Nunmehr sollen die Gleichungen (6), (7) und (11) grafisch dargestellt werden. Sie können dann optisch mit den Kurvendarstellungen in den Bildern 1 und 3 verglichen werden.
Das Ergebnis zeigen die Tabelle 7.9 und die Bilder 7.7 bis 7.11.

Die Übereinstimmung ist unter den bereits erwähnten Randbedingungen als durchaus befriedigend einzuschätzen, wobei wegen der Datenlage die Nachbildung des Bruttoinlandsprodukts der USA von 1930 bis 1990 nur als sehr grob anzusehen ist und sich nicht für eine Weiterverarbeitung eignet. An dieser Stelle soll jedoch nur das Prinzipielle, nicht das Detail dargestellt werden.
Im übrigen gibt es bezüglich der Nachbildung der Energieintensität eine prinzipielle Korrespondenz zu den von *Setzer* [25] behandelten Kuznets-Kurven.

Mit der weiter oben gezogenen Schlußfolgerung, daß sich vor 1870 und nach 1990/2000 der gleiche Kurvenverlauf der Energieintensität der Wirtschaft darstellt, wie er in den Bildern 1 und 2 bzw. 11 für den genannten Zeitraum wiedergegeben ist, ergibt sich die Darstellung einer annähernden Wellenbewegung, die Bild 7.12 zeigt. Hierin liegt allerdings ein deutlicher Unterschied zu dem eben erwähnten Buch von *Setzer* [25].

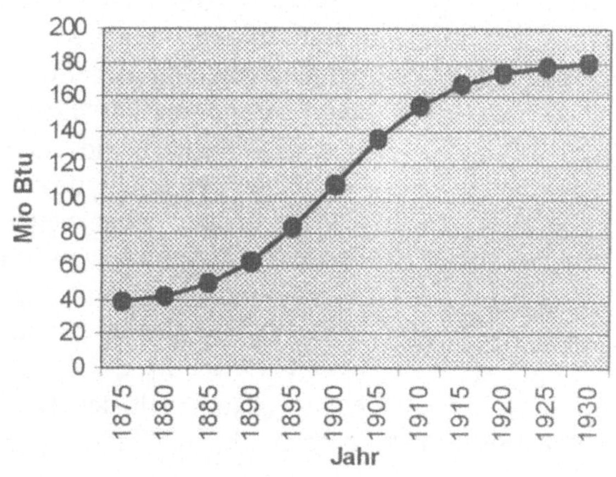


Bild 7.7: Nachbildung des Energieverbrauchs pro Kopf in den USA 1875-1930

Die Langzeitinvarianz der Energieintensität der Wirtschaft wird in Bild 7.12 durch das relative Niveau von annähernd 100 wiedergegeben. Dazwischen erhebt sich die Energieintensität in charakteristischer Weise über dieses Langzeitniveau an und fällt danach wieder langsam darauf zurück. Die Erhebung findet jeweils in den mit „z“ (nach Tabellen 7.2 und 7.3) bezeichneten Zwischenstufen der universalen wirtschaftlichen Evolution statt

## 7.4 Voraussichtliche Bewegung der Energieintensität in den kommenden Jahrzehnten

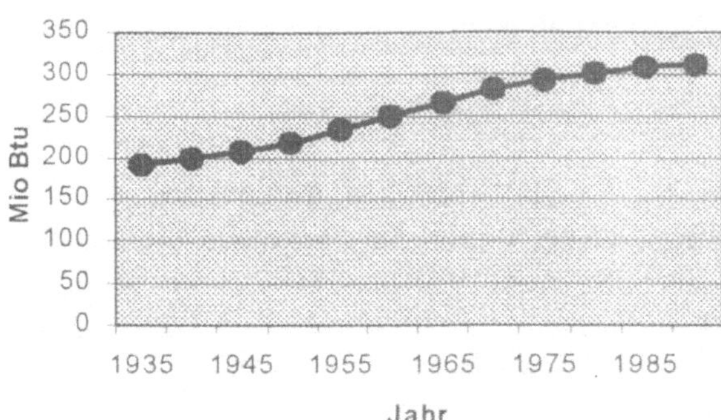


Bild 7.8: Nachbildung des Energieverbrauchs pro Kopf in den USA 1935-1990

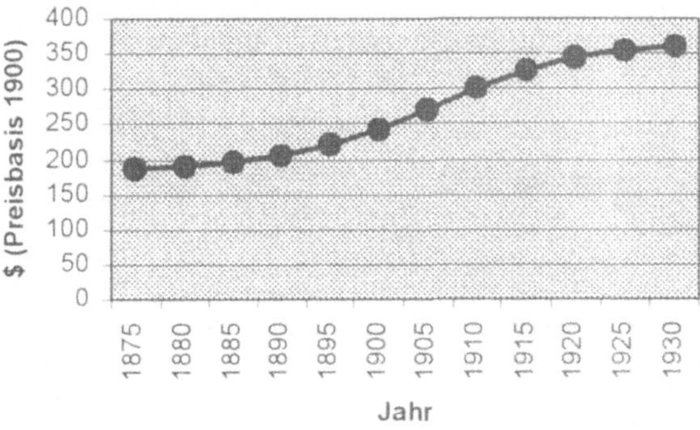


Bild 7.9: Nachbildung des Bruttoinlandsprodukts in den USA 1935-1990

Mit dem vorliegenden Untersuchungsergebnis stellt sich die Problematik der von mehreren Seiten festgestellten sogenannten „Entkopplung" der Wirtschaftsentwicklung vom Energieverbrauch

- „ab 1979/80 ... setzte eine nachhaltige Entkoppelung" des Zusammenhangs von Wirtschaftswachstum und Primärenergieverbrauch ein [8]
- „die Entkoppelung des Strom- und Energieverbrauchs von der Wirtschaftstätigkeit zeigt sich in der Entwicklung der Strom- und Energieintensität" [21]
- „für Deutschland wird wie für andere hochindustrialisierte Länder eine weitgehende Entkopplung von Primärenergieverbrauch und Wirtschaftswachstum vorausgesagt" [9, S. 42]
- „damit hält der Trend zur Entkoppelung von Wirtschaftswachstum und Energieverbrauch in Deutschland an" [7, S 7]

– darunter also teilweise ausdrücklich auf die Primärenergie bezogen, die jedoch in einem nicht zu langen Zeitabschnitt in einem relativ festen Bezug zur Endenergie steht – in einem anderen Licht dar, s. dazu auch [25].

**Eine solche Entkopplung findet schlicht nicht statt**, zumindest was eben die Endenergie bzw Nutzenergie angeht (zum Verhältnis Endenergie zu Nutzenergie s. auch [4]). **Die Kopplung ist immer gegeben, und wenn man genügend lange**

**Zeiträume betrachtet, ist die Kopplung sogar linear**. Was empirisch festgestellt wird, ist ein zeitweiliges Auseinanderlaufen von Wirtschaftskraft (bzw. Bruttoinlandsprodukt) und Energieverbrauch, das heißt eine zeitweilige Abweichung von der Langzeit-Linearität. Das ist jedoch keineswegs eine neue Erscheinung, die etwa unsere gegenwärtige wirtschaftliche Entwicklung kennzeichnet, sondern es ist ein gesetzmäßiger Vorgang, den es schon in der wirtschaftlichen Vergangenheit gab und der voraussichtlich auch in Zukunft wieder auftreten wird. Dem Auseinanderlaufen folgt stets wieder ein Zusammenlaufen.

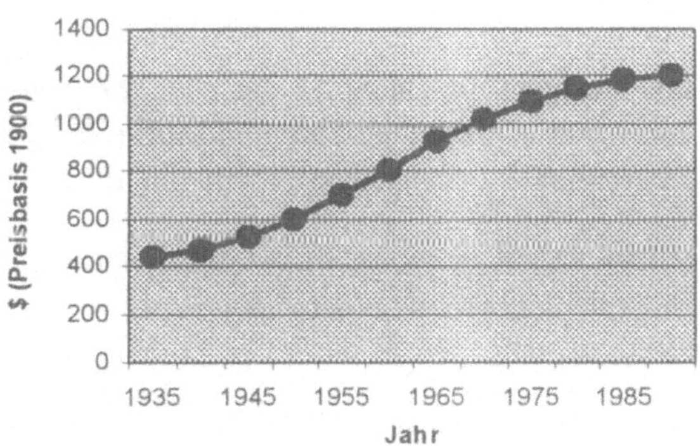


Bild 7.10: Nachbildung des Bruttoinlandsprodukts in den USA 1935-1990

Diese Aussage kann man aus meiner Sicht uneingeschränkt auch auf die „Entkopplung“ der Wirtschaftsentwicklung vom Stromverbrauch übertragen. Strom ist ein Teil - und zwar quantitativ nur ein relativ kleiner Teil - der Endenergie (bzw. der Verteilungsenergie). Er verhält sich bezüglich der Wirtschaftsentwicklung ebenso wie diese.

Als Fazit ergibt sich: Energieverbrauch und Wirtschaftskraft sind über lange Zeiträume linear miteinander gekoppelt (diskrete Kopplungspunkte entsprechend den diskreten Hauptstufen der universalen wirtschaftlichen Evolution). Zwischen diesen Kopplungspunkten bewegen sie sich auseinander, jedoch in regelmäßiger Form (wobei die sachliche Kopplung natürlich erhalten bleibt).

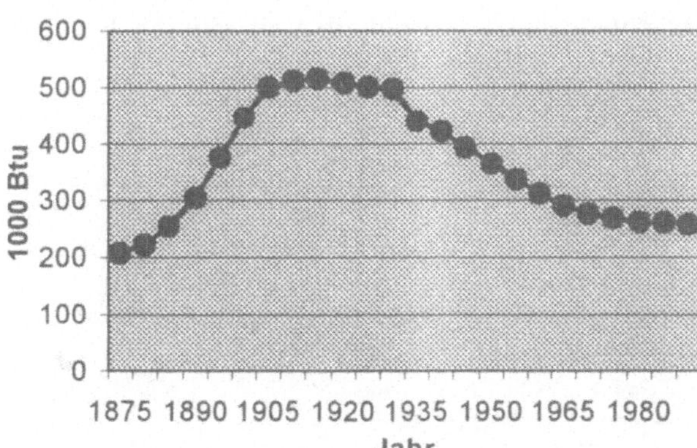


Bild 7.11: Nachbildung der Primärenergieintensität in den USA 1875-1990

Man kann daher die Kopplung von Wirtschaftskraft und Energieverbrauch insgesamt als *elastisch* bezeichnen.

Aus diesem engen Wechselverhältnis ist eine Schlußfolgerung bedeutsam: Störungen in der Energieversorgung bewirken unvermeidlich auch Störungen in der Wirtschaftsentwicklung. Angesichts vielfältiger Bestrebungen, Energie künstlich zu verteuern oder zu verknappen und damit von außen auf das subtile Wirtschaftsgeflecht einzuwirken, sei auf mögliche unerwünschte wirtschaftliche Nachwirkungen verwiesen

In [3] wurde die Dauer eines Zyklus, das heißt die Dauer, in der eine komplette Evolutionsstufe – gekennzeichnet durch eine vollständige Sättigungskurve für die Wirtschaftskraft und die Endenergieintensität – durchlaufen wird, mit etwa 60 Jahren angegeben Der genannte Zeitraum von 60 Jahren im gegenwärtigen wirtschaftlichen Evolutionsabschnitt der Menschheit ist auch beispielsweise durch die bekannten *Kondratjew*-Zyklen annähernd gegeben oder ist auch Ergebnis von Untersuchungen von *Ausubel* [1] aus der vergangenen Wirtschaftsentwicklung der USA und Großbritanniens

Ein Umstand muß allerdings beachtet werden. die abgeleiteten Aussagen gelten für eine Universalwirtschaft und für deren universale wirtschaftliche Evolution. Nicht jede heutige Volkswirtschaft – und schon gleich gar nicht jeder geografische Teil einer solchen Volkswirtschaft, beispielsweise ein Bundesland, oder eine einzelne Branche dieser Volkswirtschaft – bewegt sich in hundertprozentiger Übereinstimmung, das heißt in vollständiger zeitlicher Synchronisation, mit dieser Universalwirtschaft Die Annäherung wird zwar vermutlich um so stärker, je mehr sich die Universalwirtschaft dem Evolutionsstadium der Weltwirtschaft nähert, je umfassender sich also ein einheitlicher Wirtschaftsorganismus auf der Erde ausbildet, aber heute sind die Unterschiede noch substantiell und müssen beachtet werden

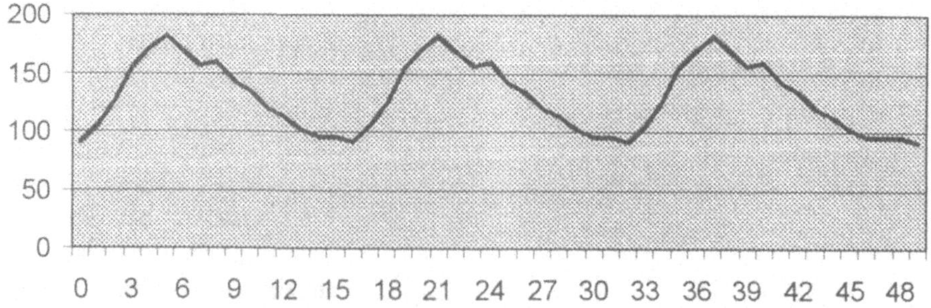


Bild 7.12: Folge von Evolutionsabschnitten der Energieintensität

Schließlich soll am Beispiel fortgeschrittener europäischer Länder, die sich unter anderem durch eine rationelle, dem heutigen Stand von Wirtschaft und Technik entsprechende Energienutzung auszeichnen, die universale wirtschaftliche Evolution bis etwa 2050 abgeschätzt werden. Dazu müssen die Parameter $b$ und $\alpha$ der Sättigungskurven bestimmt werden. Stark vereinfachend wird nun angenommen, daß bezüglich dieser Parameter die Entwicklung der Wirtschaft der USA in den Jahren 1870 bis 1930 repräsentativ für ein solche Gruppe fortgeschrittener europäischer Länder heute ist. Die Parameter der Sättigungskurven für Wirtschaft und Energieverbrauch werden daher Tabelle 7.8 (linke Seite) entnommen.

Das Ergebnis gibt Tabelle 7.9 wieder.

Als Sättigungswert des spezifischen jährlichen Endenergieverbrauchs wird nunmehr (nach Tabelle 7.2) $\kappa_1$=51200 kWh angesetzt, als Sättigungswert des spezifischen jährlichen Bruttoinlandsprodukts (nach Tabelle 7.7) $\kappa_2$=25600 €. Diese Werte sind repräsentativ für die Evolutionsstufe 4 z.

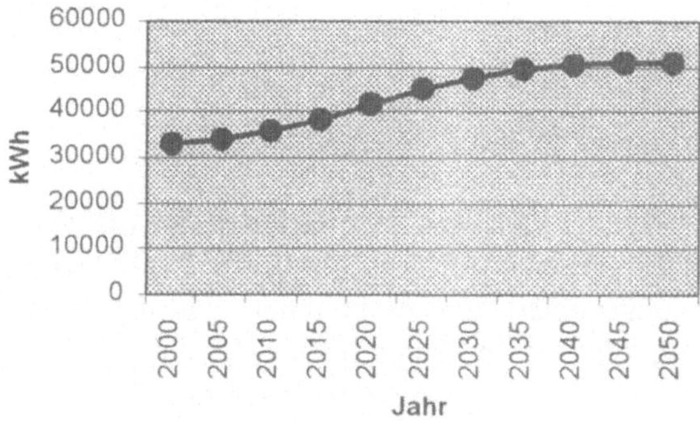


Bild 7.13: Künftige Entwicklung des Endenergieverbrauchs bis 2050

Der Kurvenverlauf $\varepsilon(t)$ und $w(t)$ wird vom Ausgangsniveau Null der Ordinate an ermittelt. Damit muß man den berechneten Werten noch den jeweiligen Sockelbetrag für den Energieverbrauch bzw. das Bruttoinlandsprodukt hinzufügen. Als Sockelbeträge werden nicht reale Werte für ein bestimmtes Land angesetzt, sondern – wiederum vereinfachend – die in Tabelle 7.1 und in Tabelle 7.7 ausgewiesenen *charakteristischen* Werte von 32000 kWh bzw. 16000 € pro Kopf.

Die Werte für die Energieintensität $I$ ergeben sich jeweils durch Division aus den Werten für $\varepsilon$ und $w$.
Die Ergebnisse für $\varepsilon(t)$, $w(t)$ und $I(t)$ sind in den Bildern 7.13, 7.14 und 7.15 grafisch dargestellt. Sie sind wegen des verwendeten Datensatzes nicht zur konkreten Prognose der Wirtschafts- und Energieverbrauchsentwicklung eines bestimmten europäischen Landes geeignet, sondern sie sollen lediglich den wahrscheinlichen Wiederanstieg der Energieintensität und den Anstieg des Energieverbrauchs pro Kopf, der unbedingte Voraussetzung dafür ist, letztlich also das zeitweilig schnellere Wachstum des Energieverbrauchs im Vergleich mit dem Wirtschaftswachstum signalisieren.

Tabelle 7.9: Voraussichtliche Entwicklung von Endenergieverbrauch, Bruttoinlandsprodukt und Energieintensität bis 2050 für eine repräsentative Gruppe wirtschaftlich fortgeschrittener europäischer Länder

| **Jahr** | **Zeit [a]** | **$\varepsilon(t)$ [kWh]** | **$w(t)$ [€]** | **32000 kWh + $\varepsilon(t)$ [kWh]** | **16000 € + $w(t)$ [€]** | **$I(t)$** |
|---|---|---|---|---|---|---|
| 2000 | 10 | 973 | 335 | 32973 | 16335 | 2,019 |
| 2005 | 15 | 1923 | 616 | 33923 | 16616 | 2,042 |
| 2010 | 20 | 3617 | 1104 | 35617 | 17104 | 2,082 |
| 2015 | 25 | 6262 | 1899 | 38262 | 17899 | 2,138 |
| 2020 | 30 | 9643 | 3059 | 41643 | 19059 | 2,185 |
| 2025 | 35 | 13017 | 4503 | 45017 | 20503 | 2,196 |
| 2030 | 40 | 15643 | 6020 | 47643 | 22020 | 2,164 |
| 2035 | 45 | 17309 | 7309 | 49309 | 23309 | 2,115 |
| 2040 | 50 | 18248 | 8238 | 50248 | 24238 | 2,073 |
| 2045 | 55 | 18730 | 8830 | 50730 | 24830 | 2,043 |
| 2050 | 60 | 18972 | 9178 | 50972 | 25178 | 2,024 |

Das Ergebnis läßt sich wie folgt zusammenfassen:

**Nach Durchlaufen einer relativ kurzen Phase der Stagnation steigt die Wirtschaftskraft, gemessen am Bruttoinlandsprodukt pro Kopf der Bevölkerung, wieder kräftig an.** Das ist erwartungsgemäß, und es befindet sich in Übereinstimmung mit den Untersuchungsergebnissen und Erwartungen der meisten Wirtschaftswissenschaftler, wenn man über den besonderen Umstand hinwegsieht, daß nach Meinung zahlreicher Fachleute überhaupt keine Stagnationsphase eintritt.

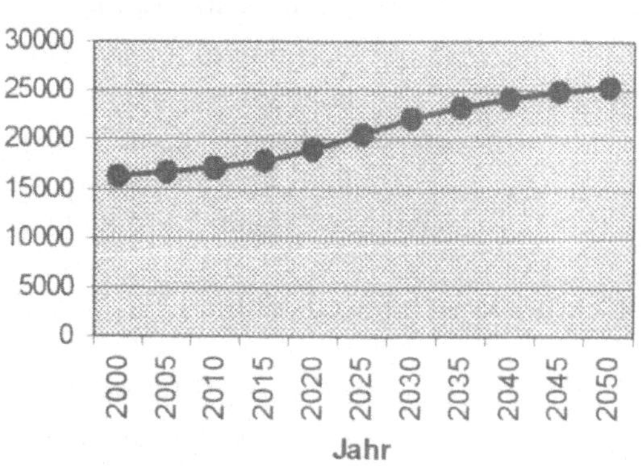


Bild 7.14: Künftige Entwicklung des Bruttoinlandsprodukts bis 2050

**Der Endenergieverbrauch pro Kopf der Bevölkerung steigt nach Überwindung der Rezession weltweit ebenfalls wieder kräftig an.** Das entspricht den Erwartungen nach den Untersuchungen dieser Arbeit. Und es entspricht auch den Erwartungen (und vielleicht Befürchtungen?) vieler seriöser universalwirtschaftlicher Untersuchungen. Beispielhaft sei die Publikation [16] genannt. Sie geht davon aus, daß weltweit mit wachsender Wirtschaft auch der Energieverbrauch zunehmen wird. Vorrangig sei das dem Nachholebedarf der bisher energiewirtschaftlich unterprivilegierten Wirtschaftsregionen in Asien, Lateinamerika und Afrika sowie dem Anwachsen der Weltbevölkerung insgesamt geschuldet.

Allerdings muß darauf verwiesen werden, daß es heute auch zahlreiche, letztlich illusionäre Erwartungen gibt, die von einem sinkenden, eventuell gleichbleibenden oder allenfalls nur sehr moderat ansteigenden Energieverbrauch ausgehen. Beispielhaft sei auf [22, u. a. S. 11; 23; 18] verwiesen. Die *Notwendigkeit* dieser Energieverbrauchsentwicklung wird mit Ressourcenschonung sowie Klima- und Umweltkollaps begründet, die *Möglichkeit* mit einer energiepolitischen Wende, deren Kern in der Energieeinsparung („Effizienzrevolution“) und in der umfassenden Nutzung regenerativer Energien besteht. Auch für die bisher unterentwikkelten Länder ist der Ratschlag gegeben, die energiepolitischen Fehler der Industrieländer nicht zu wiederholen und sich durch Wissenstransfer die fortgeschrittenen Energietechnologien dieser Länder sofort zu eigen zu machen. Und insgeheim besteht die Hoffnung darin, daß die Menschen in den unterentwickelten Ländern nicht auf die Idee kommen, auch so viel Energie (und Wasser und andere Ressourcen) pro Kopf haben zu wollen, wie die wirtschaftlich fortgeschrittenen heute haben.

Neben der Problematik der wirtschaftlich unterentwickelten Länder und dem Anwachsen der Weltbevölkerung gehen solche reinen „Sparszenarien“ ganz selbstverständlich davon aus, daß es keinen Anstieg des Endenergieverbrauchs in den wirtschaftlich hochentwickelten Ländern mehr gibt. Für Deutschland wird beispielsweise für 2020 ein Absinken des Endenergieverbrauchs prognostiziert (von 1997 pro Kopf 32100 kWh auf dann etwa 31000 kWh) [17].

**Die Energieintensität der Wirtschaft steigt in den kommenden Jahrzehnten ebenfalls an.** Nicht nur, daß aus grundsätzlichen Erwägungen die Energieintensität der Wirtschaft einen unteren *Grenzwert* nicht unterschreiten kann, eben den Langzeitwert von etwa 2 kWh/€, wie hoch der Aufwand auch getrieben werden mag, sie steigt sogar noch an. Das ist angesichts der bisherigen Untersuchungen der vorliegenden Arbeit erwartungsgemäß. Aber es stimmt nicht mit den Vorhersagen anderer Autoren überein. Beispielhaft sei auf [16] verwiesen. Und es ist zumindest auch der durch Lebenserfahrung gewonnenen Anschauung nicht ohne weiteres zugänglich. Seit Jahren kennen wir sinkende Energieintensitäten. Und davor gab es eine Phase konstanter Energieintensitäten. Jedes Prozent Wirtschaftswachstum erforderte ein Prozent mehr Energieeinsatz [8]. Die letzte Zeitperiode, die steigende Energieintensitäten aufwies, waren die letzten Jahrzehnte des 19. Jahrhunderts und ein wenig der Beginn des 20. Jahrhunderts. Das liegt jenseits lebendiger Erfahrungen. Der Anstieg wird daher gern einer überwundenen Epoche stürmischer Industrialisierung zugeschrieben, die sich nicht wiederholt.

Der gewählte Prognosezeitraum von 1990 bis 2050 überstreicht einen kompletten Zyklus, und zwar einen Zwischenzustand (4 z). Damit durchlaufen die Wirtschaftskraft und der Energieverbrauch jeweils eine volle Sättigungskurve. Die Energieintensität nimmt zu Beginn des Zyklus (das heißt zeitlich: demnächst!) wieder deutlich zu, durchläuft ein Maximum (etwa im Jahr 2025) und fällt danach langsam wieder auf den Langzeitwert 2 zurück. Dieser Rückfall vollendet sich nicht mehr in dem Zwischenzustand 4 z, sondern erst nach Durchlaufen des nächsten Grundzustands (das ist allerdings in Bild 7.15 nicht mehr dargestellt).

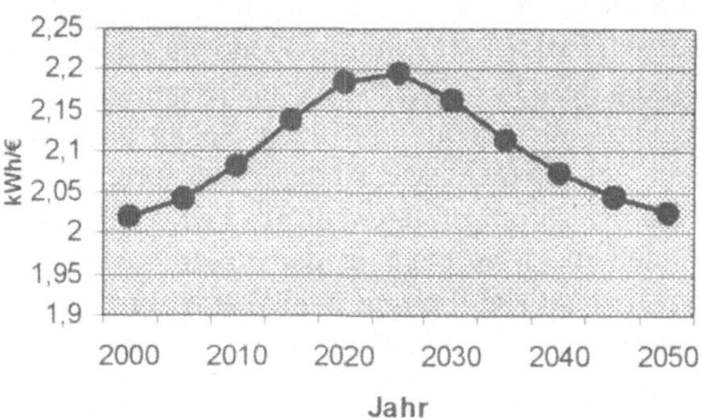


Bild 7.15: Künftige Entwicklung der Endenergieintensität

Die ermittelten Ergebnisse sollen einer prinzipiellen Wertung unterzogen werden. Immer wenn ein universalwirtschaftlicher Zyklus beendet ist und damit die universale wirtschaftliche Evolution in einen nächsten Zustand übergeht, setzt eine *extensive Entwicklungsphase* ein, die im Zeitverlauf durch ein überproportionales Anwachsen der Wirtschaftskraft und durch gleichzeitiges uberproportionales Anwachsen des Endenergieverbrauchs, beides pro Kopf der Bevölkerung gemessen, gekennzeichnet ist. Diese extensive Entwicklungsphase zeichnet sich dadurch aus, daß neu in den Wirtschaftsprozeß eingeführte Produkte, Verfahren und Technologien schnell einen substantiellen Marktanteil erobern und dabei auch ältere Produkte, Verfahren und Technologien verdrängen Die neuen sind in der Regel noch in einem relativ unausgereiften Entwicklungsstadium, was sich unter anderem in einem erhöhten spezifischen Verbrauch an Energie (und Material) ausdrückt. Beide Trends – das Auftreten neuer Gegebenheiten am Markt und das Verdrängen bisheriger, „ausgereifter“ – implizieren nicht nur eine extensive Entwicklung der Wirtschaftskraft, sondern auch eine extensive Entwicklung im Energieverbrauch.
An diese extensive Entwicklungsphase schließt sich eine annähernd *lineare* Übergangsphase der Entwicklung an Wirtschaftswachstum und Wachstum des Endenergieverbrauchs verhalten sich im Zeitverlauf proportional.

Mit zunehmender Entwicklungsreife setzt danach eine *intensive Entwicklungsphase* ein. Diese Phase der Intensivierung ist dadurch gekennzeichnet, daß die Zuwachsraten sowohl der Wirtschaftskraft als auch des Endenergieverbrauchs abnehmen und einem Sättigungsniveau zustreben. Der Zyklus hat sich vollendet. Das Sättigungsniveau hält so lange an, bis sich neu entwickelte Produkte, Verfah-

ren und Technologien wirtschaftlich durchsetzen und eine neue Stufe der wirtschaftlichen Evolution einleiten.
Daß es sich im Zusammenhang mit der hier betrachteten universalwirtschaftlichen Entwicklung nicht um die „normale" tägliche wirtschaftliche Innovation handelt, sondern um revolutionierende Basisinnovationen, die der Wirtschaft einen neuen Entwicklungsimpuls verleihen, sollte sich von selbst verstehen.

Bildhafter Ausdruck der bisher beschriebenen Abfolge von extensiver, linearer und intensiver Entwicklungsphase in einer wirtschaftlichen Evolutionsstufe (in einem Zustand) ist die Sättigungskurve, wie sie den zeitlichen Verlauf der Wirtschaftskraft und des Endenergieverbrauchs charakterisiert – sowohl nach empirischen Datenreihen als auch in der rechnerischen Nachbildung.
Die den jeweils zueinandergehörigen Sättigungskurven der Wirtschaftskraft und des Endenergieverbrauchs zugrundeliegenden beiden Wachstumsraten stehen darüber hinaus im Zeitverlauf noch in einem besonderen, eigentümlichen Verhältnis zueinander. Dieses Verhältnis drückt sich in der Kenngröße Energieintensität aus.
Die Energieintensität verhält sich im Zeitverlauf differenziert, je nachdem ob es sich um einen Grundzustand oder einen Zwischenzustand der universalen wirtschaftlichen Evolution handelt. Beginnt ein neuer Zwischenzustand – nachdem also der zugehörige, vorausgehende Grundzustand sein Sättigungsniveau erreicht hat–, dann steigt jedesmal die Energieintensität vom zeitinvarianten Langzeitwert überproportional an, die Wachstumsrate des Endenergieverbrauchs ist größer als die der Wirtschaftskraft. Noch innerhalb des gleichen Zwischenzustands schwächt sich das überproportionale Anwachsen der Energieintensität ab. Die Energieintensität tritt in eine annähernd konstante Übergangsphase ein – die Zuwachsrate des Endenergieverbrauchs ist gleich der der Wirtschaftskraft –, um danach mit dem kontinuierlichen Abnehmen zu beginnen – alles noch innerhalb des Zwischenzustands. Das kontinuierliche Abnehmen setzt sich im anschließenden neuen Grundzustand fort, die Wachstumsrate des Endenergieverbrauchs ist dauerhaft niedriger als die der Wirtschaftskraft, und die Energieintensität erreicht mit Eintritt der Wirtschaftskraft und der Endenergieintensität in das Sättigungsniveau dieses neuen Grundzustands wieder den zeitinvarianten Langzeitwert. Das heißt, ein Zyklus der Energieintensität überstreicht immer zwei Stufen der universalen wirtschaftlichen Evolution, einen Zwischenzustand und den anschließenden neuen Grundzustand.

Dieser „überproportionale Anstieg des Energieeinsatzes", wie er für die Industrialisierung Westeuropas und Nordamerikas im 19. Jahrhundert charakteristisch war, wird nach [18] auf die Notwendigkeit der Schaffung der wirtschaftlichen Infrastruktur – Straßen, Brücken, Gebäude und Anlagen der Schwerindustrie – zurückgeführt. Nachdem diese Infrastruktur stand und grundlegende wirtschaftliche Innovationen verwirklicht worden sind, hat sich der Trend des Energieeinsatzes umgekehrt. Das ist schließlich der Prozeß, der gern mit der „Entkopplung" von

Wirtschaftswachstum und Energieverbrauch bezeichnet wird. Ergebnis der vorliegenden Untersuchungen ist, daß ein solcher Prozeß nicht Erfindung des 20. Jahrhunderts und der Tüchtigkeit heutiger Wirtschaftakteure zuzuschreiben ist, sondern daß es sich um einen gewissermaßen gesetzmäßigen Prozeß der universalen wirtschaftlichen Evolution handelt, der sich schon früher vollzogen hat und sich künftig wieder vollziehen wird.

Bei heutigen Energiewirtschaftsprognosen wird regelmäßig der Ansatz gemacht, daß sich die Energieintensität – das ist in der Regel die Primärenergieintensität – nur noch einseitig nach unten bewegt. Als Beispiel sei wieder die im übrigen ausgezeichnete Arbeit [16, S 39,41] angeführt. Dort wird die ständige Reduzierung der Energieintensität als Naturgabe bezeichnet. Ein Ende ist nicht abzusehen. Soll es letztlich bei einem Energieaufwand Null liegen? Das wäre in der Tat die Entkopplung von Wirtschaft und Energieverbrauch und der Anbruch paradiesischer Zustände. Genauso nebulös ist der Blick zurück. Welchen Ausgangswert gibt es für die Energieintensität in der Vergangenheit? Irgendeinen Festwert, und wenn ja, welcher? Oder Null? Oder gar Unendlich? Ich glaube, der heute favorisierte Gedanke einer ständigen Reduzierung der Energieintensität – gwissermaßen naturgesetzlich – ist viel schwerer zu erklären, als die in dieser Arbeit gewonnene Erkenntnis, daß die Energieintensität – allerdings die Endenergieintensität – an die universale wirtschaftliche Evolution gekoppelt ist, einen unteren Grenzwert besitzt und damit den engen, unlösbaren Zusammenhang zwischen der Entwicklung von Wirtschaft und Energiewirtschaft dokumentiert, daß diese Kopplung elastisch ist und zeitweilig auch im Verhältnis unterschiedlicher Wachstumsraten einen Anstieg und damit einen überproportionalen Energieverbrauch einschließt.
Vermutlich gibt *Nakicenovic* [16] selbst den Ansatzpunkt für die Auflösung der seit längerem anhaltenden Diskussion um den zeitweiligen „Buckel" in der Kurve der Energieintensität Seine „augenscheinliche Existenz im Falle der kommerziellen Energieintensitäten" wird „überdeckt vom gewichtigen Ergebnis der Langzeit-Entwicklung der zusammengefaßten, totalen Energieintensitäten" (S.42), das heißt unter Einschluß der nicht-kommerziellen Energien, wobei aber offensichtlich einschränkend nur das Brennholz und nicht die viel bedeutsamere Muskelkraft von Mensch und Tier betrachtet wird. Eben durch die Beschränkung auf die **Primär**energie wird der – sachlich natürlich vorhandene und wirtschaftlich durchaus wichtige – Prozeß der Energieumwandlung von Primär- zu Endenergie gegenüber dem für den inneren Zusammenhang zwischen Wirtschaftswachstum und Energieverbrauch wesentlich bedeutsameren Prozeß der wirtschaftlichen Anwendung der *Nutzenergie* („energy end-use technologies", S. 12) dominant und „überdeckt" diesen. Als ein weiteres Ergebnis in diesem Sinne kommt dann heraus, daß die Wachstumsraten der Wirtschaftskraft im Prognosezeitraum bis 2100 kontinuierlich abnehmen (S. 30, 32), und zwar in allen betrachteten Szenarien. Demgegenüber ist es Ergebnis der vorliegenden Arbeit, daß sich das Wachstum der Wirtschaftskraft nach einer S-Kurve vollzieht, das heißt, daß dann auch zeit-

weilig signifikant **zunehmende** Wachstumsraten auftreten, und daß das Wirtschaftswachstum in der Zeit **nach** 2050 größer ist als in der Zeit **bis** 2050 (in Analogie zu den Zeiten von 1930 bis 1990 im Vergleich zu 1870 bis 1930). Nach 2050 wird ein neuer charakteristischer Energieträger wirtschaftlich wirksam (Wasserstoff?), und die universale wirtschaftliche Evolution tritt in einen neuen Grundzustand – dem letzten der Evolution nach [3] – ein.

Was steckt letztlich dahinter, daß die Energieintensität der Wirtschaft unter bestimmten historischen Umständen – dem Eintritt in einen Zwischenzustand der universalen wirtschaftlichen Evolution – überproportional ansteigt? Denn jeweils historisch länger – im zweiten Teil eines Zwischenzustands und während des gesamten nachfolgenden Grundzustands – nimmt die Energieintensität immer nur ab. Dies ist auch recht anschaulich nachzuvollziehen, denn im Verlauf der wirtschaftlichen Entwicklung in einem Zyklus setzt sich unter sonst gleichen makroökonomischen Umständen eine durchgreifende Rationalisierung in der Wirtschaft durch, verbunden mit spezifischer Kostensenkung und Senkung des spezifischen Energie- (und Material-)einsatzes. Warum aber nun der Anstieg der Energieintensität beim Eintritt in einen Zwischenzustand? Am einfachsten läßt sich dieser Umstand dadurch erklären, daß bei der Evolutionsstufe eines Zwischenzustands kein neuer charakteristischer Energieträger wirksam wird, der gewissermaßen per se, also ohne viel Zutun, allein durch seine charakteristische Wirkung, einen Energieeinspareffekt mit sich bringen würde. Wenn historisch jeweils ein Grundzustand der Evolution begann, dann stand ein solcher neuer charakteristischer Energieträger zur Verfügung: Dampf beim Grundzustand *C*, elektrischer Strom beim Grundzustand *D*. Deren Nutzung war jedesmal „revolutionär" und brachte energetische Verbesserungen gegenüber dem Vorläufer zustande, ohne daß schon die Phase der durchgängigen Intensivierung in diesem Zustand erreicht worden wäre. Die Folge war, daß sich zwar Energieverbrauch und Wirtschaftskraft zu Beginn auch jeweils extensiv entwickelten, in ihrem Verhältnis zueinander, der Energieintensität, aber ein charakteristischer „Intensivierungsbonus" wirkte, der der neuen charakteristischen Energie geschuldet war. Zu Beginn eines Zwischenzustands ist das anders: es wirkt derselbe charakteristische Energieträger wie vorher weiter, es tritt kein solcher Bonus auf, und Endenergie und Wirtschaftskraft entwickeln sich anfangs auch in ihrem Verhältnis zueinander überproportional, bis schließlich eine spürbare Rationalisierung wirksam wird und das Verhältnis umkehrt

Um das Jahr 1870, als die universale wirtschaftliche Evolution in einen neuen Zwischenzustand eintrat, begann sich deshalb die Energieintensität ansteigend zu entwickeln, durchaus „gesetzmäßig" und nicht als „Ausnahme". Im Verlauf des 20. Jahrhunderts, während des Durchlaufens der zweiten Phase dieses Zwischenzustands und des gesamten nachfolgenden Grundzustands, der etwa von 1930 bis 1990/2000 andauerte, sank dann die Energieintensität ab. **Nunmehr, nach Auslaufen dieses Grundzustands, wenn die universale wirtschaftliche Evolution**

**in einen neuen Zwischenzustand eintritt, wird sich ein neuer Zyklus der Energieintensität ausbilden, der wieder mit einem Anstieg verbunden sein wird.** Das drückt sich im Bild 7.15 aus

Auch wenn sich aus diesen prinzipiellen Untersuchungen der universalen wirtschaftlichen Evolution zweifelsfrei eine Sättigung mit nachfolgendem Anstieg der Endenergieintensität der Wirtschaft ergibt, ist die Frage berechtigt, welche absehbaren technischen Entwicklungen denn zu einer solchen nicht-selbstverständlichen Konsequenz führen können. (Der deus ex machina, der ohne Kontext mit der bisherigen Entwicklung plötzlich völlig neue Situationen schafft, soll aus dem Spiel bleiben.) Es versteht sich von selbst, daß aus heutiger Sicht lediglich ein Spektrum von Möglichkeiten genannt werden kann, das auf heute prinzipiell erkannten und prinzipiell anwendbaren Techniken beruht. Welche davon tatsächlich wirtschaftlich relevant werden, ist aus einer seriösen Betrachtung zur Zeit nicht vorhersehbar
Solche Möglichkeiten eines überproportionalen Anstiegs des Energieeinsatzes – und das ist bei Fortsetzung des elektrischen Stroms als charakteristischer Energie auch ein überproportionaler Anstieg des Stromverbrauchs – in den kommenden zwei bis drei Jahrzehnten konnen sein:

- Aufbereitung von Meer- und Brackwasser bzw. Eis zu Trinkwasser
- die Nahrungsmittelherstellung über die traditionellen Methoden hinaus
- die Schaffung und Aufrechterhaltung witterungsunabhängiger Verkehrswege
- die Urbarmachung von Wüsten und im weiteren die Schaffung von Lebensräumen in lebensfeindlicher Umgebung (Untersee, Arktis, Hochgebirge, )
- weitere neue Infrastrukturmaßnahmen
- die umfassende Raumklimatisierung
- die Mikro- und Regionalklimasteuerung
- die Ausweitung des extraterrestrischen Verkehrs
- die Ausweitung von Kommunikations- und Rechentechnik
- die zunehmende Schaffung geschlossener Stoffkreisläufe; das Recycling

Vier Bemerkungen sollen dieser bisherigen prinzipiellen Bewertung noch angeschlossen werden Zunächst die Betonung des Umstands, daß der Langzeitwert der Energieintensität der Wirtschaft *keinen Durchschnittswert* darstellt, um den sich im Zeitverlauf die Energieintensität bewegt. Es handelt sich um einen *unteren Grenzwert.*
Dann die Aussage, daß der untrennbare Zusammenhang zwischen Wirtschaftskraft und Endenergieverbrauch letztlich auf dem Umstand beruht, daß die Energie (genauer: die Nutzenergie) ein *grundlegender Produktionsfaktor* [4] ist. Kein elementarer Wirtschaftsprozeß ist ohne Wirkung von Energie durchführbar. Ener-

gie ist das bewegende Element der Wirtschaft. Energie ist praktisch nicht ersetzbar. Ein jüngerer Mitarbeiter schlug mir kürzlich vor, man könne statt der Energie (quantitativ und qualitativ) doch auch irgendeinen anderen Indikator für die fortschreitende wirtschaftliche Entwicklung wählen, beispielsweise die Anzahl aussterbender Pflanzen und Tiere. Ich denke, er wird über die inneren Zusammenhänge und damit über diesen Vorschlag noch einmal nachdenken müssen.
Weiterhin die Aussage, daß es auf Grund der engen *Wechselbeziehung von Wirtschaft und Energiewirtschaft* nicht angebracht ist, störend in dieses Geflecht einzugreifen. Es gibt heute vielfältige Bemühungen, Energie mittels Steueranhebung künstlich zu verteuern, um vordergründig Haushaltslöcher zu stopfen oder um hintergründig vermeintlich die Umwelt vor Schaden zu bewahren oder Ressourcen zu schonen.

Ohne hier im einzelnen darauf einzugehen: es gibt keine Ressourcenknappheit für Energie, wenn man die solaren und erdgebundenen nuklearen Quellen – das heißt letztlich die Kernfusion – in die Betrachtung einbezieht. (Das bedeutet überhaupt nicht, etwa nicht sparsam mit den Gaben der Natur umzugehen, sondern lediglich, sie mit Verstand dafür einzusetzen, daß sie dem Menschen Wohlstand und Gesundheit bringen.) Was den Umweltschutz angeht, ist es meines Erachtens unerläßlich, einige Erkenntnisse von *Voß* [20, S.62/63] hier wörtlich anzuführen, weil sie zeigen, daß „wachsender Verbrauch an Arbeitsfähigkeit (Energie) und sinkende Umwelt- und Klimabelastungen . . kein Widerspruch" sind. Umweltbelastungen, so *Voß*, auch die im Zusammenhang mit unserer heutigen Energieversorgung, sind vorrangig durch anthropogen hervorgerufene Stoffströme (beispielsweise $SO_2$ und $CO_2$) und nicht etwa durch die mit der Nutzung von Arbeitsfähigkeit – gemäß dem 2. Hauptsatz der Thermodynamik – verbundene Entropievermehrung verursacht. Seine Schlußfolgerung lautet, daß „die Möglichkeit einer Entkopplung von Energieverbrauch (Verbrauch an Arbeitsfähigkeit) und Umweltbelastung" gegeben ist.

Und schließlich: wenn man die Kenngröße Energieintensität für wirtschaftliche und energiewirtschaftliche *Prognoseuntersuchungen* benutzt, muß man wissen, in welchen Punkt der universalen wirtschaftlichen Evolution der Untersuchungsgegenstand räumlich und zeitlich einzuordnen ist. Prognosen für ein größeres geografisches Gebiet und für den allseits beliebten Zeitraum bis etwa 2020 können im Grunde gar nicht auf der Grundlage der Untersuchung bisheriger Entwicklungstrends – ohne Berücksichtigung der anstehenden qualitativen Veränderungen – durchgeführt werden. In diesem Zeithorizont erreicht die Endenergieintensität ihren unteren Grenzwert und steigt danach wieder an. Selbstverständlich sollte es möglich sein, kürzerfristige Prognosen unter Aussparung der Umkehrzeit und für eine relativ kleines geografisches Gebiet – etwa ein Bundesland oder eine Kommune – zu erarbeiten, ohne diese qualitativen Veränderungen berücksichtigen zu müssen.

## Literatur

[1] Ausubel, J. H.: Resources and Environment in the 21st Century: Seeing Past the Phantoms. London: World Energy Council, Journal, July 1998.

[2] Brauch, H.G. (Hrsg.): Enerpiepolitik. Technische Entwicklung, politische Strategien, Handlungskonzepte zu erneuerbaren Energien und zur rationellen Energienutzung. Berlin, Heidelberg, New York: Springer-Verlag, 1997.

[3] Brune, W.: Energie als Indikator und Promotor wirtschaftlicher Evolution. Stuttgart/Leipzig: Verlag B. G. Teubner, 1998

[4] Brune, W.: Endenergie und Nutzenergie. Blickpunkt Energiewirtschaft (1998)1, S. 1-5.

[5] Bundesministerium der Wirtschaft: Energie Daten '97/'98. Bonn, 1998.

[6] Datenreport 1997. Bonn: Bundeszentrale für politische Bildung, 1997.

[7] Deutsche Bank Research: Energiewirtschaft im Umbruch. Frankfurt a. M.: DB Research in Deutsche Bank AG, 1998.

[8] Deutsches Atomforum e. V Zahlen & Fakten zur Kernenergie. Bonn: Inforum Verlags- und Verwaltungsgesellschaft mbH, 8. Auflage, 1995, S. 11

[9] Dittmann, A., Zschernig, J. (Hrsg.). Energiewirtschaft. Stuttgart: B.G. Teubner, 1998.

[10] Energie & Management Das globale Bruttoinlandsprodukt sinkt seit Jahrzehnten (Zahl der Zeit Nr. 24 Tatsache und Meinung). Energie & Management, Nr. 23/98, S. 3, 1. Dezember 1998.

[11] Energy in Europe. 1966 - Annual Energy Review. European Commission, Directorate General for Energy (DG XVII). Special Issue September 1996.

[12] Gertz, D.L., Baptista, J.P A · Grow to be great. Landsberg/Lech: verlag moderne industrie, 1996.

[13] Humphrey, W.S., Stanislaw, J.: Economic growth and energy consumption in the UK, 1700-1975. Energy Policy (1979), Vol 7, number 1

[14] Meyer, P.S., Yung, J.W , Ausubel, J.H. Logistic Growth and Substitution: The Mathematics of the Loglet Lab Software Package. New York, N.Y.: Program for the Human Environment. The Rockefeller University (http://phe.rockefeller.edu), 1998.

[15] Meyer, P : Bi-Logistic Growth. Technological Forecasting and Social Change 47(1994), S. 89 - 102

[16] Nakicenovic, N., Grübler, A., McDonald, A (editors): Global Energy Perspectives. IIASA – International Institute for Applied Systems Analysis, World Energy Council. Cambridge: University Press, 1998

[17] Prognos Trendskizze Die längerfristige Entwicklung der Energiemärkte im Zeichen von Wettbewerb und Umwelt. Für das Bundesministerium für Wirtschaft, Bonn. Basel: Prognos AG, Energiewirtschaftliches Institut an der Universität Köln, Oktober 1998 (561-5302).

[18] Reddy, A.K.N., Goldemberg, J.: Energie für die Entwicklungsländer. Spektrum der Wissenschaft, November 1990, S. 106 – 114.

[19] Schurr, S.H., Netschert, B C · Energy in the American economy 1850-1975. Baltimore: The Johns Hopkins Press, 1960

[20] Voß, A.: Leitbilder und Wege einer umwelt- und klimaverträglichen Energieversorgung. In: [2], S. 59-74

[21] Vereinigung Deutscher Elektrizitätswerke - VDEW - e. V.: Strommarkt Deutschland 1997. Die öffentliche Elektrizitätsversorgung. Frankfurt a. M., S. 6, 1998.

[22] v. Weizsäcker, E U., Lovins, A. B., Lovins, L. H.: Faktor Vier. München: Droemersche Verlagsanstalt Th. Knaur Nachf., 1995.

[23] Winter, C -J · Energie. Entropie und Umwelt – worin unterscheiden sich fossile/nukleare und erneuerbare Energiesysteme? In: [2], S. 47-58.

[24] Wirtschaftswoche Nr 42/8 10.1998, S. 24 ff

[25] Setzer, M.· Wirtschaftliche Entwicklung und Energieintensität. Zur Theorie und Empirie der Determinanten der Energieintensität. Marburg· Metropolis-Verlag, 1998.

# Sachwortverzeichnis